镁质耐火材料制备与性能

马北越　任鑫明　叶 航　郑连营　孙淑丽　著

本书数字资源

U0313414

北 京
冶 金 工 业 出 版 社
2024

内 容 提 要

本书立足于对镁质耐火原料与镁质耐火材料深入系统的研究，详细介绍了镁质耐火材料制备与有关性能等。全书主要内容包括镁质耐火材料研究概况，烧结镁砂制备参数、结构调控及性能优化，致密方镁石-镁橄榄石耐火材料制备及性能，多孔方镁石-镁橄榄石耐火材料制备及性能，复合氧化物添加剂对低碳镁碳耐火材料性能的影响，氧化铝-碳化硅复合添加剂合成及表征，合成复合添加剂对低碳镁碳耐火材料性能的影响等。

本书可供从事冶金工程、材料科学与工程等领域的研究人员和工程技术人员阅读，也可供大专院校有关专业的师生参考。

图书在版编目（CIP）数据

镁质耐火材料制备与性能 / 马北越等著 . —北京：冶金工业出版社，2024.8

ISBN 978-7-5024-9859-7

Ⅰ.①镁… Ⅱ.①马… Ⅲ.①镁质耐火材料 Ⅳ.①TQ175.71

中国国家版本馆 CIP 数据核字（2024）第 087896 号

镁质耐火材料制备与性能

出版发行	冶金工业出版社		电　话	(010)64027926
地　址	北京市东城区嵩祝院北巷 39 号		邮　编	100009
网　址	www.mip1953.com		电子信箱	service@ mip1953.com

责任编辑　于昕蕾　美术编辑　吕欣童　版式设计　郑小利
责任校对　郑　娟　责任印制　窦　唯
三河市双峰印刷装订有限公司印刷
2024 年 8 月第 1 版，2024 年 8 月第 1 次印刷
710mm×1000mm　1/16；15.5 印张；302 千字；239 页
定价 **88.00 元**

投稿电话　(010)64027932　投稿信箱　tougao@cnmip.com.cn
营销中心电话　(010)64044283
冶金工业出版社天猫旗舰店　yjgycbs.tmall.com
（本书如有印装质量问题，本社营销中心负责退换）

前　言

　　耐火材料是冶金、水泥、玻璃、陶瓷、石化等高温技术工业的重要支撑基础材料，只要有高温就离不开耐火材料。随着人类社会的发展与冶金等高温工业技术的进步以及低碳经济时代的来临，对耐火材料的要求日益提高，耐火材料的功能也在不断拓展，尤其近年来国家对高品质金属、高温合金等材料的需求日益增加，耐火材料对金属液的污染和净化作用越来越受到重视。目前，随着人们对耐火材料生产制造及使用过程中的能源节约、资源节约、环境保护、质量稳定和服役长寿等方面的认识加深，耐火材料工业的原料微孔化设计、原料高效绿色制备、制品轻量化设计、尾矿高效利用、制品性能提升必将成为耐火材料科研单位、生产单位及使用单位的重要关注点。

　　耐火材料按照化学成分通常可分为氧化硅质耐火材料、铝硅酸盐质耐火材料、氧化镁质耐火材料、尖晶石质耐火材料、碳复合耐火材料、非氧化物特种耐火材料等。为了方便表达和利于读者理解，需要指出的是本书中提及的镁质耐火材料涵盖了氧化镁质耐火材料中的烧结镁砂原料、方镁石-镁橄榄石耐火材料以及碳复合耐火材料中的镁碳耐火材料等。镁质耐火材料原料特征、制备工艺、添加剂特性等与制品组成、结构和性能息息相关，因此，本书基于东北大学马北越教授课题组任鑫明博士、高陟硕士在攻读学位期间取得的研究结果和成果，从原料设计与制备、制品性能提升等方面进行布局，主要包括利用辽宁特色资源菱镁矿制备烧结镁砂及其结构调控与性能优化，菱镁矿尾矿制备致密方镁石-镁橄榄石耐火材料和多孔方镁石-镁橄榄石耐火材料及其结构和性能调控，复合氧化物添加剂对低碳镁碳耐火材料性能优化，氧化物-非氧化物复合添加剂的合成、表征及其对低碳镁碳耐火材料性能影响等。

　　本书共分为 8 章，由东北大学马北越教授、东北大学/内蒙金属材料研究所任鑫明博士、奥镁（中国）有限公司叶航研发总监、辽宁青花耐火材料股份有限公司郑连营院长、内蒙金属材料研究所孙淑丽博士撰写。编写分工如下：马北越教授负责第 3、6~8 章；任鑫明博士、孙淑丽博士和马北越教授负责第 4、5 章；叶航总监、郑连营院长和任鑫明博士负责第 1、2 章。在编写过程中，得到国内多名耐火材料专家、教授的指导和帮助，在此一并表示感谢。

　　本书在编写过程中，参考了有关文献资料，对文献资料作者表示感谢。

　　限于作者水平和时间仓促，在内容和编排上可能会有不妥之处，敬请广大读者批评指正。

作　者
2024 年 1 月于沈阳

目　　录

1 镁质耐火材料研究概况

1.1 研 究 背 景

目前我国仍有大部分省市地区正处于重化工业阶段，冶金、建材、石化等工业产量常年居于世界前列，能耗占比也一直居高不下，急需优化地区产业结构、推动全局绿色发展。耐火材料作为上述高温工业的基础辅助材料，其发展创新不仅对重点高温行业的稳步前进具有重要影响，而且与这些行业的节能降碳策略息息相关。随着近些年的迅猛发展，我国耐火材料产量也已是世界第一。而耐火材料又属于资源能源依赖型产业，制备过程中需要消耗大量的天然矿产，如菱镁矿、铝矾土、黏土等。钟香崇院士在十年前就对我国耐火材料的未来（2011～2040 年）进行了展望，并将此阶段定义为从大到强的稳健发展时期[1]。钟院士认为想要实现产业结构优化、转型升级，同时提高矿产资源利用率、产品质量的关键在于要做好矿山治理、企业整顿和科技自主创新三项战略措施。该三项措施，尤其是矿山治理和科技自主创新对处于"双碳"背景下的耐火材料行业发展仍具有重要的指导意义[2]。

众所周知，我国具有丰富的菱镁矿资源，占世界总储量的25%～30%，主要分布在辽宁、山东、新疆、西藏等地区。其中，辽宁约占全国储量的85%，对我国菱镁矿产业的发展格局具有举足轻重的影响。菱镁矿经过煅烧或电熔处理可制成耐高温的氧化镁，因此一直是用来生产和制备镁质耐火材料的重要原料[3]。然而，随着近年来的粗犷式发展和掠夺式开采，逐渐造成了资源利用率低、尾矿堆积污染环境等一系列问题。事实上，镁质耐火材料作为耐火材料中最为重要的一类，凭借其自身优良的综合性能已被广泛应用于几乎所有的高温工业。然而，近年来随着诸如钢铁、水泥工程等高温工业的快速发展，对镁质耐火材料的质量和性能也提出了更高的要求。例如，在钢铁领域，为了能生产出可用于航空航天或海洋工程的高纯特殊钢材，就需要辅助镁质耐火材料尽可能减少自身对产品的污染，如镁碳质炉衬材料降低碳含量以减少对钢液增碳，但同时仍需保持足够的性能以维持冶炼过程的稳定进行[4]。

由此可见，目前镁质耐火材料所面临的问题，正是前述所言的战略措施。其一为矿山治理改进，即需要解决菱镁矿资源利用率偏低的问题，最为突出的就是菱镁矿尾矿的合理处置；其二为科技自主创新，即掌握制备高品质镁质耐火材料的技术，最为关键的就是针对高温工业需求的性能优化。此两项技术严重制约了镁质耐火材料及其所服务高温工业的发展，亟须尽快解决。

1.2 镁质耐火材料

镁质耐火材料是指以方镁石（MgO）为主晶相，根据服役要求辅以若干次级相的镁质材料，具有高耐火度、优异的高温稳定性、出色的抗渣/碱/金属侵蚀等优点，被用作炉衬材料广泛应用于冶金、水泥、玻璃等工业领域[5-7]。典型的镁质耐火制品包括镁砖、镁硅砖、镁铬砖、镁铝砖、镁钙砖和镁碳砖，如图 1-1 所示。其中，镁砖在 19 世纪末期被开发出来，并于 1900～1930 年在炼铁、炼钢和水泥领域得到了广泛应用。但由于镁砖的高温稳定性和抗剥落性较差，同时随着炼钢方法的改进（平炉到转炉），镁砖逐渐被镁铝砖、镁铬砖和镁钙砖所取代。1950～1970 年，镁铬砖和镁钙砖一直是最重要的转炉用耐火材料。直到 20 世纪 80 年代，具有划时代意义的镁碳砖由于综合性能更好、使用寿命更长，取代了镁钙砖在转炉上的应用[8]。与此同时，镁铬砖受制于 Cr^{6+} 污染缺陷，逐渐被性能更稳定的镁铝砖替代[9]。

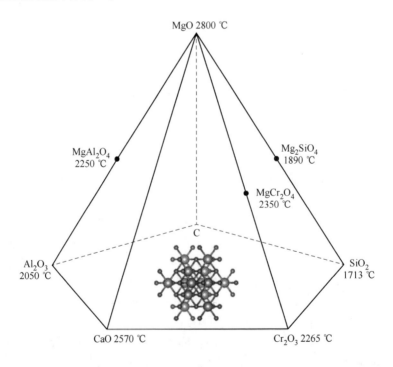

图 1-1   典型镁质耐火材料

目前，镁砖和镁硅砖主要应用于水泥回转窑系统，镁钙砖和镁铝砖主要服务于二次精炼过程，镁碳砖主要在转炉、电炉和钢包渣线部位使用。此外，为了满足高温工业的快速发展，越来越多的镁质复相耐火材料也同时被开发出来，如 $MgO-ZrO_2$[10]、$MgO-MgAlON$[11]、$MgO-MgAl_2O_4-ZrO_2$[12]、$MgO-MgAl_2O_4-FeAl_2O_4$[13]、$MgO-Ca_2SiO_4-Ca_3SiO_5$[14]、$MgO-SiC-C$[15]、$MgO-Al_2O_3-C$[16] 等。因此，在未来很长一段时间内，镁质耐火材料仍是耐火材料重点发展方向。

1.3　镁　砂

天然菱镁矿是制备镁砂的重要来源，主要分布在中国、朝鲜、俄罗斯等国家。我国的菱镁矿资源主要分布在辽宁、山东、西藏等地区。其中，辽宁省储量最大，约占全国的85%，为晶质菱镁矿[17]；西藏自治区为隐晶质菱镁矿[18]。近年来，随着优质天然菱镁矿的开采殆尽，青海省的盐湖镁资源也逐渐受到了更多关注[19]。

菱镁矿的主要成分为 $MgCO_3$，杂质相为 CaO、SiO_2、Al_2O_3、Fe_2O_3 等。因为 Al_2O_3 和 Fe_2O_3 含量一般很少，所以真正影响镁砂性能的为 CaO 和 SiO_2，尤其是两者的比例。当 CaO/SiO_2 摩尔比小于 2 时，会形成钙镁橄榄石（$CaO \cdot MgO \cdot SiO_2$，熔点 1498 ℃）和镁硅钙石（$3CaO \cdot MgO \cdot 2SiO_2$，熔点 1575 ℃）低熔点相，导致镁砂的高温性能恶化[6]。因此，在镁砂及其他衍生镁质耐火材料的生产过程中需严格控制 CaO/SiO_2 比例。由于菱镁矿分解和结晶特性，不同温度下所获产物被进一步定义为：轻烧镁砂（也称轻烧氧化镁和活性镁砂）、烧结镁砂和电熔镁砂。

1.3.1　镁砂分类

1.3.1.1　轻烧氧化镁

轻烧氧化镁是指菱镁矿在反射窑炉于 700~1000 ℃ 煅烧后的产物，具有很高的比表面积，含有大量的晶格缺陷，因此化学活性很强，常温下就可与水形成氢氧化镁，且具有一定的胶结性，不易成型[20]。除了作为镁质耐火原料，轻烧氧化镁还可被应用于造纸、化工、建材等领域，相关技术标准（YB/T 5206—2004）见表 1-1。

1.3.1.2　烧结镁砂

烧结镁砂是指菱镁矿或轻烧氧化镁在竖炉于 1600 ℃ 以上烧结后的产物，由于二氧化碳已全部逸出，MgO 晶体长大，形成了致密块体，因此活性降低，但具有很高的耐火度[21]。烧结镁砂的显微结构特征多为半自形的方镁石主晶相，晶间和晶内通常含有一定量的气孔。此外，菱镁矿（或其他原料）纯度和烧结温度决定了烧结镁砂的晶粒尺寸和晶间相组成：晶粒尺寸一般为 20 ~ 100 μm；晶间相组成受 CaO/SiO_2 比的影响，具体在 Mg_2SiO_4-CaO·MgO·SiO_2-3CaO·MgO·2SiO_2-Ca_2SiO_4 相之间波动。烧结镁砂主要用于制备镁质耐火材料，相关技术标准（GB/T 2273—2007）见表 1-2。其中，MgO 含量大于或等于 98.0%、体积密度大于或等于 3.40 g/cm³ 的高品质烧结镁砂是重点发展的产品。

表 1-1　轻烧氧化镁的牌号及化学成分　　　　（质量分数，%）

牌号	MgO	SiO_2	CaO	Fe_2O_3	LOI（灼烧减量）
CBM96	≥96.0	≤0.5	—	≤0.6	≤2.0
CBM95A	≥95.0	≤0.8	≤1.0	—	≤3.0
CBM95B	≥95.0	≤1.0	≤1.5	—	≤3.0
CBM94A	≥94.0	≤1.5	≤1.5	—	≤4.0
CBM94B	≥94.0	≤2.0	≤2.0	—	≤4.0
CBM92	≥92.0	≤3.0	≤2.0	—	≤5.0
CBM90	≥90.0	≤4.0	≤2.5	—	≤6.0
CBM85	≥85.0	≤6.0	≤4.0	—	≤8.0
CBM80	≥80.0	≤8.0	≤6.0	—	≤10.0
CBM75	≥75.0	≤10.0	≤8.0	—	≤12.0

表 1-2　烧结镁砂的牌号及理化指标

牌　号	成分含量（质量分数）/%				CaO/SiO_2（质量比）	体积密度 /g·cm⁻³
	MgO	SiO_2	CaO	LOI（灼烧减量）		
MS98A	≥98.0	≤0.3	—	≤0.3	≥3	≥3.40
MS98B	≥97.7	≤0.4	—	≤0.3	≥2	≥3.35
MS98C	≥97.5	≤0.4	—	≤0.3	≥2	≥3.30
MS97A	≥97.0	≤0.6	—	≤0.3	≥2	≥3.33
MS97B	≥97.0	≤0.8	—	≤0.3	—	≥3.28
MS96	≥96.0	≤1.5	—	≤0.3	—	≥3.25
MS95	≥95.0	≤2.2	≤1.8	≤0.3	—	≥3.20

牌 号	成分含量（质量分数）/%				CaO/SiO₂（质量比）	体积密度/g·cm⁻³
	MgO	SiO₂	CaO	LOI（灼烧减量）		
MS94	≥94.0	≤3.0	≤1.8	≤0.3	—	≥3.20
MS92	≥92.0	≤4.0	≤1.8	≤0.3	—	≥3.18
MS90	≥90.0	≤4.8	≤2.5	≤0.3	—	≥3.18
MS88	≥88.0	≤4.0	≤5.0	≤0.5	—	—
MS87	≥87.0	≤7.0	≤2.0	≤0.5	—	≥3.20
MS84	≥84.0	≤9.0	≤2.0	≤0.5	—	≥3.20
MS83	≥83.0	≤5.0	≤5.0	≤0.5	—	—

1.3.1.3 电熔镁砂

电熔镁砂是指高纯菱镁矿或高纯轻烧氧化镁在电弧炉于 2800 ℃以上高温熔融后的产物，因为原料杂质含量少，所以晶间硅酸盐相含量低，且呈孤岛状。电熔镁砂中的方镁石晶粒结晶粗大（＞200 μm），晶粒间直接结合率高，使得方镁石的良好性能得以充分发挥[22]。得益于其优秀的综合性能，电熔镁砂除了用作镁质耐火材料，还可应用在电子电器、航空航天、核工业等高端领域[23]，相关技术标准（YB/T 5266—2004）见表 1-3。电熔镁砂的生产过程需要消耗大量的电能，属于节约能源法限制发展的产业。因此，电熔镁砂的发展策略为设备上降能、技术上增效[24]。

表 1-3 电熔镁砂的牌号及理化指标

牌号	成分含量（质量分数）/%					体积密度/g·cm⁻³
	MgO	SiO₂	CaO	Fe₂O₃	Al₂O₃	
FM990	≥99.0	≤0.3	≤0.8	≤0.3	≤0.2	≥3.50
FM985	≥98.5	≤0.4	≤1.0	≤0.4	≤0.2	≥3.50
FM980	≥98.0	≤0.6	≤1.2	≤0.6	≤0.2	≥3.50
FM975	≥97.5	≤1.0	≤1.4	≤0.7	≤0.2	≥3.45
FM970	≥97.0	≤1.5	≤1.5	≤0.8	≤0.3	≥3.45
FM960	≥96.0	≤2.2	≤2.0	≤0.9	≤0.3	≥3.45

1.3.2　烧结镁砂研究进展

烧结镁砂的性能评估，通常可从镁砂纯度、钙硅比值、体积密度和晶粒尺寸四个方面综合判断。其中，镁砂纯度和钙硅比值都是对物相的要求，即尽可能减少杂质相 CaO、SiO_2、Al_2O_3、Fe_2O_3 含量，同时使 CaO/SiO_2 质量比 ≥2，这样有助于提高镁砂的高温性能（如抗蠕变性）；而体积密度和晶粒尺寸都是对结构的要求，即尽可能减少气孔容积，同时让方镁石晶粒充分生长，如此有利于改善镁砂的使用性能（如抗渣性）。如前所述，高纯度（MgO 含量 ≥98.0%）、高密度（体积密度 ≥3.40 g/cm^3）的优质烧结镁砂是目前需求最大、亟待开发的镁砂产品。因此，烧结镁砂的高纯度和高密度也是耐材研究者一直致力于解决的关键技术难点。

烧结镁砂的纯度问题相对容易解决，即完全可以像制备电熔镁砂一样，采用经过选矿处理的高纯度菱镁矿。菱镁矿的提纯处理，本质上就是对钙、硅、铁和铝元素的去除，已经有非常完善和成熟的技术方法。以硅处理为例，硅在菱镁矿中主要以石英（SiO_2）、滑石（$3MgO \cdot 4SiO_2 \cdot H_2O$）、绢云母、绿泥石等矿物形式存在，经过破碎、解离和浮选（磁选）处理后，就能将绝大部分硅杂质除去[25]。

烧结镁砂的真正难点在于如何获得理想的致密度，而造成这一难点的关键又在于菱镁矿分解过程中的"母盐假象"，即 $MgCO_3$ 晶体分解后所形成的 MgO 微晶仍以团聚形式保持着 $MgCO_3$ 母盐晶体的整体结构，并且 MgO 微晶之间存在着大量因 CO_2 逸散而产生的气孔[26-27]。其示意图如图 1-2 所示。

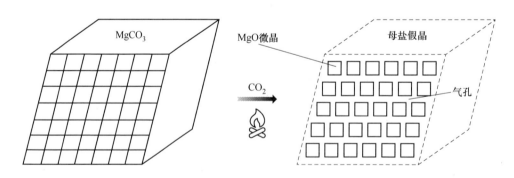

图 1-2　菱镁矿分解过程中的母盐假象示意图

从我国的镁砂研究进程来看，洛阳耐火材料研究院的郁国城在 1958 ~ 1981 年最早报道了镁砖的成型压力、颗粒级配与致密度的关系[28]，以及给出了 MgO 烧结过程中发生位错滑移时需要的四项基本条件（MgO 颗粒应为单晶体，MgO 颗粒应具有较高纯度，MgO 颗粒应具有较小粒度，MgO 颗粒中位错应能运动)[29]，同时发现了添加 Fc_2O_3 和以 $Mg(OH)_2$ 为原料对镁砂的烧结促进均与双空位的形成有关。两者形成机理不同，Fe_2O_3 是以触媒的方式促进热平衡空位转变为双空位，因此双空位浓度随温度的升高而增大[30]；$Mg(OH)_2$ 分解制备镁砂时的双空位并非热平衡空位，而是由价差空位和应力空位（$Mg(OH)_2$ 分解为 MgO 时）形成的，因此随温度的升高双空位浓度是降低的[31]。

紧接着，武汉科技大学的饶东生团队在 1983～1989 年报道了山东掖县菱镁矿的易烧结性与杂质铁有关[32-33]，并最早提出了（国内范围）菱镁矿烧结过程中存在的"母盐假象"问题，发现这些假象颗粒在 1180～1300 ℃会发生约 6% 的迅速收缩和颗粒重排，导致后续烧结致密化困难[27]。为此，通过对比研究发现了增加先轻烧后磨细工序（即后来的两步煅烧法）[34]，以及在此基础上引入活性炭（提高气孔迁移率的同时降低晶界迁移率）[35]或氯化镁添加剂（促进晶粒生长，降低晶粒间结合力）[36]均能有效缓解母盐假象的不利影响，从而提高烧结镁砂密度。

几乎同时期，武汉科技大学的李楠团队在 1983～1994 年除了发现 Cl_2 处理可以通过去除颗粒表面基团的方式提高 MgO 的晶粒生长速率外（与前述饶东生团队添加 $MgCl_2$ 的研究结果一致）[37]，还重点研究了菱镁矿制备镁砂的烧结机理和晶粒生长动力学[26,38-39]，指出母盐假象对镁砂烧结的不利影响可归因于氧化镁微晶团聚体（即二级颗粒，见图 1-3）收缩而形成的晶间气孔（即二级气孔，见图 1-3），并结合经典烧结理论模型首次给出了镁砂烧结第二阶段和第三阶段（不完全等同于传统固相烧结的烧结中期和末期）的动力学模型[40]。

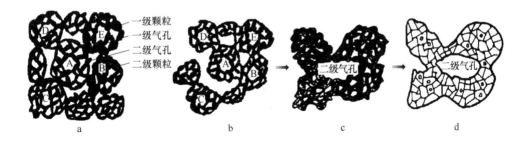

图 1-3　菱镁矿制备镁砂的微观结构演变示意图[40]
a—团聚粉体压块模型；b—烧结第一阶段；c—烧结第二阶段；d—烧结第三阶段

之后很长一段时间，未再见关于烧结镁砂的系统报道。直至进入 21 世纪，东北大学的于景坤团队在 2006～2020 年间详细研究了轻烧氧化镁活度（煅烧温度 450 ℃、500 ℃、550 ℃、600 ℃和时间 1 h、1.5 h、2 h）[41-42]和粒度（球磨介质和时间）[43]、生坯成型尺寸（径高比）[44]，以及廉价稀土氧化物 Y_2O_3[45]、CeO_2[46]和 La_2O_3[47]作为添加剂对烧结镁砂致密化及相关性能的影响，并开发了一种可降低镁砂生坯成型密度的真空压实法[48]，同时改进了传统的两步煅烧法，即在第一步煅烧球磨后加入了水化处理，具体流程如图 1-4 所示[49-51]。

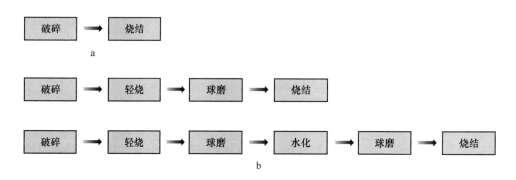

图 1-4　烧结镁砂的典型制备流程
a——步煅烧法；b—两步煅烧法

　　研究结果显示，这种改进的两步煅烧法可制备出体积密度大于 3.40 g/cm³ 的高致密烧结镁砂[50]。该方法与传统两步煅烧法的区别在于增加了水化操作，因此实际上第二步烧结时的母盐（可理解为前驱体）已经不再是轻烧氧化镁，而是由水化形成的氢氧化镁。从晶体结构来看，虽然氢氧化镁的烧结过程也存在着所谓的母盐假象结构（即分解后仍保持氢氧化镁结构），但由于氢氧化镁与氧化镁晶体结构上具有高度的拓扑关系，可使得氧化镁通过共格方式形核和生长，因此热解后的晶体具有更高的畸变能和活性，从而更有利于镁砂的致密化烧结[52]。

　　此外，采用酸法（氯酸镁）[53]、铵浸法（硫酸镁或氢氧化镁）[54]或碳化法（碱性/轻质碳酸镁）[55]将菱镁矿提纯后再结合传统一步煅烧法也可制备出高纯度、高密度的烧结镁砂。以铵浸法为例，它的主要反应流程如下：

$$2NH_4Cl(l) + MgO(s) \Longrightarrow MgCl_2(l) + 2NH_3(g) + H_2O(l) \qquad (1-1)$$

$$NH_3(g) + H_2O(l) \Longrightarrow NH_3 \cdot H_2O(l) \qquad (1-2)$$

$$MgCl_2(l) + 2NH_3(g) + 2H_2O(l) \Longrightarrow Mg(OH)_2(s) + 2NH_4Cl(l) \qquad (1-3)$$

$$Mg(OH)_2(s) \Longrightarrow MgO(s) + H_2O(g) \qquad (1-4)$$

由式（1-1）~式（1-4）可见，这些方法通常需要用到大量的化学试剂，且工艺流程复杂，因此较难大范围推广。与此同时，引入添加剂通过活化烧结促进镁砂的致密化或通过调控其晶间相以改善特定性能也是常用的技术手段之一，典型的如含锂化合物[56-57]、Al_2O_3[58-60]、Cr_2O_3[61-62]、SiO_2[58-59]、TiO_2[58-59,63]、ZrO_2[58,63]、$ZrSiO_4$[64]等。然而，烧结镁砂的晶粒结构及隔热性能一直未受到重视。事实上，它们与烧结镁砂的服役表现关系密切，尤其是在"双碳"背景下愈显重要。

1.4 镁 橄 榄 石

1.4.1 镁橄榄石基本性质

镁橄榄石（Mg_2SiO_4）是橄榄石族矿物（R_2SiO_4，R = Mg、Fe、Mn）中最常见的种类，属于斜方晶系（a = 0.4756 nm、b = 1.0195 nm、c = 0.5981 nm），其晶体结构如图 1-5a 所示。由图可见，Si^{4+} 填充在由 O^{2-} 以类六方紧密堆积构成的四面体（蓝色）间隙中，占据了所形成四面体的 1/8 空位，构成［SiO_4］四面体；而 Mg^{2+} 填充在由 O^{2-} 构成的八面体（红色）间隙中，占据了所形成八面体的 1/2 空位，构成［MgO_6］八面体。每个［SiO_4］四面体与 3 个［MgO_6］八面体共用一个顶角（O^{2-}），即每个 O^{2-} 通过与 1 个 Si^{4+} 和 3 个 Mg^{2+} 相连并保持电价平衡（每个 Si^{4+} 分给 4 个 O^{2-}，每个 Mg^{2+} 分给 6 个 O^{2-}），该结构下 Si^{4+} 的静电强度为 1，Mg^{2+} 的静电强度为 1/3。因此，镁橄榄石键结合力强（晶格能为 17572.84 kJ/mol），结构稳定[20]。

从化学组成来看，如图 1-5b 所示，$MgO-SiO_2$ 二元系中存在两种化合物：顽火辉石和镁橄榄石。顽火辉石为不一致熔融化合物，是 $MgO-SiO_2$ 二元系中的不稳定相，在 1557 ℃会分解为镁橄榄石和液相。镁橄榄石为一致熔融化合物，是 $MgO-SiO_2$ 二元系中的稳定相，熔点为 1890 ℃，且从室温到熔点温度范围内无晶型变化。可见，越靠近氧化镁端的物相熔点越高、高温性能越好。镁橄榄石的缺点是热膨胀系数较大，且具有很强的各向异性（室温至 600 ℃）：x 轴线膨胀系数为 13.6×10^{-6} ℃$^{-1}$，y 轴线膨胀系数为 12.0×10^{-6} ℃$^{-1}$，z 轴线膨胀系数为 7.6×10^{-6} ℃$^{-1}$。因此，镁橄榄石与方镁石一样，抗热震性较差。除此之外，镁橄榄石具有不水化、热导率低（为方镁石的 1/4 ~ 1/3）、抗渣性好（尤其是含铁渣）等优点，因此在生物、水泥、玻璃、冶金等领域得到了广泛应用[65]，相关技术标准（YB/T 4449—2014）见表 1-4。

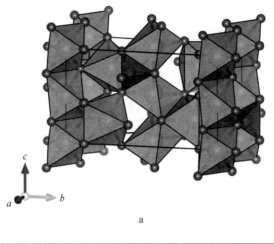

a

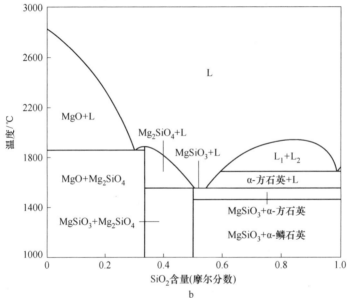

b

图 1-5 彩图

图 1-5　镁橄榄石的晶胞示意图（a）和氧化硅和氧化镁二元系相图（b）

表 1-4　烧结镁橄榄石的牌号及理化指标

牌号	成分含量（质量分数）/%						体积密度 /g·cm⁻³
	MgO	SiO₂	CaO	Fe₂O₃	Al₂O₃	LOI（灼烧减量）	
F53	≥53.0	≤38.0	≤1.0	≤8.0	≤1.0	≤1.0	≥2.65
F50	≥50.0	≤39.0	≤1.0	≤8.0	≤1.0	≤1.0	≥2.55
F48	≥48.0	≤40.0	≤1.0	≤9.0	≤1.0	≤1.0	≥2.40
F45	≥45.0	≤42.0	≤2.0	≤10.0	≤2.0	≤3.0	≥2.35

1.4.2　镁橄榄石合成及应用研究进展

可用于制备镁橄榄石的天然原料有纯橄榄石岩、橄榄岩（$(Mg,Fe)O \cdot SiO_2$）、蛇纹岩（$3MgO \cdot 2SiO_2 \cdot 2H_2O$）和滑石（$3MgO \cdot 4SiO_2 \cdot H_2O$）。例如，以蛇纹岩制备镁橄榄石的煅烧过程如下：

首先，在 400 ~ 650 ℃时，蛇纹石脱水（700 ℃反应完毕）并形成镁橄榄石和非晶态的 $MgSiO_3$，反应式为：

$$2Mg_3[Si_2O_5](OH)_4(s) == 2Mg_2SiO_4(s) + 2MgSiO_3(无定形态，s) + 4H_2O(g)$$
$$(1-5)$$

然后，在 1000 ℃以上，非晶态的 $MgSiO_3$ 转为晶态顽火辉石反应式为：

$$MgSiO_3(无定形态，s) == MgSiO_3(s) \qquad (1-6)$$

最后，随着温度的升高，变为斜顽辉石和镁橄榄石两相复合体。

因为顽火辉石的分解温度较低，所以在使用蛇纹石制备镁橄榄石耐火材料时，通常还会额外加入一定量的烧结镁砂，以使物相全部转变为高熔点的镁橄榄石，从而提高所制耐火材料的高温稳定性能。

除了天然原料，还可通过使用复合原料制备镁橄榄石。其中，可作为镁源的有菱镁矿、水镁石、海水镁砂、卤水镁砂、烧结镁砂等，可作为硅源的有石英砂岩、脉石英、石英岩、燧石岩、石英砂等。此外，还可用菱镁矿高硅尾矿[66]、粉煤灰[67]、镍铁渣[68]、沙漠砂[69]、稻壳[70]等固体废料制备镁橄榄石。

根据服役场景和应用领域的不同，镁橄榄石具体采用的制备方法也有所不同。当合成镁橄榄石粉体时，因为需要同时考虑合成率（尽可能高）和产物粒度（尽可能小），所以通常会采用溶胶-凝胶法[71]、共沉淀法[72]等湿法工艺技术。当制备医用或生物材料时，由于对材料（植入体支架）的形状规格和性能要求较高，常需采用多步结合的复杂制备工艺。例如，3D 打印和聚合物衍生技术相结合[73]，或是模板法和两步烧结法相结合[74]。当用来合成工业炉的炉衬材料时，考虑到成本和施工难度，通常采用工艺最简单的固相合成法[70,75]。

固相合成法是指将镁系原料和硅系原料通过高温烧结直接合成镁橄榄石。该方法优点为工艺简单、成本低廉、原料适用范围广等，但缺点是合成率低，需要提高合成温度或延长保温时间才能达到要求。从热力学角度而言，以氧化镁和氧化硅反应生成镁橄榄石的标准吉布斯自由能 $\Delta G^\ominus$ 在 25 ℃ 时为 – 65.92 kJ/mol < 0，意味着该合成过程室温下即可自发进行[76]。但从动力学角度而言，该合成过程的反应速率很慢，需要提高温度或者延长反应时间才能使反应继续进行。因此，想要获得优质镁橄榄石耐火材料，关键在于如何有效降低合成温度或提高综

合性能。

　　传统的轻质骨料具有强度低、易粉化等缺点，为了制备可替代传统骨料的新型轻质球形镁橄榄石耐火骨料，孟庆新等[77]以天然菱镁矿和硅石粉为原料，通过引入少量轻烧氧化镁粉（3.8%）和二氧化硅微粉（0.5%），在1420 ℃煅烧制成了气孔率约65%的轻质镁橄榄石球形骨料。在此基础上，该团队[78]利用正交设计法进一步优化了所制镁橄榄石轻质球形骨料的工艺参数，并确定了在不改变煅烧温度下的最佳工艺参数为：添加10%二氧化硅微粉，以300 r/min转速球磨1 h。图1-6所示为使用优化前后球磨工艺所制球形骨料的SEM图像。由图可见，采用优化后球磨工艺所制球形骨料的平均气孔尺寸更小，且孔径分布亦更均匀。因此其综合性能更佳：体积密度为1.14 g/cm³，显气孔率为62.26%，筛上料保持率（表示骨料强度）为75.1%。

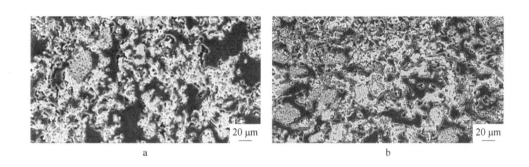

图1-6　使用优化前后球磨工艺所制球形骨料的SEM图像

a—干磨工艺；b—优化后的湿磨工艺

　　在制备隔热耐火材料时，为了保证隔热性能（足够的气孔率），煅烧温度一般不宜过高。Zhao等[79]通过研究发现，调整原料粒度可有效降低镁橄榄石的合成温度，使用小粒度石英（$D_{50} = 3.87$ μm）比大粒度石英（$D_{50} = 25.38$ μm）在煅烧过程中顽火辉石到镁橄榄石相的转变温度降低了100 ℃，既保证了所制镁橄榄石耐火材料的隔热性能，又实现了节能目的。类似地，Hossain等[70]发现稻壳可作为潜在硅源与方镁石合成镁橄榄石，同时由于其含有不定形态二氧化硅，因此反应活性更高，可加快镁橄榄石的合成过程。实验结果表明，在相同煅烧温度下（1100 ℃保温2 h），随着稻壳添加量的增加（10%~43%），所制多孔镁橄榄石的物相结晶更好，常温耐压强度更佳，具体从11.76 MPa增至18.63 MPa。

　　对于致密耐火材料而言，目标相合成率与致密度是最关键的两个性能指标。Liu等[80]通过在一步轻烧后增加高能球磨工艺改进了传统固相合成工艺，提出了一种更高效的致密镁橄榄石耐火材料的制备方法。研究结果显示，球磨引发的机械活化效应可有效促进低熔点相顽火辉石的转变，以及减少气孔缺陷，同时有助于提高烧结致密度（球磨 2 h 后，在 1700 ℃ 烧结 3 h 的相对密度可达约 95%）。Nemat 等[75]评估了废蛇纹石代替高纯矿物原料的可行性，发现只需引入少量的轻烧氧化镁（< 10%）即可在 1650 ℃ 制备出高合成率（镁橄榄石相含量为 93.6%）、高致密度（显气孔率为 4.19%）的优质镁橄榄石耐火材料。类似地，Wang 等[69]采用沙漠砂在 1200 ~ 1300 ℃ 保温 2 h 成功制备了目标相含量最高为 95.7% 的镁橄榄石耐火材料。图 1-7 所示为添加不同量沙漠砂（作为硅源，镁源为工业氧化镁）试样在不同温度烧结 2 h 的 XRD 图谱。由图可见，以沙漠砂为硅源试样（见图 1-7a 和 b）的相转化温度比化学试剂试样（见图 1-7c）的转

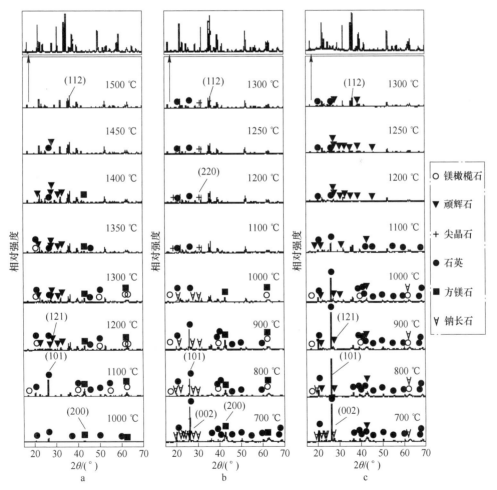

图 1-7　不同配比试样在不同温度下烧结 2 h 的 XRD 图谱

a—42.70% 沙漠砂；b—59.85% 沙漠砂；c—化学纯

化温度降低了 300 ℃。研究发现，沙漠砂中的微量杂质（主要是 Li 元素）可通过引发液相烧结机制降低镁橄榄石的转变温度，同时通过加快离子扩散速率促进烧结致密化过程，使所制耐火材料的显气孔率降至 0.73%，抗折强度增至 110.76 MPa。

通过引入添加剂的方式亦可促进镁橄榄石耐火材料致密化或提高其综合性能。例如，添加 TiO_2[81]可原位形成 Mg_2TiO_4 相，提高镁橄榄石耐火材料的致密度；引入 Al_2TiO_5 可降低综合热膨胀系数，以改善镁橄榄石耐火材料的抗热震性。

此外，从资源利用角度而言，采用低品位矿和镁硅系尾矿制备镁橄榄石质耐火材料具有重要的环保意义，将成为未来重点发展的方向之一。

1.5 镁铝尖晶石

1.5.1 镁橄榄石基本性质

镁铝尖晶石（$MgAl_2O_4$）是尖晶石族矿物（AB_2O_4，A 为 Mg、Fe、Zn、Mn、Co 等二价阳离子，B 为 Al、Fe、Cr 等三价阳离子）中最常见的种类，属立方晶系（$a = b = c = 0.8066$ nm），面心立方点阵，Fd3m 空间群，其晶体结构如图 1-8a 所示。由图可见，Mg^{2+} 填充在由 O^{2-} 以立方最紧密堆积构成的四面体（红色）间隙中，填充了所形成 64 个四面体的 1/8 空位，构成［MgO_4］四面体；而 Al^{3+} 填充在由 O^{2-} 构成的八面体（灰色）间隙中，占据所形成 32 个八面体的 1/2 空位，构成［AlO_6］八面体。每个［MgO_4］四面体与 3 个［AlO_6］八面体共用一个顶角（O^{2-}），同时每两个［AlO_6］八面体间共用两个顶角（共棱），即每个 O^{2-} 通过与 1 个 Mg^{2+} 和 3 个 Al^{3+} 相连并保持电价平衡（每个 Mg^{2+} 分给 4 个 O^{2-}，每个 Al^{3+} 分给 6 个 O^{2-}），该等轴结构下的静电强度相等（1/2），各向受力均等。因此，镁铝尖晶石结构牢固，很难被破坏[20]。

从化学组成来看，如图 1-8b 所示，镁铝尖晶石是 MgO-Al_2O_3 二元系中唯一的稳定化合物，熔点为 2135 ℃，且无晶型变化。在温度高于 1500 ℃ 时，镁铝尖晶石可固溶 10% 的 MgO（最低共熔点约为 2035 ℃）或 18% 的 Al_2O_3（最低共熔点约为 2020 ℃）。由此可见，无论是富镁端，还是富铝端均具有很高的液化温度。由于镁铝尖晶石为等轴晶系，因此在热学性质上表现为各向同性，其线膨胀系数在室温至 900 ℃ 间仅为 8.9×10^{-6} ℃$^{-1}$。因此，镁铝尖晶石比方镁石和镁橄榄石的高温稳定性能都更加出色，通常可用于改善镁质耐火材料（如镁砖）的抗热震性、荷重软化温度等高温性能。除了耐火材料领域，镁铝尖晶石凭借其优异的性能还被广泛应用于精细化工、核工业、军工等领域，相关技术标准（GB/T 26564—2011）见表 1-5[65]。

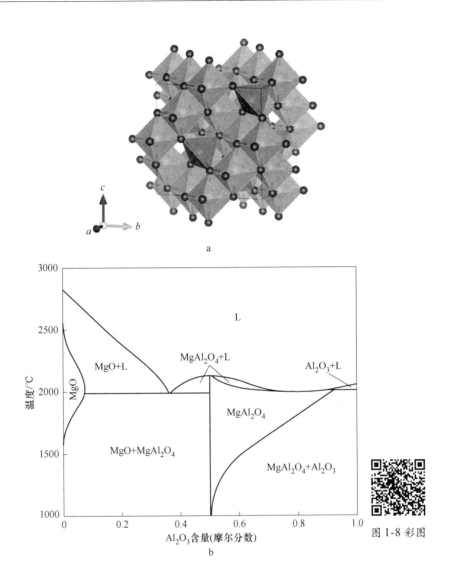

图 1-8 镁铝尖晶石的晶胞示意图（a）和氧化铝和氧化镁二元系相图（b）

表 1-5 烧结镁铝尖晶石的牌号及理化指标

牌号	成分含量（质量分数）/%						体积密度 /g·cm⁻³
	Al₂O₃	MgO	SiO₂	CaO	Fe₂O₃	Na₂O	
SMA50	≥48	46~50	≤0.35	≤0.65	≤0.36	≤0.15	≥3.20
SMA66	≥64	30~34	≤0.25	≤0.50	≤0.28	≤0.20	≥3.20

牌号	成分含量（质量分数）/%						体积密度 /g·cm⁻³
	Al_2O_3	MgO	SiO_2	CaO	Fe_2O_3	Na_2O	
SMA76	≥74	21~24	≤0.20	≤0.45	≤0.20	≤0.30	≥3.25
SMA90	≥89	7~10	≤0.15	≤0.40	≤0.17	≤0.35	≥3.30
SMA50-P	≥48	48~51	≤0.15	≤0.50	≤0.05	≤0.10	≥3.23
SMA66-P	≥64	32~35	≤0.12	≤0.35	≤0.05	≤0.15	≥3.23
SMA76-P	≥74	23~25	≤0.12	≤0.30	≤0.05	≤0.20	≥3.30
SMB56	≥54	31~36	≤3.50	≤1.50	≤2.00	—	≥3.15
SMB60	≥58	28~32	≤3.50	≤1.50	≤1.80	—	≥3.15

1.5.2　镁铝尖晶石合成及应用研究进展

可用于制备镁铝尖晶石的天然原料极少，一般均以复合原料合成：作为镁源的有菱镁矿、镁砂、碳酸镁、氢氧化镁、工业氧化镁等，作为铝源的有铝矾土生料、铝矾土轻烧料、氢氧化铝、碳酸铝、工业氧化铝等。例如，以高铝矾土和菱镁矿制备镁铝尖晶石的典型工艺流程图如图1-9所示[20]。

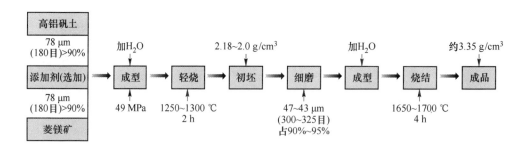

图 1-9　镁铝尖晶石工艺流程图

同样地，根据具体服役场景和应用领域的不同，镁铝尖晶石实际采用的制备方法也有所不同。例如，当用作光学工程仪器（如透明装甲和导弹整流罩）时，需要极高的致密度（气孔率趋近于零）和良好透光性（尽可能小的晶粒尺寸），因此通常会采用气压烧结、热（等净）压烧结、放电等离子烧结等先进烧结技术。此外，常用的还有共沉淀法、冷冻干燥法、喷雾热分解等方法和技术手段。但由于工艺复杂度、成本等因素，耐火材料领域所用镁铝尖晶石的制备过程一般并不采用上述方法，而是采用更适合批量化生产的固相烧结法和电熔法[82]。其中，电熔法的制备温度在 2000 ℃ 以上，所制镁铝尖晶石的体积密度史高、性能更好，但同时能耗也更高。因此，在节能减排的发展理念下，固相烧结无疑是最有应用前景的方法。

固相烧结法是指将含镁化合物和含铝化合物经磨混、成型，然后在高温下通过固相反应烧结的方式制备镁铝尖晶石的过程。该方法工艺流程简洁、原料来源广泛，非常适合大规模工业化生产。然而，从晶体结构来看，当使用 MgO 和 Al_2O_3 按理论计量比合成 $MgAl_2O_4$ 时会产生约 8% 的体积膨胀。因此，为了获得结构致密的镁铝尖晶石耐火制品，通常需要很高的烧成温度或较长的保温时间。

通过对镁铝尖晶石的反应动力学的详细研究，有助于理解其致密化过程和烧结机理。根据 Wagner[83] 提出的反应模型可知，MgO 和 Al_2O_3 反应合成 $MgAl_2O_4$ 的过程是通过阳离子（Mg^{2+}、Al^{3+}）互相扩散进行的。因此，为了保持电荷平衡，在 MgO 侧每形成一份镁铝尖晶石，理论上在 Al_2O_3 侧就会相应地形成三份镁铝尖晶石。然而事实上，受原料中杂质和相互固溶等影响，镁铝尖晶石的生成量之比并非为定值[84]。

在此基础上，研究发现[85]合成镁铝尖晶石时所采用的原料配比对最终性能影响较大。当 MgO/Al_2O_3 摩尔比大于 1 时，过量的方镁石会抑制尖晶石的晶界扩散，使得尖晶石的形成速度变慢，却有利于致密化；当 MgO/Al_2O_3 摩尔比小于 1 时，过量的氧化铝会引发阳离子空位的产生，从而促使尖晶石的形成速度加快，但会导致部分气孔无法及时排出，形成晶内气孔缺陷。比较而言，按理论配比制备镁铝尖晶石时的致密度反而最小，因此通常会按具体服役需求制备综合性能更好的富镁型尖晶石（用于水泥窑炉衬）或富铝型尖晶石（用于钢包浇注料或透气砖）。

与此同时，原料本身的性质，如粒度、活性、晶型等也会对镁铝尖晶石的合成及其制品的性能产生一定影响。Sarkar 等[86] 报道了氧化铝的煅烧温度（800 ℃、1200 ℃、1600 ℃）对非计量比镁铝尖晶石的致密化影响。研究表明，随着氧化铝煅烧温度的增加，富铝和富镁尖晶石的体积密度均先增加后降低，这是因为更高的煅烧温度可以降低氧化铝的比表面积，从而延缓镁铝尖晶石的形成速度以促进致密化。同时，该团队[87] 还对比研究了不同粒度氧化铝与不同镁源（烧结镁砂 SM、电熔镁砂 FM、化学纯氧化镁 CM）制备镁铝尖晶石时的致密化行为，图 1-10 为它们的膨胀曲线。结果表明，使用小粒度氧化铝和烧结镁砂的致密化起始温度最低，同时体积密度最高。类似地，Zhang 等[88] 对比研究了以不同晶型氧化铝（γ-Al_2O_3、ρ-Al_2O_3 和 α-Al_2O_3）制备镁铝尖晶石的性能差异，结果表明，采用 γ-Al_2O_3 为铝源所制镁铝尖晶石的气孔率最低，且晶粒尺寸最大。分析发现，一方面是因为 γ-Al_2O_3 的理论密度较低，所以形成尖晶石时产生的体积变化更小；另一方面可归结于 γ-Al_2O_3 的活性更高，因此可使镁铝尖晶石更早形成，从而不影响后续致密化。

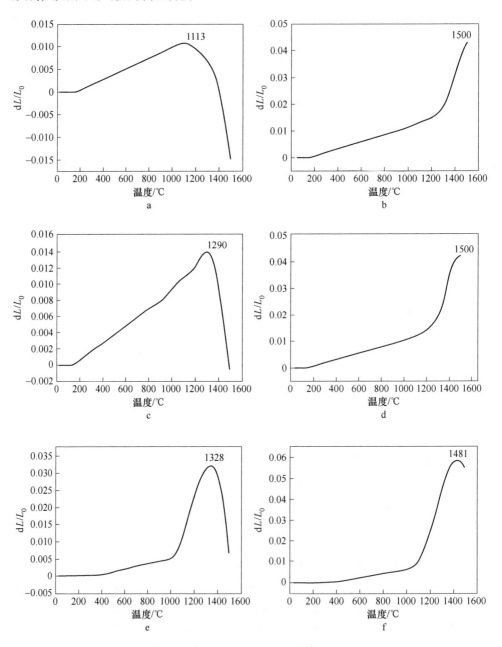

图 1-10　不同原料的膨胀曲线

a—($D_{50}=0.5$)Al_2O_3+SM；b—($D_{50}=2.5$)Al_2O_3+SM；c—($D_{50}=2.5$)Al_2O_3+FM；

d—($D_{50}=2.5$)Al_2O_3+FM；e—($D_{50}=0.5$)Al_2O_3+CM；f—($D_{50}=2.5$)Al_2O_3+CM

由此可见，想要通过一步烧结直接制备镁铝尖晶石是非常困难的，通常需要很高的烧结温度（>1750 ℃）才能消除形成尖晶石所造成的体积膨胀。若采用和类似烧结镁砂的两步煅烧法，则既可以解决体积膨胀带来的不利影响，又可以降低实现致密化所需的烧结温度。具体地，镁铝尖晶石两步煅烧法的第一步是指将原料在1200 ℃左右初步煅烧，以使尖晶石的合成率达到85% ~ 90%；第二步为将初烧产物破碎后重新成型并在1500 ℃左右再次煅烧，以使镁铝尖晶石完成致密化。因为在第一步煅烧后尖晶石已大部分形成，所以第二步煅烧时基本不会发生体积膨胀。需要注意的是，如果第一步煅烧时的温度过高，虽然有利于尖晶石的形成，但会导致初烧粉体的活性严重降低，从而影响第二步煅烧时的致密化行为。因此，在采用两步煅烧法制备镁铝尖晶石耐火材料时，需根据原料性质和制品要求综合判断，以选择适宜的温度[89]。

此外，为了促进镁铝尖晶石的合成和烧结，也可选择引入一定量的添加剂，典型的如 B_2O_3[90]、氟/氯化物[91]、稀土氧化物[92]等。

1.6 镁碳耐火材料

1.6.1 镁碳质耐火材料组成

镁碳耐火材料是20世纪70年代末期为代替镁白云石质耐火材料而发展起来的一种由高熔点氧化镁和石墨为主体原料，辅以不同添加剂，经碳质结合剂固结的不烧型碳复合耐火材料。由于引入了具有高热导率（在1000 ℃为229 W/(m·K)）、低线膨胀系数（在0 ~ 1000 ℃为 1.4×10^{-6} ~ 1.5×10^{-6} ℃$^{-1}$）、小弹性模量（8.82×10^{10} Pa）以及与渣不润湿的石墨组元，镁碳耐火材料具有极强的抗渣性和抗热震性，目前主要用于转炉内衬、电炉内衬、钢包渣线等冶金炉部位[93]。

1.6.1.1 镁砂

镁砂是组成镁碳耐火材料的重要原料，因此它的品质优劣直接决定了镁碳耐火材料的实际性能表现。用于制备镁碳耐火材料的镁砂主要为烧结镁砂和电熔镁砂，两者各具优点，可根据服役窑炉的具体要求选择。通常，评价镁砂的质量主要看其对镁碳耐火材料高温性能和抗渣性能的影响。（1）镁砂的纯度，即相当于其所含杂质含量和种类。由于杂质的存在，如 CaO 和 SiO_2 杂质在高温下会与方镁石反应形成低熔点相（如 CaO·MgO·SiO_2、3CaO·MgO·2SiO_2），或是 Fe_2O_3 和 SiO_2 杂质与石墨发生还原反应形成气孔，都会导致镁碳耐火材料的高温稳定性能或抗渣性能变差。（2）镁砂自身的性能，如体积密度、晶粒尺寸等。因为熔渣是通过气孔或方镁石晶界渗透并进一步腐蚀耐火材料，所以镁砂的体积密度越大，气孔缺陷就越少，抗渣性能也就更好。类似地，镁砂的晶粒尺寸越大，熔渣就越难通过晶界发生渗透和腐蚀，因此镁碳耐火材料的抗渣性能就更出色。一般情况下，电熔镁砂比烧结镁砂抗渣侵蚀性能表现更好的主要原因就在于它的晶粒尺寸更大，方镁石晶粒间直接结合率更高。但并非所有场景都要使用性能更好的电熔镁砂，而是需要根据实际情况选择合适质量的镁砂，降低生产成本，提高生产效率。

1.6.1.2　石墨

石墨赋予了镁碳耐火材料优良综合性能，尤其是抗热震性（高热导率和低热膨胀系数）和抗渣性（渣无法润湿）。用于制备镁碳耐火材料的碳材料主要是天然鳞片石墨，而它的固定碳含量、挥发分、水/灰分及粒度都会直接影响所制镁碳耐火材料的性能表现。其中，固定碳和挥发/灰分都相当于石墨纯度。固定碳含量越高，则挥发/灰分越少，所制镁碳耐火材料的组织在高温下就越稳定。若挥发分过多，在使用过程中挥发形成的孔隙会导致基质疏松化，严重影响制品的高温力学性能；若灰分含量过高，它们在高温下会和镁砂或碳反应形成低熔点相，恶化制品的抗渣性能。此外，鳞片石墨的粒度对所制镁碳耐火材料的抗氧化性和抗热震性也有一定影响。因为鳞片石墨的边缘处比其表面更容易氧化（氧化速度为 4~100 倍），所以鳞片石墨的粒度越大（边缘等效面积越小），所制镁碳耐火材料的抗氧化性和耐剥落性就越好。当然，并非石墨的粒度要一味地增大，在碳含量固定的情况下，还要考虑到其在细粉基质中的分散程度，避免造成局部偏析，因此工业上一般要求制备镁碳耐火材料的鳞片石墨粒度不大于 0.125 mm[22]。

1.6.1.3　结合剂

镁碳耐火材料为不烧型耐火材料，由含碳有机结合剂（如沥青、树脂、焦油、洗油等）在约 200 ℃下经热处理硬化即可。其中，最常使用的结合剂为沥青和酚醛树脂。图 1-11 所示为以酚醛树脂或沥青为结合剂制备镁碳耐火材料的工艺流程图。由图可见，当使用沥青为结合剂时，在配料、混炼剂成型过程中均需辅以加热工序，而使用酚醛树脂为结合剂时则不需要。此外，沥青在熔化时具有易燃性，且会放出大量苯并芘致癌气体，因此导致其应用受到限制，目前已基本被酚醛树脂所取代。酚醛树脂按加热性状的区别可分为热固性和热塑性两类。热固性酚醛树脂，又名甲阶酚醛树脂，通常为液态，使用时无须外加固化剂，通过受热脱氢缩合反应即可实现交联。热塑性酚醛树脂，也称酚醛清漆，通常为固态，使用时需加入六亚甲基四胺固化剂，通过形成中间体亚甲基桥进行交联。酚醛树脂的种类及用量、热处理温度、加料顺序都会对所制镁碳耐火材料的性能产生显著影响。通常添加量不宜过多，优选为原料质量分数的 3% ~ 5%，以避免增加制品的显气孔率。热处理温度则需根据所用酚醛树脂的类型确定。混炼时的加料顺序也非常重要，当使用粉末 + 液体酚醛树脂时，可采用多步混炼工序，以使其尽可能分散均匀[94]。

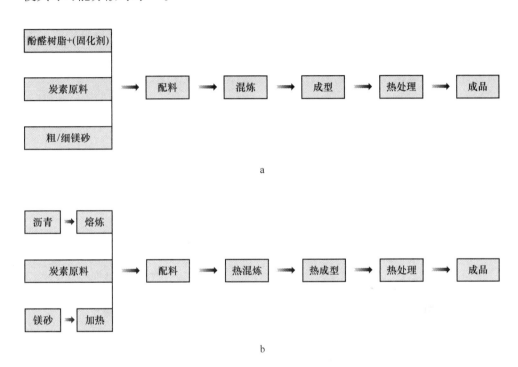

图 1-11 以酚醛树脂（a）或沥青（b）为结合剂制备镁碳耐火材料的工艺流程图

1.6.1.4 添加剂

为了防止镁碳耐火材料中碳组元氧化失效，一般还需要加入防氧化的添加剂。因此，添加剂想要抑制碳的氧化，就需要比碳的氧势更高（与氧的亲和力）。通常，金属 Al、Ca、Mg，氮化物 AlN、BN、Si_3N_4，碳化物 Al_4C_3、SiC 在室温下的氧势均高于碳的氧势，可以作为添加剂使用。然而，需要注意的是，这些物质与氧的亲和力均随着温度的升高逐渐降低，而碳与氧的亲和力却是随温度升高逐渐增加，所以在选择添加剂时也要参考镁碳耐火材料实际服役环境的最高温度来确定。例如，SiC 可以作为铁水预处理用铝碳耐火材料（工作温度约 1350 ℃，该温度下大于碳的氧势）的抗氧化剂，却不能抑制水口用铝碳耐火材料（工作温度约 1550 ℃，该温度下已小于碳的氧势）中碳氧化的作用。此外，随着近年来相关研究的逐步完善和深入，添加剂的作用不再仅局限于抗氧化。从热力学角度而言，在1000℃以上时碳的主要氧化产物为CO，所以如果添加剂能与CO反应，理论上就可以弥补部分碳的损失。可以实现此效果的添加剂（如Al、SiC等）被称为自修复型添加剂，其自修复反应原理如图1-12所示[95]。除此之外，部分添加剂与C或空气中的N_2反应形成的低维碳化物或氮化物，可通过桥接基质或填充气孔的方式增强镁碳耐火材料的高温力学性能和抗氧化性；类似地，添加剂与CO或O_2反应生成的稳定氧化物，可通过形成致密层改善镁碳耐火材料的抗氧化性和抗渣侵蚀性。

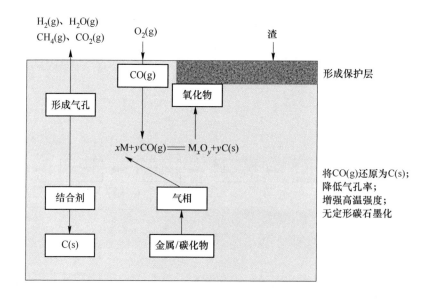

图1-12　通过添加金属、合金、碳化物或氮化物在含碳
耐火材料中的自修复功能示意图

1.6.2　低碳镁碳耐火材料研究进展

近年来，在特钢冶炼需求和资源节约及"双碳"政策要求下，镁碳耐火材料逐渐朝向低碳化发展。事实上，在最新的相关国家标准中（GB/T 22589—2017），已经给出了5%（超低碳）和8%（低碳）碳含量镁碳砖的性能指标，见表1-6。但如果只是单纯降低碳含量，那么镁碳耐火材料的性能，尤其是高温力学性能、抗热震性和抗渣性能自然也会相应地降低。因此，可通过碳结构改性和基质微结构优化（原位陶瓷相）两个方面来进一步改善低碳镁碳耐火材料的综合性能。

表1-6　镁碳砖的牌号及理化指标

牌号	显气孔率/%		体积密度 /g·cm⁻³		常温耐压 强度/MPa		高温抗折强度 (1400 ℃×0.5 h) /MPa		$w(MgO)$/%		$w(C)$/%	
	μ_0	σ	μ_0	σ	μ_0	σ	μ_0	σ	μ_0	σ	μ_0	σ
MT-5A	≤5.0	1.0	≥3.10	0.05	50.0	10.0	—	—	≥85.0	1.5	≥5.0	1.0
MT-8A	≤4.5	1.0	≥3.05	0.05	45.0	10.0	—	—	≥82.0	1.5	≥8.0	1.0
MT-10A	≤4.0	0.5	≥3.02	0.03	40.0	10.0	≥6.0	1.0	≥80.0	1.5	≥10.0	1.0
MT-12A	≤4.0	0.5	≥2.97	0.03	40.0	10.0	≥6.0	1.0	≥78.0	1.2	≥12.0	1.0
MT-14A	≤3.5	0.5	≥2.95	0.03	38.0	10.0	≥10.0	1.0	≥76.0	1.2	≥14.0	1.0
MT-16A	≤3.5	0.5	≥2.92	0.03	35.0	8.0	≥8.0	1.0	≥74.0	1.2	≥16.0	0.8
MT-18A	≤3.0	0.5	≥2.89	0.03	35.0	10.0	≥10.0	1.0	≥72.0	1.2	≥18.0	0.8

注：μ_0 为合格批次均值；σ 为批次标注偏差估计值。

1.6.2.1　碳结构改性

低碳镁碳耐火材料的性能之所以会降低，就是因为当碳含量太低时无法形成完整的碳网络。日本的研究人员首次提出了纳米碳结构概念[96]，并通过引入具有高分散性的纳米炭黑解决碳分散问题，同时系统研究了炭黑添加量对低碳镁碳耐火材料性能的影响，发现添加4%纳米炭黑的低碳镁碳耐火材料表现出了与添加18%鳞片石墨镁碳耐火材料相当的抗热震性和抗渣性[97]。同样地，Bag 等[98]将纳米炭黑和鳞片石墨作为复合碳源，发现添加3%鳞片石墨+0.9%纳米炭黑的低碳镁碳耐火材料甚至表现出比添加10%鳞片石墨的传统镁碳耐火材料具有更好的常温和高温力学性能。类似的纳米碳结构还有碳纳米管和石墨烯纳米片[99]。但纳米炭黑由于粒度小、活性高，所以比鳞片石墨更易氧化。为了提高其抗氧化性，Ye 等[100-101]通过熔盐法制成了 SiC 或 TiC 包覆纳米炭黑，其 SEM 和 TEM 图像如图 1-13 所示。由图可见，炭黑的包覆层仅有 10 nm 左右，并不会对其粒度产生影响。类似地，包覆改性的思路也可应用于鳞片石墨，同样可以提高其抗氧化性[102-103]。此外，对结合剂碳（结合剂高温热解后形成的非晶碳）的改性也很重要。因为非晶结构的碳抗氧化性差且脆性较大，严重影响了耐火制品的高温性能。常用的改性策略为引入催化剂（如纳米 Fe[104]）促进石墨化，使其转变为结构更稳定的碳纳米管、碳纳米片等，以提高低碳镁碳耐火材料的抗热震性和力学性能。

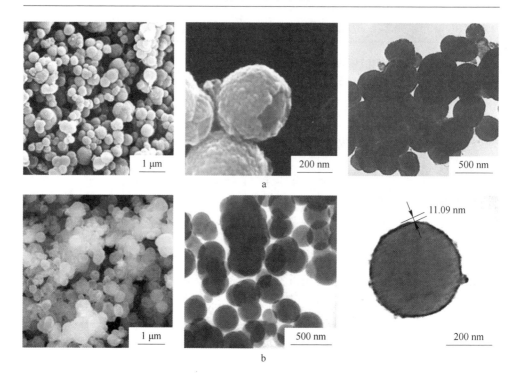

图 1-13 SiC(a) 和 TiC(b) 包覆炭黑的 SEM 和 TEM 图像

1.6.2.2 基质结构优化

传统镁碳耐火材料所用添加剂，如典型的 Al、Si，主要发挥的是对碳的保护作用。对于低碳镁碳耐火材料而言，除了抗氧化剂外，还可引入一些新型添加剂，通过调控基质内的原位陶瓷相数量、形貌和分布，以进一步优化其微观结构、提高其宏观性能。Gu 等[105] 通过引入纳米 ZrO_2 改善了滑板用低碳镁碳耐火材料的高温抗折强度和抗热震性。研究发现，高温抗折强度的提高与纳米 ZrO_2 增强了基质结合程度和 AlN 的形成有关，抗热震性的改善可归因于纳米 ZrO_2 所引起的钉扎效应和相变增韧效应。类似地，Gómez-Rodríguez 等[106] 发现纳米氧化铝的引入，可通过形成原位尖晶石陶瓷相来提高低碳镁碳耐火材料的力学性能。结果表明，添加5%纳米氧化铝的低碳镁碳耐火材料在1500 ℃热处理后的常温耐压强度为 156 MPa，较不添加低碳镁碳耐火材料增幅为 145%。为了开发更高效的抗氧化剂，Chen 等[107] 评估了 MAX 相材料 Ti_3AlC_2 代替传统抗氧化剂 Si 的可行性，并对比研究了两者对低碳镁碳耐火材料微观组织和性能的具体影响。研究发现，由于 Ti_3AlC_2 热处理后可形成原位陶瓷相（TiC、Al_2TiO_5），从而在一定程度上改善了低碳镁碳耐材料的力学性能，但其氧化反应形成的体积膨胀（$\Delta V =$ 52.6%）比 Si 氧化反应引起的体积变化要大，因此将两者相互结合作为复合添加剂是最有效的方式。除了上述单质添加剂，还可引入复合添加剂来改善低碳镁碳耐火材料的特定性能。Yang 等[108] 通过引入 AlB_2-Al-Al_2O_3 复合添加剂增强了低碳镁碳耐火材料的抗氧化性。图 1-14 所示为不同添加剂的抗氧化机理示意图。由图可见，AlB_2-Al-Al_2O_3 复合粉体氧化形成的 $Mg_3B_2O_6$ 原位相可通过液化填充表面气孔以阻止氧气的进入。因此，添加 AlB_2-Al-Al_2O_3 复合粉体的低碳镁碳耐火材料表现出了最佳的抗氧化性。类似地，Chen 等[109] 通过引入 0.5% ~1% 的纳米 ZrO_2-Al_2O_3 复合添加剂改进了低碳镁碳耐火材料最关键的抗热震性和抗渣侵蚀性能。结果表明，当添加 0.5% 纳米 ZrO_2-Al_2O_3 复合添加剂时，代表抗热震性的残余强度保持率（900 ℃空冷 3 次）从 80.06% 增至 88.92%，这与复合添加剂中 ZrO_2 的相变增韧有关；表示抗渣性的渣腐蚀率（1600 ℃×5 h）从 17.81% 降至 14.39%，这归功于复合添加剂中 Al_2O_3 的原位尖晶石化。

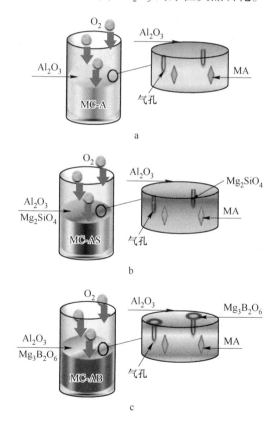

图 1-14 不同添加剂的抗氧化机理示意图

a—3% Al；b—2% Al + 1% Si；c—11% AlB_2-Al-Al_2O_3

1.6.2.3　抗热震性优化

抗热震性是指耐火材料制品对温度急剧变化所产生损伤的抵抗能力。耐火材料中的热应力来源有两个方面：一是材料表面与内部存在较大的温度梯度；二是材料中各相的热膨胀系数不同。两种因素共同作用导致耐火材料内部受热产生的热应力不均匀，在温度变化过程中导致材料产生裂纹甚至损毁。目前提高低碳镁碳耐火材料抗热震性主要有两种机理：（1）在材料内部形成适量的微气孔和微裂纹，利用微气孔和微裂纹来释放过量的热应力，同时微裂纹还具有一定的增韧效应，可以提高低碳镁碳耐火材料的强度[110]；（2）向材料中引入添加剂，使其生成新相或与 MgO 基质反应形成固溶物，以中和材料的膨胀系数、提高材料的整体强度或在晶界处起增韧作用[111]。

低碳镁碳耐火材料的性能优劣与选用原料的种类、颗粒配比以及添加剂等密切相关。有研究表明，耐火材料的热震稳定性受影响的程度为：颗粒级配 > 复合抗氧化剂 > 石墨粒度 ≈ 复合结合剂[112]。这是因为颗粒级配影响耐火材料的内部堆积结构，从而决定了材料中气孔的分布。合理的颗粒级配可以促进微裂纹的产生并避免材料过度膨胀断裂。研究发现[113]，用微孔富镁尖晶石或镁锆砂代替电熔镁砂骨料能够有效提高低碳镁碳材料的抗热震性。富镁尖晶石晶粒尺寸小，裂纹更易拓展，有利于微裂纹的形成和热应力的释放。但是尖晶石更易被渣中的 CaO 和 SiO_2 侵蚀，导致材料抗渣侵蚀性能下降。加入镁锆砂能减小镁砂的临界粒径，试样热膨胀率降低，由热应力引起的裂纹减少，材料的抗热震性能得到提高。加入镁锆砂后，ZrO_2 发生相变，诱发相变增韧效应，因此低碳镁碳耐火材料的抗热震性得到改善[114]。

石墨的氧化是导致镁碳材料性能下降的主要原因。石墨过度氧化会造成材料整体热膨胀系数增大，导致内部热应力难以释放。使用其他抗氧化粉体代替石墨或使用纳米材料以提高碳在材料中的分散性，也是提高低碳镁碳材料抗热震性的有效途径。葛胜涛等[115]以 ZrB_2-SiC 复合粉体代替鳞片石墨，制备了低碳镁碳试样。研究发现，以 ZrB_2-SiC 复合粉体代替鳞片石墨能大幅度提高耐火材料在氧化性气氛下的抗热震性。程智等[116]研究发现，加入 1% 的碳微球、0.5% 的含碳树脂粉体结合剂和 3% 的超细石墨均能使低碳镁碳耐火材料的抗热震性提高，复合添加 1% 碳微球和 0.5% 含碳树脂粉体结合剂或 3% 超细石墨和 0.5% 含碳树脂粉体结合剂的抗热震性能最佳。

用纳米碳替换鳞片石墨是提高低碳镁碳耐火材料抗热震性常用的方法。纳米碳具有极小的粒径，还具有纳米材料独有的纳米效应。纳米颗粒弥散分布于晶界中，会形成大量的次界面，起到钉扎位错作用，促进微裂纹的形成，提高材料的断裂韧性。纳米炭黑可促进树脂固化，提高材料的力学强度和抗热震性。但是过量加入纳米炭黑会使树脂流动性变差，固化过程中产生很多气孔，反而降低耐火材料的力学性能。唐光盛等[117]对比研究了亚微米级炭黑和纳米炭黑对低碳镁碳材料性能的影响，发现只有纳米炭黑能提高低碳镁碳耐火材料的抗热震性。这是因为只有纳米级别的粒子可以平衡热应力，阻止裂纹的扩大。除了纳米炭黑外，还有纳米石墨、碳纳米管等纳米碳，它们的功能与纳米炭黑类似，都能吸收断裂能，延缓应力的拓展。

外加纳米碳素虽然操作简单，但是对原料混合的要求较高，若混合不均就会引发团聚现象，影响耐火材料的性能。因此，有学者通过原位合成纳米碳和陶瓷相来改善低碳镁碳耐火材料的性能。Zhu 等[118]利用 Ni 催化原位生成纳米碳，制备了低碳镁碳材料。研究发现，Ni 的加入不会影响晶相变化，适量 Al 粉的加入可以在高温烧结后形成 $MgAl_2O_4$、AlN 陶瓷相。Ni 可以催化酚醛树脂热解原位生成纳米碳，同时还可以促进 Al 与 MgO 反应生成陶瓷相填充孔隙，从而提高耐火材料的致密程度。

碳纤维也是常用的增韧材料，可在两个相对的裂纹面起到桥接效应，提高材料的强度。高华等[119]将碳纤维加入低碳镁碳耐火材料中，研究发现：当碳纤维加入量为 2.5% 时，低碳镁碳材料的高温强度和抗热震性能明显增强；但当碳纤维加入量为 5% 以上时，材料的高温强度和抗热震性能急剧下降。分析发现，是因为碳纤维过多加入影响了低碳镁碳材料的抗氧化能力。同时，当碳纤维加入量过大时，碳纤维会发生团聚，影响其在低碳镁碳材料中的分散性。

此外，一些常用的抗氧化剂（如 Al 粉、SiC 粉等）也能同时改善耐火材料的结构，提高其抗热震能力。李歆琰等[120]研究了 MgO-SiC-C 复合粉体对低碳镁碳耐火材料抗热震性能的影响，发现粉体中的 SiC 包裹 C 的结构均匀分散在试样中，在高温下可生成玻璃相，在一定程度上对热应力产生缓冲作用，从而提高了材料的抗热震性。与此同时，SiC 还能起到增韧作用，提高耐火材料的强度。

1.6.2.4 抗氧化性优化

镁碳耐火材料的抗氧化性能是指在高温下材料中的碳抵挡氧气或其他氧化物氧化的能力，直接关系到耐火材料制品的服役寿命。目前在工业上，向含碳耐火材料中添加抗氧化剂是提高其抗氧化性能的最常用手段。抗氧化剂的作用原理归纳为：（1）添加的抗氧化剂与氧的亲和力更强，能够优先于碳被氧化而起到保护碳素原料的作用；（2）添加后形成某些化合物可以阻塞气孔，阻碍含氧介质侵入材料内部从而保护石墨。抗氧化添加剂包括金属单质（Al、Si、Zn 等），氧化物（La_2O_3、Al_2O_3 等）碳化物（B_4C、TiC）和硼化物（ZrB_2、LaB_6）等。

目前工业上制备传统镁碳耐火材料制品常用的抗氧化剂为 Al 粉和 Si 粉，其具有价格合理、抗氧化性能好、适用性高等优点。Al 粉的抗氧化性能好，抗氧化温度区间广，但在低温下易生成 Al_4C_3，Al_4C_3 易发生水化导致体积膨胀，从而造成耐火材料的开裂。Si 粉在 1000 ~ 1300 ℃ 范围内的抗氧化性较差，易与杂质生成玻璃相造成耐火材料高温强度的下降，且固态 Si 难以与 C 反应生成 SiC；在高于 1400 ℃ 时，Si 会生成活性 SiO_2，进而与 MgO 反应生成镁橄榄石提供一层保护层，起到抗氧化的作用。Al 粉本身是一种良好的抗氧化剂，在起到抗氧化作用的同时还能在高温下原位生成尖晶石，提高镁碳耐火材料的致密程度。因此，只要能合理解决了 Al 在低温下生成 Al_4C_3 的水化问题，则能极大提高耐火材料的性能。彭小艳等[121]研究发现，只有在 C 充足的条件下 Al_4C_3 才能稳定存在，否则易被 N_2 与 O_2 还原成 AlN 和 Al_2O_3。在低碳镁碳耐火材料中添加的 Al 易与 N 结合生成 AlN，而高碳镁碳耐火材料中添加的 Al 易形成 Al_4C_3。因此，在低碳镁碳耐火材料中 Al_4C_3 的水化问题较传统镁碳耐火材料的要小。李亮等[122]首先利用铝粉、碳粉和碳化硅粉自制了 Al_4SiC_4 粉体，然后将自制 Al_4SiC_4 复合粉体作为抗氧化剂添加到镁碳耐火材料中。值得注意的是，Al_4SiC_4 粉体并不在低温下生成 Al_4C_3，而是直接发生分解反应生成 Al_2O_3 和 SiC，避免了 Al_4C_3 的水化问题。夏忠锋等[123]用 TiO_2 配合 Al 粉作为低碳镁碳耐火材料的抗氧化剂，发现 Al 会直接与 TiO_2 反应生成 Al_2O_3，从而避免了 Al_4C_3 的产生。

硼化物是 21 世纪以来学者们一直研究的抗氧化剂。相较于 Al、Si，B 有较宽的抗氧化温度区间，并且还能以化合物的形式引入其他有利元素来提高耐火材料的综合性能。Gokce 等[124]发现在 1300 ~ 1500 ℃ 区间中，向镁碳材料中添加 B_4C 的抗氧化能力提升效果强于添加 SiC、Al、Si 粉体。其机理为：B_4C 优先 C 被氧化生成 B_2O_3，B_2O_3 可与 MgO 生成 $Mg_3B_2O_6$，在约 1400 ℃ 时 $Mg_3B_2O_6$ 形成熔融相填补气孔，并生成一层保护膜抑制碳的氧化。虽然添加 Al、Si、SiC 最终也与 MgO 形成尖晶石或橄榄石结构，但 B_4C 还能向体系中补充一定的 C，高温下在耐火材料内部形成还原气氛，提高抗氧化能力。连进等[125]研究了 MgB_2 的添加对镁碳耐火材料抗氧化性的影响。研究发现，MgB_2 的抗氧化效果优于 Al 粉和 Si 粉，但次于 B_4C，其适宜添加量约为 3%。另外，还发现复合添加 10% MgB_2 和 Al 粉的镁碳耐火材料表现出了优异的抗氧化性。贺智勇等[126]发现，添加适量（≥4%）的 ZrB_2 可以显著提高低碳镁碳材料的抗氧化性。ZrB_2 被氧化成 ZrO_2 和 B_2O_3，B_2O_3 与 MgO 生成液相包裹石墨，从而大幅度提高材料的抗氧化能力。

1.6.2.5　抗渣性优化

抗渣性是指耐火材料在高温下抵抗熔渣侵蚀和冲刷作用而不易损坏的性能。镁碳耐火材料的抗侵蚀性来源于材料中的石墨对熔融金属和熔渣的非润湿性，其本身抗侵蚀性较强。Ren 等[127]对比了 MgO-C、MgO-CaO 和 MgO-MgAl$_2$O$_4$ 三种常用耐火材料的抗侵蚀性，结果表明镁碳耐火材料对目前冶金用渣系的抗渣性能最好。低碳镁碳耐火材料中石墨含量的减少势必会造成抗侵蚀性的下降，目前优化抗渣侵蚀性的方向主要有：（1）使用纳米碳源，如碳纳米管、石墨烯或氧化石墨纳米片、纳米炭黑等来提高碳在耐火材料中的分散性。（2）使用高纯度、大晶粒的电熔镁砂来替换烧结镁砂，降低基质中 CaO、SiO_2 含量，以减缓熔渣向耐火材料的渗透。（3）利用添加剂，使渣层与原砖层之间形成一个保护层，隔绝熔渣渗透；或者在内部原位生成新相，填堵气孔提高耐火材料的致密度来减慢熔渣的渗透。

熔渣主要有三个途径可渗透到耐火材料内部：熔渣经气孔和裂纹的渗透、熔渣沿耐火材料基质的渗透和熔渣经晶界的迁入。因此，耐火材料中气孔的尺寸与分布是影响熔渣渗入材料中的主要因素之一。同时，炉渣的碱度、黏度和材料的结构组成也都影响着渣侵的过程。李林等[128]以碱度为 3 和碱度为 1 的钢渣对不同石墨含量（0%、2%、4%、6%、12%）的镁碳耐火材料试样进行了回转抗渣性能测试。研究发现当试样中石墨含量小于或等于 6% 时，石墨含量越高，耐火材料的抗渣侵蚀性能越好；碱度为 1 的熔渣对石墨含量小于或等于 6% 试样的侵蚀程度相比碱度为 3 的渣更深，这说明低碱度熔渣对耐火材料使用过程形成的 MgO 致密层的破坏比高碱度渣更严重。

除了合适的原料配比，使用高纯度、大晶粒的镁砂原料也能有效提高镁碳耐火材料的抗渣侵蚀能力。Li 等[129]制备了一种可用于 VOD 精炼炉的低碳镁碳耐火材料。其目的在于利用高纯镁砂大晶粒性，从而减小其与熔渣的接触面积和内部孔隙，阻止熔渣的渗透；同时极低的杂质含量也限制了耐火材料基体中低熔点相的形成，使熔渣更难渗入。石永午等[130]结合包钢炼钢厂钢包的实际情况，使用大结晶电熔镁砂和 98 石墨，引入铝硅合金粉作为抗氧化剂生产了钢包渣线用低碳镁碳耐火材料制品，此制品的抗渣性能表现优异。柳钢自 2016 年使用 98 电熔镁砂作为骨料后，同时配合部分改性石墨和纳米碳，有效提高了渣线镁碳耐火材料的抗渣侵蚀能力。

国内外学者还研究了其他添加剂对低碳镁碳耐火材料抗渣侵蚀性的影响。徐娜等[131]研究发现，向镁碳耐火材料中加入适量 TiN 可以提高其抗渣侵蚀性。其主要原因是 TiN 的氧化产物 TiO_2 与渣中的碳和氧化物等反应生成了 $CaTiO_3$ 等高熔点矿物相，增大了熔渣的黏度，阻碍了渣的渗透，从而提高了镁碳耐火材料的抗渣侵蚀性；TiO_2 被 C 还原生成的 TiC 与 TiN 形成了 Ti（C，N）固溶体，提高了耐火材料基体的硬度、熔点和化学稳定性，同时也提高了耐火材料的抗渣侵蚀能力。Li 等[15]研究了 SiC 在镁碳耐火材料中的抗侵蚀机理，研究发现，在加入 6% SiC 的镁碳试样腐蚀界面上形成了一个液相隔离层；隔离层是由耐火材料中 MgO 被 C 还原生成的 Mg 蒸气与熔渣中 CaO、SiO_2 共同作用形成的；SiC 被氧化生成 SiO_2 和 C 可以促进 Mg 蒸气的形成，从而保证隔离层的稳定。

杨红等[132]研究了两种石墨（鳞片石墨和特殊石墨）对低碳镁碳耐火材料制品抗渣侵蚀性的影响，发现将鳞片石墨与特殊石墨在低碳镁碳耐火材料中并用，控制总量为8%并辅以少量添加剂时的抗渣侵蚀效果最佳；对比分析了此制品与市售镁碳耐火材料制品在使用后的微观结构，发现此制品的表面形成了明显的致密层。姚华柏等[133]通过静态坩埚法研究了α-Al_2O_3微粉、板状刚玉粉和尖晶石细粉等添加剂对低碳镁碳耐火材料抗渣侵蚀性和显微结构的影响，发现虽然三者都能在耐火材料中原位生成镁铝尖晶石相，但添加α-Al_2O_3试样的抗渣侵蚀性最好，并且添加4%活性α-Al_2O_3微粉时效果最佳。这是由于镁铝尖晶石化反应引起的体积膨胀效应填充了耐火材料基体中的孔隙，从而增强了试样的抗渣侵蚀性。Yang等[134]以铝铬渣为原料制备了Cr_7C_3粉并将其引入低碳镁碳耐火材料中，研究发现，在高温下Cr能与MgO在材料表面形成镁铬尖晶石保护层，减少耐火材料的孔隙率；镁铬尖晶石与熔渣的润湿性较差，能减缓熔渣的渗透，提高耐火材料的抗渣侵蚀和抗氧化能力；Cr_7C_3还可以通过与Fe_2O_3反应补充镁碳材料中因氧化而消耗的部分碳。

1.7　镁质复相耐火材料研究进展

前述详细介绍了典型的单相镁质耐火材料，以及它们在高温工业中发挥的重要作用。近年来，随着航空航天、海洋工程、核能与核技术工程等高技术领域的快速发展，对辅助耐火材料的需求日益增加，同时对其质量也提出了更高的要求。因此，耐材研究者开始将单质镁质耐火材料相互复合，或引入新组元，以期获得多重性能优势叠加的增强效果，从而推动复相镁质耐火材料的发展。

为了替代RH真空精炼炉用的MgO-Cr_2O_3耐火材料，Shen等[12]通过将MgO和$MgAl_2O_4$复合，再引入ZrO_2组元（质量占比11.54%），设计了一种具有优良抗渣侵蚀性能的MgO-$MgAl_2O_4$-ZrO_2复相耐火材料（MAZ）。图1-15所示为不同耐火试样腐蚀后的断面形貌。由图可见，在1710 ℃制备的MAZ复相耐火材料比传统的MgO-Cr_2O_3耐火材料（MC）表现出更好的抗渣性能。这是因为$CaZrO_3$相的形成可吸收渣中大量的CaO，使得渗入试样内部熔渣所形成的液相量大幅减少，从而有效提高了抗渣性能。由此可见，氧化锆是一种极为有效的镁质复相耐火材料组元，但它的成本较高。Kusiorowski[10]以废旧镁碳砖作为原料制备了MgO-ZrO_2复相耐火材料，并与使用工业原料制备的MgO-ZrO_2复相耐火材料进行了性能对比。结果显示，使用废旧镁碳砖作为镁源所制耐火材料的烧结性能和抗渣性能甚至超过了使用烧结镁砂所制耐火材料的性能。该研究为废旧镁碳砖的利用提供了思路，也为低成本制备MgO-ZrO_2复相耐火材料给出了参考。同样地，以固废再利用为设计思路，Cheng[11]等以废旧镁碳砖、氧化铝微粉和电熔镁砂为原料在 1600 ℃氮化合成了具有优异抗水化性和抗热震性的 MgO-MgAlON 复相耐火材料。一方面，以镁碳砖中的镁砂作为主体镁源，节省了物料成本；另一方面，以镁碳砖中的残留石墨为还原剂，降低了氮气系统中的氧分压（1.5×10^{-18} ~ 3.5×10^{-8} MPa），使氮化反应得以顺利进行。

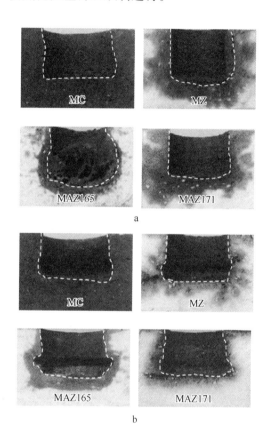

图 1-15　不同耐火试样腐蚀后的截面形貌

a—高碱度渣，CaO/SiO_2 质量比 6.29；b—低碱度渣，CaO/SiO_2 质量比 0.70

同样地，镁碳耐火材料也得到了改进和发展，其中最有代表性的是镁铝碳（MgO-Al_2O_3-C）复相耐火材料。镁铝碳耐火材料除了具有所有镁碳耐火材料的优点外，由于引入了 Al_2O_3 组元，在使用过程中可原位形成一定量的镁铝尖晶石，因此还具有更长的使用寿命和更好的节能效果（热导率更低）。Emmel 等[16]报道了尖晶石化和处理温度对钢水过滤用 MgO-Al_2O_3-C 耐火材料的性能影响，研究表明，随着热处理温度的升高，尖晶石的形成量增多，这些尖晶石的原位形成使 MgO-Al_2O_3-C 耐火材料具有更好的抗热震性，从而保证了钢液过滤的稳定性。

Zhong 等[135]分析了钢包炉衬用 $MgO\text{-}Al_2O_3\text{-}C$ 耐火材料在引入铝矾土后的腐蚀机理。结果表明，铝矾土的引入使 $MgO\text{-}Al_2O_3\text{-}C$ 耐火材料形成了多层结构体，自外而内依次为富镁尖晶石、化学计量比尖晶石、富铝尖晶石和氧化铝，而这种多层结构可在熔渣渗入后逐层形成高熔点相，如 Ca_2SiO_4、Ca_3SiO_5 和 $CaTiO_3$，从而有效增强其抗渣性和抗钢液冲刷性能。

　　综上所述，镁质耐火材料的制备工艺虽然不是关键技术，但镁质耐火材料却是生产众多关键产品的关键辅料，如航空用轴承钢、海洋工程用高强度不锈钢等。因此，高品质镁质耐火材料的开发能为我国众多关键材料的突破提供有利的保障和支撑。

2 烧结镁砂的制备参数

镁砂由于原料来源广泛、综合性能优良的特点被广泛应用在水泥、玻璃、冶金等领域。如前所述，根据制备工艺的不同，镁砂可细分为轻烧氧化镁、烧结镁砂和电熔镁砂[24]。其中，电熔镁砂具有体积密度高、晶粒尺寸大、杂质含量少等优点，但它属于高电耗产品。据统计[136]，电熔镁砂的能耗为 2376 ~ 2900 kW·h/t，而烧结镁砂的能耗仅为 39 ~ 150 kW·h/t。近年来，随着"双碳"战略在国家层面的实施推进，绿色生产已成为大势所趋。对于镁砂行业而言，除了继续优化电熔镁砂的能耗外[137-138]，进一步改善烧结镁砂性能、提高市占率是一条更加行之有效的策略。

由于菱镁矿独特的分解特性——在高温分解后仍会保持原有的结构形态，即形成所谓的"母盐假象"，这导致烧结镁砂很难达到理想的致密度。在工艺层面上，可通过采用两步法（煅烧→球磨→烧结）或三步法（煅烧→水化→球磨→再煅烧→再球磨→烧结）的烧结工艺，减少"母盐假象"的不利影响[139]。而与三步烧结法相比，两步烧结法显然优势更大，如工序更少、能耗更低，因此也更值得研究和推广。遗憾的是，近期关于这方面的报道很少。因此，两步烧结法的工艺及其关键参数的优化仍有重要的研究价值，研究结果也可为高品质烧结镁砂的制备和生产提供有益参考。

基于此，本章以菱镁矿为原料，对比研究了球磨工序、轻烧温度和菱镁矿粒度对两步烧结法所制烧结镁砂的显微结构、气孔率和体积密度的影响。此外，分析了煅烧产物轻烧氧化镁的结构、活性和粒度与"母盐假象"的内在关联，探讨了镁砂烧结工艺参数的优化方向。

2.1 原料、流程及测试方法

2.1.1 实验原料

本章实验所用原材料为市售高纯菱镁矿（来自辽宁省海城市），具体化学成分见表 2-1。图 2-1 所示为菱镁矿的物相组成和显微形貌。由图 2-1a 可知，菱镁矿中的主要杂质是方解石（$CaCO_3$）和白云石（$CaMg(CO_3)_2$）。由图 2-1b 可见，菱镁矿原料为不规则颗粒，粒度分布并不均匀。黏结剂为聚乙烯醇（1750 型，产自国药集团化学试剂有限公司）。实验说明：后续章节，如无特殊强调，代表所使用的黏结剂均为自配的质量浓度为 8% 的聚乙烯醇溶液，添加量为预混原料质量分数的 3%。

表 2-1　菱镁矿的化学组成　　　　　（质量分数,%）

MgO	CaO	Fe_2O_3	SiO_2	Al_2O_3	烧失	其他
46.68	0.45	0.32	0.15	0.05	51.46	0.89

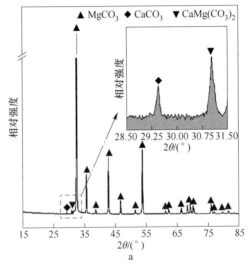

a

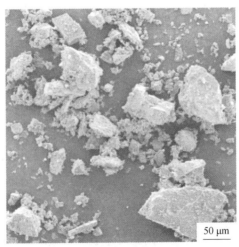

b

图 2-1　菱镁矿的 XRD 谱图（a）和 SEM 图像（b）

2.1.2 制备流程

本章实验的烧结镁砂试样具体制备流程为：所有镁砂试样均按照耐火材料的标准流程进行制备，即轻烧（1000 ℃保温 3 h，升温速率为 10 ℃/min；设备为 KJ-M1200 型箱式电阻炉）、混料、成型（试样尺寸均为 ϕ20 mm×5 mm，在 200 MPa 下保压 5 min；设备为 MC-15 型粉末压片机）、干燥（在 120 ℃保温 10 h；设备为 DHG-9013 A 型电热鼓风干燥箱）和烧结（1600 ℃保温 3 h，升温速率为 1000 ℃以下 10 ℃/min、1000 ℃以上 5 ℃/min；设备为 KJ-M1700 型高温箱式炉）。

此外，由于不同的研究目的，部分镁砂试样的制备细节略有不同。具体而言，对用于研究球磨工序的镁砂试样，它们的不同之处在于增加了球磨步骤（200 r/min 干磨 10 h，设备为 QM-3SP4 型行星式球磨机）；对用于研究轻烧工序的镁砂试样，它们的不同之处在于轻烧温度（700～1000 ℃，间隔为 100 ℃）；对用于研究原料参数的镁砂试样，它们的不同之处在于粒度（将原始菱镁矿过 50 目（300 μm）筛，所得菱镁矿具体粒度分布和比表面积如图 2-2a 所示；接着过 100 目（150 μm）筛，所得菱镁矿具体粒度分布和比表面积如图 2-2b 所示；再接着过 200 目（75 μm）筛，所得菱镁矿具体粒度分布和比表面积如图 2-2c 所示；最后过 400 目（38 μm）筛，所得菱镁矿具体粒度分布和比表面积如图 2-2d 所示）。

2.1.3 测试及表征方法

2.1.3.1 物相组成

采用 X 射线衍射技术（设备为 D8 Advance 型 X 射线衍射仪（XRD））分析所制镁砂试样的物相组成，具体测试条件：射源为 Cu-Kα 射线；管电压为 40 kV；管电流为 40 mA；扫描方式为连续扫描，步长为 0.02°；扫描范围为 10°～90°；扫描速度为 2(°)/min。利用 MDI Jade 商业软件对所制试样的 XRD 数据进行 Rietveld 全谱拟合精修处理，以获得所需的物相相对含量和晶胞参数。Rietveld 精修处理的主要步骤为：建立结构模型、计算理论强度；与实验数据进行比较、调整参数后再次计算。调整参数包括结构参数（例如，晶胞参数、温度因子、择优取向等）和非结构参数（例如，仪器参数、背底、样品位移等）。最后，用权重 R 因子和期望值 E 两个参数来确定 XRD 数据精修的拟合程度，具体公式如下：

$$R = 100\% \times \sqrt{\frac{\sum w(i) \times [I(o,i) - I(c,i)]^2}{\sum w(i) \times [I(o,i) - I(b,i)]^2}} \qquad (2-1)$$

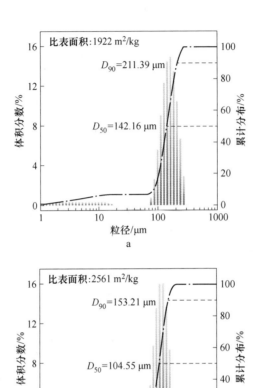

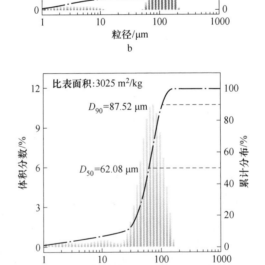

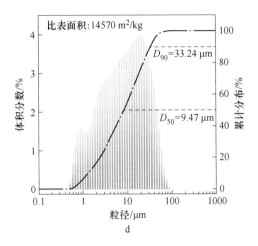

图 2-2　不同粒度菱镁矿的粒度分布
a—300 μm；b—150 μm；c—75 μm；d—38 μm

$$E = 100\% \times \sqrt{\dfrac{N-P}{\sum I(o,i)}} \qquad (2\text{-}2)$$

式中　$I(o,i)$——拟合数据点（i）的测量强度；

　　　$I(c,i)$——拟合数据点（i）的计算强度；

　　　$I(b,i)$——拟合数据点（i）的背景强度；

　　　$w(i)$——数据点（i）的计数权重；

　　　N——拟合的数据点个数；

　　　P——可精修参数的个数。

R/E 表示精修的吻合度，多次精修操作理论上可以无限接近实验数据[140]。为保证相关数据的准确度，本实验选择最终精修结果的标准为：$R < 10\%$。

2.1.3.2　显微结构

采用扫描电子显微技术（设备为 S4800 型冷场发射扫描电子显微镜（SEM））表征所制镁砂试样的微观形貌。由于镁砂试样几乎不导电，测试前需先进行喷金（设备为 JS-1600 型离子溅射仪）处理。能谱仪（EDS）测定所制镁砂试样的微区元素组成和分布。参照 GB/T 6394—2017，采用截点法测算所制镁砂试样的晶粒尺寸。每个试样取 3 个平行试样，每个平行试样至少选取 10 个视场，采用统计的平均值作为最终结果。

2.1.3.3　烧结性能

耐火材料的烧结性能代表烧结质量的好坏，主要包括显气孔率、闭气孔率、体积密度和相对密度。参照 GB/T 2997—2015 测量镁砂试样的显气孔率（P_a,%）和体积密度（D_b, g/cm³），并根据测试结果计算对应的闭气孔率（P_c,%）和相对密度（D_r,%），具体计算公式如下[141]：

$$P_a = \frac{m_3 - m_1}{m_2 - m_1} \times 100\% \tag{2-3}$$

$$D_b = \frac{m_1 D_L}{m_3 - m_1} \tag{2-4}$$

$$D_r = \frac{D_b}{\sum D_{ti} \times R_i} \times 100\% \tag{2-5}$$

$$P_c = P_t - P_a = \left[(1 - D_r) - P_a \right] \times 100\% \tag{2-6}$$

式中　m_1——干燥试样的质量，g；

　　　m_2——饱和试样的表观质量，g；

　　　m_3——饱和试样在空气中的质量，g；

　　　D_L——浸渍所用液体介质的密度（介质为煤油，0.80 g/cm³），g/cm³；

　　　D_{ti}——试样中物相 i 的理论密度，g/cm³；

　　　R_i——试样中物相 i 的质量分数，%；

　　　P_t——试样的总气孔率，%。

2.1.3.4　粒度分布

采用激光衍射技术（设备为 Mastersizer-3000 型激光粒度仪）测定粉体试样的粒度分布，并利用所得粒度结果作为当量球径估计得到比表面积（当粉体的球形度较小时，此结果可能与实际值偏差较大）。

2.1.3.5　振实密度

参照 GB/T 21354—2008 测定粉体试样的振实密度。

2.2　球磨工艺对烧结镁砂致密化的影响

图 2-3 所示为不同工艺所制镁砂试样的显微结构和对应的晶粒尺寸分布数据。由图 2-3 中镁砂试样的表面 SEM 图像可见：一步煅烧法所制镁砂试样的烧结

程度最差，表面布满了大尺寸的贯通型开孔（白色箭头标记，见图2-3a）。两步煅烧法所制试样虽然表面的开孔数量和气孔尺寸都有所降低，但整体烧结程度仍然不足（见图2-3b）；而对于两步球磨煅烧法所制试样，正如预期的那样，其表面几乎已经观察不到气孔，且 MgO 晶粒发育良好，彼此之间结合紧密（见图2-3c）。与此同时，从晶粒生长行为而言，两步法所制试样的晶粒尺寸略大于一步法所制试样的晶粒尺寸。由统计数据可见，试样的平均晶粒尺寸从 3.58 μm（一步法，见图2-4a）增至 4.37 μm（两步法，见图2-4b）。同样地，两步球磨法所制试样的晶粒尺寸继续增长，最大值达到了 18.02 μm，平均值为 7.98 μm（是一步法所制试样平均晶粒尺寸的两倍，见图2-4c）。此外，由图2-5 中镁砂试样的断面 SEM 图像可见：由于晶粒的结晶程度低，晶界不够发达导致一步法所制试样并未形成太多的闭孔（见图2-5a）；而两步法所制试样和两步+球磨法所制试样内部均形成了一定数量的闭孔（白色箭头标记），但它们也表现出明显的差异。通过对比发现，两步法所制试样形成的是不规则的晶间型闭孔（通常与烧结颈同时形成，见图2-5b），而两步+球磨法所制试样形成的基本是类球形的晶内型闭孔（主要在晶粒生长时形成，见图2-5c）。

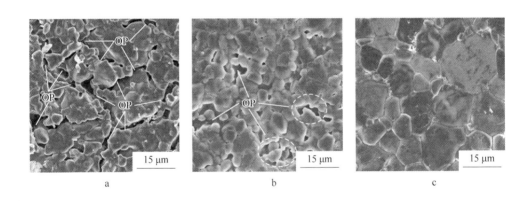

图 2-3　镁砂试样表面的 SEM 图像

a——一步法；b—两步法；c—两步+球磨法

（OP 表示开孔）

图 2-6 所示为不同球磨工艺所制镁砂试样的显气孔率、闭气孔率、体积密度和相对密度。由图2-6a 可知，一步法和两步法所制试样的显气孔率相对较高，分别为 23.31% 和 12.01%，而两步+球磨法所制试样显气孔率最低，为 1.17%。相应地，一步法所制试样和两步法所制试样的体积密度相对较低（分别为 2.69 g/cm³ 和 3.05 g/cm³），而两步+球磨法所制试样体积密度超过了目标值 3.4 g/cm³，达到 3.45 g/cm³（见图2-6b）。经典烧结理论认为，显气孔率的大幅降低是材料烧

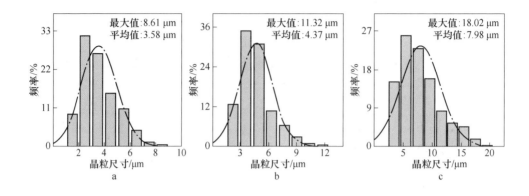

图 2-4　镁砂试样的晶粒尺寸分布

a——一步法；b—两步法；c—两步 + 球磨法

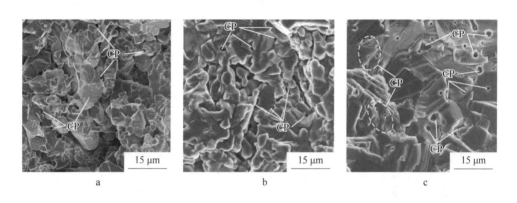

图 2-5　镁砂试样断面的 SEM 图像

a——一步法；b—两步法；c—两步 + 球磨法

（CP 表示闭孔）

结进程从烧结前期转入烧结中期的关键信号，而烧结末期的显著特征为气孔类型的转变（即由开孔转为闭孔，然后闭孔被排出）和晶粒的持续生长[142]。因此，可以认为只有两步 + 球磨法所制试样的烧结进程到达了烧结末期，而其他两组试样均仅进行到烧结中期。结合图 2-6c 所示的闭气孔率数据可知，一步法所制试样由于晶粒间的烧结颈还未大规模形成，所以闭气孔率最小，为 1.52%；而两步法所制试样虽然形成了部分烧结颈（仍有较多开孔），但伴随着晶粒生长的闭孔迁移还未开始，所以闭气孔率最大，为 2.85%；相应地，两步 + 球磨法所制试样因为烧结程度最高，部分闭孔已随着晶粒的生长被排出，所以闭气孔率较两步法所制试样略微降低，为 2.41%。最后，图 2-6d 所示的相对密度

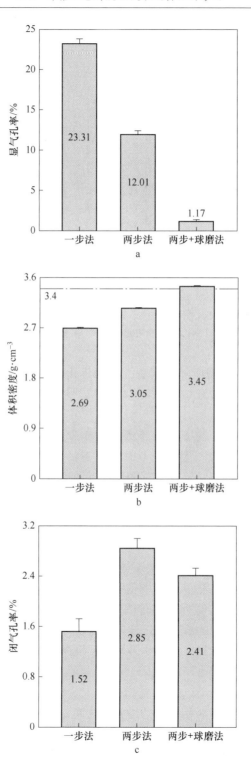

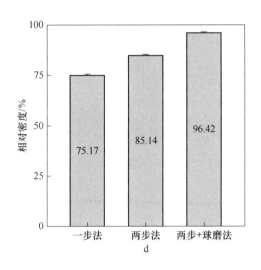

图 2-6　镁砂试样的烧结性能

a—显气孔率；b—体积密度；c—闭气孔率；d—相对密度

数据也表明，试样的致密度随着制备工艺的优化而逐渐增大。具体地，相对密度逐步从一步法试样的 75.17% 增至两步法试样的 85.14% 再增至两步 + 球磨法试样的 96.42%。

　　结合上述结果可知，为了获得高致密的镁砂产品，轻烧（两步煅烧法）和球磨都是必不可少的步骤。因此，考虑到轻烧氧化镁（即第一步轻烧产物）对镁砂最终性能的影响，有必要继续对轻烧温度做进一步的研究。

2.3　轻烧温度对烧结镁砂致密化的影响

　　图 2-7 ~ 图 2-9 所示为不同轻烧温度所制镁砂试样的显微结构和晶粒尺寸分布。由图 2-7 所示的试样表面 SEM 图像可见，所有试样均表现出相对致密的微观结构，仅在 800 ℃ 轻烧温度所制镁砂试样的表面有少量的小气孔（见图 2-7b）。与此同时，随着轻烧温度的升高，试样的晶粒尺寸逐渐增大。图 2-8 所示的相关统计结果显示，平均晶粒尺寸从 700 ℃ 轻烧温度所制试样的 4.94 μm 一直增加到 1000 ℃ 轻烧温度所制试样的 7.98 μm（约增大了 1.6 倍）；相应地，最大晶粒尺寸从 12.23 μm 增加到 18.02 μm（约增大了 1.8 倍）。其中，800 ℃ 轻烧温度所制试样到 900 ℃ 轻烧温度所制试样的增幅最为明显（从 5.34 μm 到 7.24 μm，增长了 35.58%）。因此，可以认为当轻烧温度超过 900 ℃ 以上后，轻烧温度的改变对镁砂试样二次烧结时晶粒生长的促进就不再有效了。由图 2-9 所示的试样断

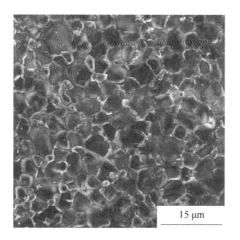

15 μm

a

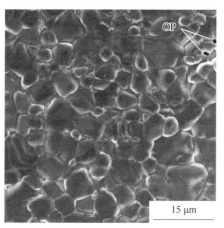

15 μm

b

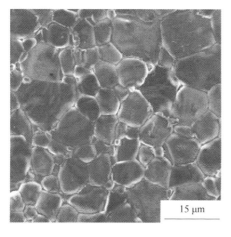

15 μm

c

图 2-7　镁砂试样表面的 SEM 图像

a—700 ℃；b—800 ℃；c—900 ℃；d—1000 ℃

（OP 表示开孔）

面 SEM 图像可见，试样的闭孔数量随轻烧温度的增加而逐渐减少，并且这种变化趋势在对比 700 ℃轻烧温度所制试样（见图 2-9a）和 1000 ℃轻烧温度所制试样性能（见图 2-9d）时尤为明显。通常情况下，这种现象可被解释为轻烧温度对轻烧氧化镁活性的影响[49]。但基于这种理论的研究通常只关注了镁砂烧结前后的气孔率或体积密度的变化，而未考虑到气孔类型（即开孔和闭孔）及各自含量对镁砂最终致密化性能的影响[143]，这部分内容将会在后续章节做详细讨论和分析。

　　图 2-10 所示为不同轻烧温度所制镁砂试样的烧结性能，与前述 SEM 图像所呈现的结果基本一致：800 ℃轻烧温度所制试样的显气孔率最大，为 2.18%（见图 2-10a）；700 ℃轻烧温度所制试样的闭气孔率最高，为 5.87%（见图 2-10c）。除此之外，其余试样的显气孔率（从 1.56% 降至 1.26% 再至 1.17%）和闭气孔率（从 3.04% 降至 2.98% 再至 2.41%）均随着轻烧温度的增加而降低。与此同时，根据图 2-10b 所示的体积密度（从 3.31 g/cm³ 增至 3.45 g/cm³）和图 2-10d 相对密度（从 92.57% 增至 96.42%）数据可知，轻烧温度的增加有利于镁砂试样的致密化。其中，900 ℃轻烧温度和 1000 ℃轻烧温度所制试样的体积密度均超过了 3.4 g/cm³。

　　结合上述结果可知，轻烧温度决定了轻烧氧化镁的活性，而轻烧氧化镁

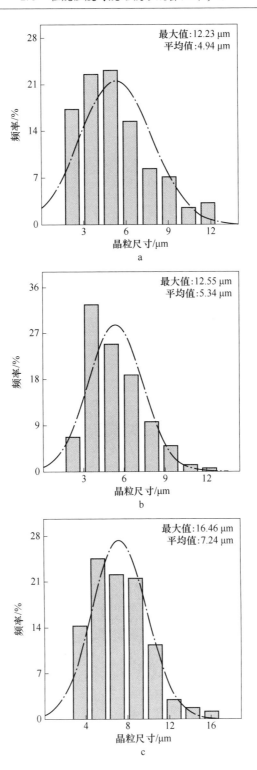

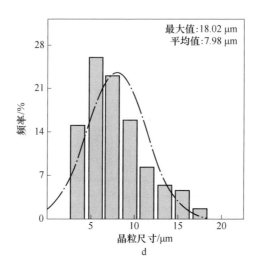

图 2-8　镁砂试样的晶粒尺寸分布

a—700 ℃；b—800 ℃；c—900 ℃；d—1000 ℃

的活性会影响二次烧结时的致密化行为，因此想要获得高致密的镁砂产品，需要选择合适的轻烧温度。此外，考虑到粒度（即比表面积）也是影响轻烧氧化镁活性的关键因素，因此有必要对原料（菱镁矿）粒度影响做进一步的研究。

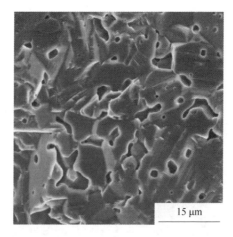

a

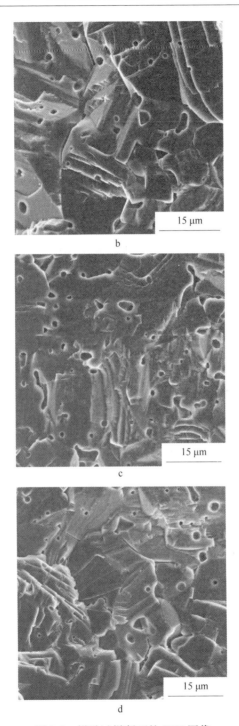

图 2-9 镁砂试样断面的 SEM 图像

a—700 ℃；b—800 ℃；c—900 ℃；d—1000 ℃

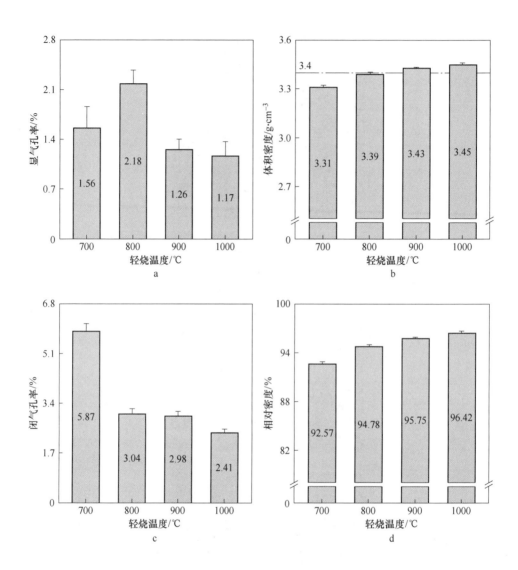

图 2-10 镁砂试样的烧结性能

a—显气孔率；b—体积密度；c—闭气孔率；d—相对密度

2.4 菱镁矿粒度对烧结镁砂致密化的影响

图 2-11 ~ 图 2-13 所示为不同粒度菱镁矿所制镁砂试样的显微结构和对应的晶粒尺寸分布。由图 2-11 所示的试样表面 SEM 图像可见，除 38 μm 菱镁矿所制

镁砂试样外，其余试样的表面都有少量的开孔。孔的尺寸相对较小，属微米级别，并且它们的数量随着菱镁矿粒度的减小而减少。与此同时，可以观察到代表烧结程度的晶粒尺寸在增加。图 2-12 所示的统计数据显示，试样的平均晶粒尺寸从 4.46（300 μm 菱镁矿所制试样，见图 2-12a）一直增加到 8.21 μm（38 μm 菱镁矿所制试样，见图 2-12d），最大晶粒尺寸也从 9.16 μm 增加到 18.59 μm。值得注意的是，与轻烧温度对试样晶粒生长的影响类似，随着菱镁矿粒度的减小，所制镁砂试样的晶粒尺寸分布更加均匀（可通过图 2-12 中的拟合曲线看出）。

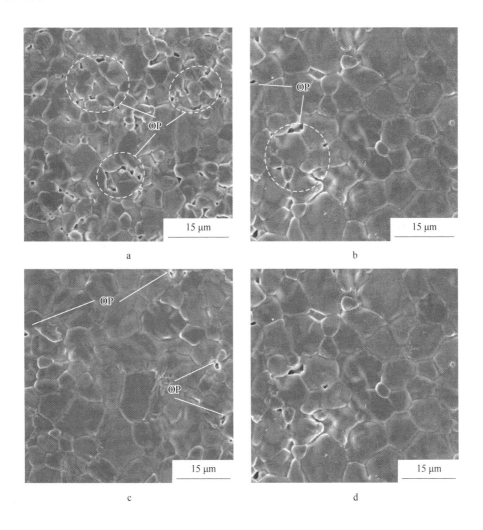

图 2-11 镁砂试样表面的 SEM 图像

a—300 μm；b—150 μm；c—75 μm；d—38 μm

（OP 表示开孔）

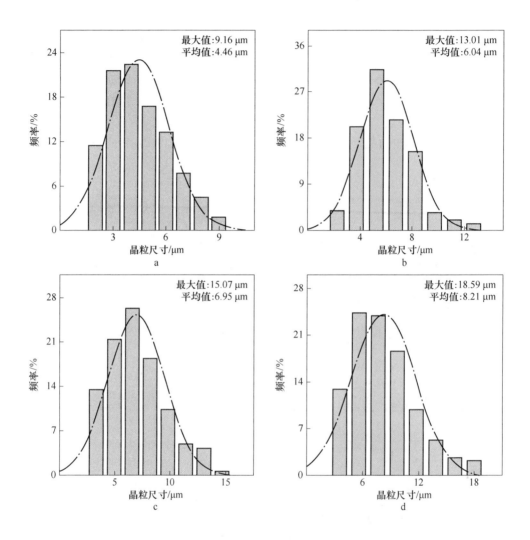

图 2-12　镁砂试样的晶粒尺寸分布

a—300 μm；b—150 μm；c—75 μm；d—38 μm

相关研究表明，这种现象主要是由于在烧结中期晶粒的急剧收缩会产生大量的气孔，导致晶粒在烧结末期生长受到约束[50]。图 2-13 所示的试样断面 SEM 图像可佐证这一理论，大粒度菱镁矿所制的试样内部有更多的闭孔，且多为晶间型（如 300 μm 菱镁矿所制试样，见图 2-13a）；而小粒度菱镁矿所制试样的闭孔明显更少，且气孔类型随着晶粒的长大而转变为晶内型（如 38 μm 菱镁矿所制试样，见图 2-13d）。

图 2-14 所示为不同粒度菱镁矿所制镁砂试样的烧结性能。如图 2-14a 所示，

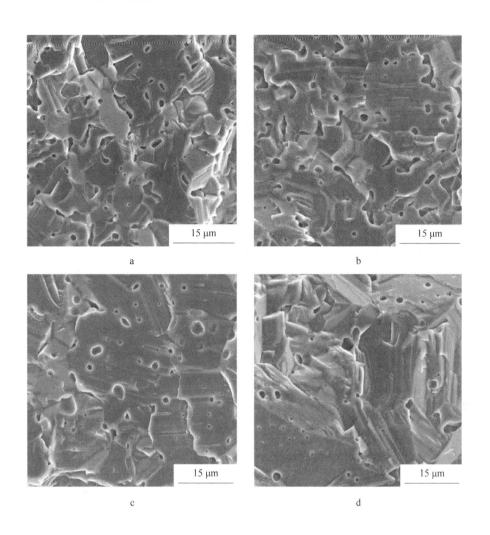

图 2-13 镁砂试样断面的 SEM 图像
a—300 μm; b—150 μm; c—75 μm; d—38 μm

试样的显气孔率随着所用菱镁矿粒度的减小而降低，具体从 5.14%（300 μm 菱镁矿所制试样）到 2.56%（75 μm 菱镁矿所制试样）再到 1.08%（38 μm 菱镁矿所制试样）。相应地，图 2-14b 所示试样的体积密度随着所用菱镁矿粒度的减小而线性增加。其中，只有 38 μm 菱镁矿所制试样的体积密度超过了目标值，达到 3.46 g/cm³。与此同时，由图 2-14c 可见，300 μm 菱镁矿所制试样（3.44%）和 150 μm 菱镁矿所制试样（3.42%）的闭气孔率比较接近，并且都明显大于 75 μm 菱镁矿所制试样（2.79%）和 38 μm 菱镁矿所制试样的数值（2.33%）。结合图 2-11 所示的相关 SEM 图像可知，这主要与不同粒度的菱镁矿对镁砂试样二次烧结时晶粒生长行为的影响有关。此外，作为烧结被促进的有利结果，随着菱镁矿粒度的降低，试样的相对密度从91.42%（300 μm 菱镁矿所制试样）提高到94.65%（75 μm 菱镁矿所制试样）再到96.59%（38 μm 菱镁矿所制试样）。因此，为了获得高致密的镁砂产品，可适当选用粒度更小的菱镁矿原料，因为它影响着烧结过程中孔的形成及其类型的转变，以及在烧结末期晶粒的生长行为。

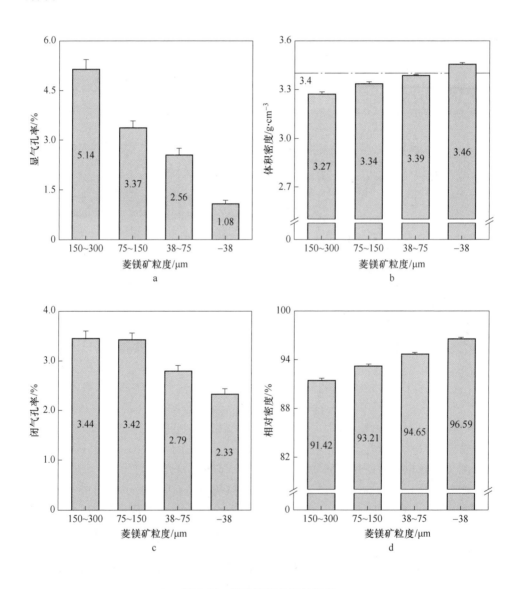

图 2-14 镁砂试样的烧结性能

a—显气孔率；b—体积密度；c—闭气孔率；d—相对密度

2.5 致密化行为和烧结机理分析

经典烧结理论认为，无机材料的固相烧结过程（Coble 模型）[144-145]可分为三个阶段：第一阶段，即烧结初期，主要是颗粒重排和少量烧结颈的形成，不涉及晶粒生长，对致密化的贡献也很小；第二阶段，即烧结中期，主要是颗粒间烧结颈的大规模形成，同时由于晶界的出现，一些大尺寸的开孔逐渐被封闭形成闭孔，因此对致密化的贡献很大；第三阶段，即烧结末期，主要是显微结构的演变发展，晶粒的不断长大，开孔也基本全部转变为闭孔，并且一些迁移速率较慢的晶间孔被晶界包裹而形成晶内孔。然而，由于"母盐假象"的存在，导致利用菱镁矿制备镁砂的烧结过程与传统的固相烧结过程并不完全一样。菱镁矿的一次轻烧只是单纯的热分解过程，并不涉及任何致密化过程，因此在此只讨论利用轻烧氧化镁二次烧结制备镁砂的过程。根据李楠等[26,38-40]的研究结果和理论模型可知，烧结镁砂的烧结也可分为以下三个阶段。

（1）第一阶段，主要是一级颗粒（即轻烧氧化镁母盐假象的微晶，具有高比表面积、高活性等特点；它们之间的气孔称为一级气孔，在烧结过程中很容易排出）快速烧结导致的二次颗粒（即由一级颗粒团聚组成的假颗粒；它们之间的气孔称为二级气孔，在烧结过程中消除得很慢）的重排。显微结构上的主要特点为，由于二级颗粒的不均匀烧结收缩，部分一级气孔转变为二级气孔，导致一级气孔所占体积减小而二级气孔所占体积增大，同时二级气孔中大孔占比增加。该阶段比传统烧结初期的显微结构变化更复杂，因此已有的动力学模型均不适用。

（2）第二阶段，主要是一级/二级颗粒的同时烧结和二级颗粒间烧结颈的形成及长大。显微结构上的主要特点为，由于二级颗粒相对运动受阻，一级颗粒开始快速烧结收缩，导致一级气孔被排出或转变为二级气孔。虽然该阶段用收缩率（$\Delta L/L_0$）无法准确描述，但无论是一级颗粒还是二级颗粒，最终反映的烧结结果都是总表面积能降低，因此可用 German 模型[146]描述，具体公式如下：

$$\left(\frac{\Delta S}{S_0}\right)^{\Theta} = K_2 t \tag{2-7}$$

$$\frac{\mathrm{d}S}{\mathrm{d}t} = -\frac{C_2}{\alpha S_i^\alpha} S^{\alpha+1} \tag{2-8}$$

式中　　ΔS——总比表面积的变化值；

　　　　S_0——总比表面积的初始值；

　K_2，C_2，α——常数；

　　　　Θ——表征传值机理的指数；

　　　　t——烧结时间；

　　　　S_i——计算特定点时设定的比表面积。

　　（3）第三阶段，主要是二级气孔的消除和晶粒的长大。显微结构的主要特点为，一级气孔完全消失、二级气孔球化变小，以及大量高配位数微晶形成的丰富晶界。因为在该阶段致密化与晶粒生长同时发生，所以可根据 Coble 和 Gupta 的模型推导获得两者的关系模型[144,147]。用气孔容积（P）变化描述致密化过程，具体方程为：

$$\frac{\mathrm{d}P}{\mathrm{d}t} = -\frac{336D_{\mathrm{L}}v\Omega}{kTD^3} \qquad (2\text{-}9)$$

式中　　D_{L}——体积扩散系数；

　　　　v——表面能；

　　　　Ω——空位容积；

　　　　k——玻耳兹曼常量；

　　　　D——气孔直径；

　　　　T——烧结温度。

　　晶粒生长方程式可描述为：

$$G_t - G_0 = K_{\mathrm{g}}(t - t_0) \qquad (2\text{-}10)$$

式中　　G_t——烧结时间为 t 时的晶粒尺寸；

　　　　G_0——烧结时间为 0 时的晶粒尺寸；

　　　　K_{g}——晶粒生长的速率常数。

　　将式（2-9）和式（2-10）联立积分后可得气孔率与晶粒尺寸的最终关系式：

$$P_t - P_0 = \frac{672D_{\mathrm{L}}v\Omega}{kK_{\mathrm{g}}T}\left(\frac{1}{G_t} - \frac{1}{G_0}\right) \qquad (2\text{-}11)$$

式中　　P_t——烧结时间为 t 时的气孔率；

　　　　P_0——烧结时间为 0 时的气孔率。

　　对比可见，镁砂烧结的第二阶段与传统固相烧结的烧结初期相似，第三阶段与烧结中期相似。因此，应重点关注镁砂烧结的第一阶段，即轻烧氧化镁中一级和二级颗粒对烧结的影响。

　　结合本实验所获结果可知，轻烧氧化镁性质（活性、粒度、结构等）是导致不同工艺所制镁砂试样呈现出不同烧结性能（致密度和晶粒尺寸）的根本原因。首先，由于一步烧结法制备过程中会原位形成大量的二级颗粒，缺乏足够的驱动力去实现烧结收缩，因此轻烧和球磨这两步工艺对镁砂的烧结是缺一不可的。其次，轻烧温度和菱镁矿粒度对镁砂致密化行为的影响机制是不同的。对采用两步烧结法制备的镁砂试样而言，一般认为在超过菱镁矿的分解温度后（$MgCO_3(s) = MgO(s) + CO_2(g)$），其初烧产物轻烧氧化镁的活性就会随着温度的继续升高而降低。相关研究表明，菱镁矿的最佳煅烧温度区间为 600～700 ℃，超过这一温度后氧化镁微晶会继续长大，因此活性会受到影响[143]。尽管从烧结动力学角度而言，高活性的轻烧氧化镁无疑代表了更佳的可烧结性，但已有研究结果[148]和本章实验相关数据均表明，轻烧氧化镁的活性并不是致密化的唯一决定因素。

图 2-15 所示为不同轻烧温度所制备的轻烧氧化镁的 XRD 图谱、氧化镁微晶的晶粒尺寸和轻烧氧化镁的 SEM 图像。由图 2-15a 可知，700 ℃煅烧后的粉体试

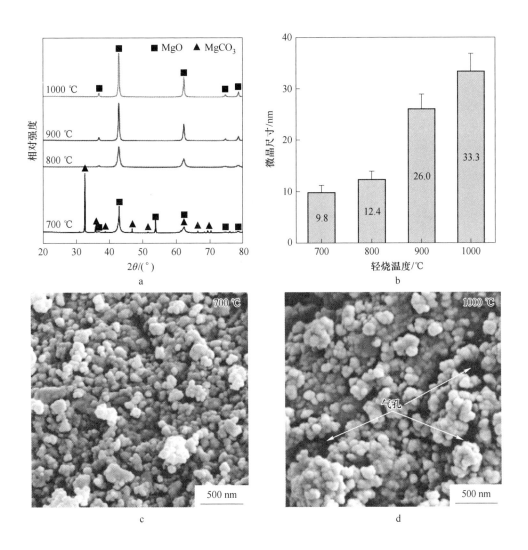

图 2-15 轻烧氧化镁的 XRD 分析与 SEM 图像

a—轻烧氧化镁的 XRD 图谱；b—氧化镁微晶的晶粒尺寸；c，d—700 ℃和 1000 ℃的 SEM 图像

样中仍有少量的 $MgCO_3$ 未被分解。而随着轻烧温度的升高，一方面残留的 $MgCO_3$ 被全部分解，另一方面分解产物 MgO 微晶的晶粒尺寸逐渐增大（从 9.8 nm 到 33.3 nm，见图 2-15b）。此外，由图 2-15c 和 d 所示的 SEM 图像可见，与在 700 ℃ 煅烧的粉体相比，在 1000 ℃ 煅烧的粉体（即一级颗粒）表面的 MgO 微晶已经出现了局部烧结，并且因此形成了一些气孔（即一级气孔，由白色箭头标记）。

　　图 2-16 和图 2-17 所示为不同轻烧温度所制轻烧氧化镁在充分球磨后的 SEM 图像和球磨前后粉体的振实密度。由图 2-16 可见，球磨后的轻烧氧化镁粉体呈现出两种结构形态：一种是由纳米级氧化镁微晶组成的硬团聚颗粒（一级颗

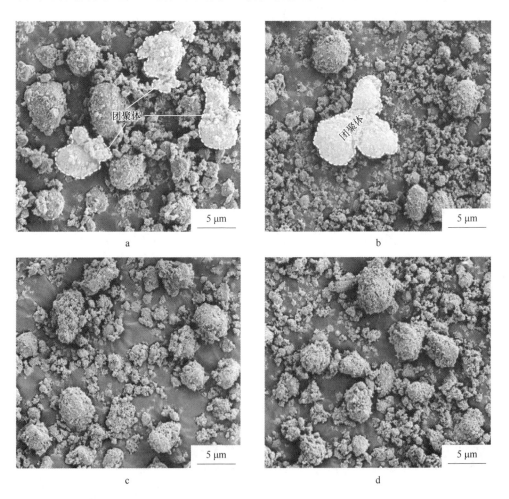

图 2-16　轻烧氧化镁在充分球磨后的 SEM 图像

a—700 ℃；b—800 ℃；c—900 ℃；d—1000 ℃

粒），整体结构仍然保持着菱镁矿母盐的结构（即所谓的"母盐假象"）；另一种是由这些硬团聚体形成的软团聚颗粒（即二级颗粒）。由于在低温下煅烧的氧化镁粉体的活性较高[42]，所以更容易形成软团聚体，如图 2-16a 和 b 所示。这些软团聚体影响了轻烧氧化镁的可压缩性，直观表现为更低的振实密度（见图 2-17），并且球磨也没有改变粉体振实密度的整体趋势。通常，可压缩性差意味着由该粉体制备的生坯试样中含有更多的原生孔缺陷（即二级气孔），这自然会导致最终烧结试样的致密度降低[38]。其中，虽然在 700 ℃煅烧的轻烧氧化镁振实密度大于 800 ℃煅烧的轻烧氧化镁振实密度，但这并不代表它有更好的可压缩性，因为它含有一部分未被分解的 $MgCO_3$。综合对比可知，在 900 ℃和 1000 ℃煅烧的、含软团聚体更少的轻烧氧化镁所制备的镁砂试样的烧结性能更好。

图 2-17 轻烧氧化镁在球磨前后的振实密度

同样地，对于用不同粒度菱镁矿煅烧的轻烧氧化镁，因为轻烧温度相同，意味着它们的物相组成也是一致的，所以它们的烧结性完全可以用可压缩性（振实密度）来评估。因此，如果不考虑活性的影响（默认活性相同），轻烧氧化镁的可压缩性就只与它所含团聚体性质（类型、大小、占比）有关。由图 2-18 可知，随着所用菱镁矿原料粒度的减小，轻烧氧化镁粉体的粒度也逐渐减小，中位粒度从 24.66 μm（见图 2-18a）减小至 9.22 μm（见图 2-18d）。

与此同时，它们的 SEM 图像也印证了这一结果。图 2-19 和图 2-20 所示为不同粒度菱镁矿煅烧的轻烧氧化镁球磨后的 SEM 图像和振实密度。由图 2-19 可见，300 μm 菱镁矿所制轻烧氧化镁的一级颗粒（硬团聚体）尺寸明显大于 38 μm 菱镁矿所制轻烧氧化镁的尺寸。此外，38 μm 菱镁矿所制轻烧氧化镁除了有少量二级颗粒（由于粒度过小而形成的软团聚体，与图 2-18d 粒度分布曲线右侧的小峰

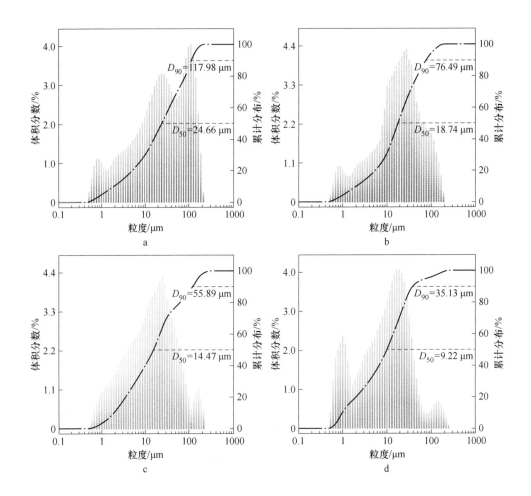

图 2-18　轻烧氧化镁球磨后的粒度分布

a—300 μm; b—150 μm; c—75 μm; d—38 μm

相对应），同时一级颗粒的球形度更高、粒度尺寸也更相近。根据连续堆积理论（Andreasen 方程）可知[149]，具有高球形度、小标准差的粉体更符合紧密堆积的理想模型，理论上堆积密度更高。由图 2-20 可知，随着菱镁矿粒度的减小，所制轻烧氧化镁的振实密度直线增加。这说明 38 μm 菱镁矿所制轻烧氧化镁中的少量二级颗粒并不会影响它的后续烧结过程，因为这种团聚体属于软团聚粉体，在压制过程中可以被破坏。换言之，采用不同粒度菱镁矿制备镁砂的关键在于轻烧氧化镁的粒度，而非活性（影响很小）。更小粒度的轻烧氧化镁在压制生坯时形成的原生二级气孔更少，因此最终烧成的镁砂试样的致密度更高。

表 2-2 所列为不同轻烧温度和不同粒度菱镁矿条件下所制备镁砂试样的真气

图 2-19　轻烧氧化镁球磨后的 SEM 图像

a—300 μm；b—38 μm

图 2-20　轻烧氧化镁球磨后的振实密度

孔率（显气孔率＋闭气孔率）、晶粒尺寸和晶粒生长评价因子。其中，Hillert 因子定义为晶粒尺寸分布的最大值和平均值之比，标准值为 2；Kurtz 因子定义为晶粒尺寸分布的最大值和中位数之比，标准值为自然常数 e[150-151]。对比相关数据可知，烧结镁砂的平均晶粒尺寸与气孔率成反比，符合方程式（2-11）的推导关系。晶粒生长情况略有不同，其中不同轻烧温度所制镁砂的 Kurtz 因子更接近标准值，而不同粒度菱镁矿所制镁砂的 Hillert 因子偏差更小。综合而言，900 ℃、

1000 ℃ 轻烧和 38 μm 菱镁矿所制镁砂试样的评价因子整体更接近标准值（Hillert 和 Kurtz 因子的偏差值均在 10% 左右），说明了晶粒生长充分，且未发生异常长大。

表 2-2　镁砂试样的真气孔率和晶粒尺寸

参　　数	不同轻烧温度/℃				不同粒度菱镁矿/μm			
	700	800	900	1000	300	150	75	38
真气孔率/%	7.43	5.22	4.25	3.58	8.58	6.79	5.35	3.41
平均晶粒尺寸/μm	4.94	5.34	7.24	7.98	4.46	6.04	6.95	8.21
中位晶粒尺寸/μm	4.76	4.95	6.31	6.85	4.05	5.47	6.24	7.12
最大晶粒尺寸/μm	12.23	12.55	16.46	18.02	9.16	13.01	15.07	18.59
Hillert 因子	2.48	2.35	2.27	2.26	2.05	2.15	2.17	2.26
Kurtz 因子	2.57	2.54	2.61	2.63	2.26	2.38	2.42	2.61

图 2-21 以示意图的方式展示了轻烧和球磨工艺在菱镁矿制备镁砂过程中的实际作用，轻烧的结果是菱镁矿变为由氧化镁微晶组成的一级颗粒，而球磨的作用是进一步减小一级颗粒的尺寸。虽然一级颗粒内部的一级气孔总容积并没有发生变化，但随着颗粒尺寸的减小，镁砂烧结的第二阶段由一级气孔转变的二级气孔会随之减少，从而使第三阶段的致密化过程更容易进行。换言之，所谓的"母盐假象"并不是导致镁砂难以致密化烧结的直接原因。如前所述，组成"假象"颗粒的氧化镁微晶因为活性高很容易烧结，但"假象"颗粒组成的二级颗粒烧结性差，因此这种颗粒间的烧结性差异导致二级气孔很难被消除。事实上，即使采用三步煅烧法（增加水化工序），仍然需要解决"假象"的影响[152]。

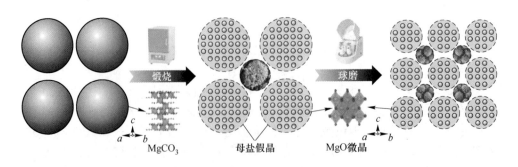

图 2-21　轻烧和球磨工序对菱镁矿制备镁砂的影响示意图

综上所述，考虑到生产成本和工艺难度，两步煅烧法（包含球磨工序）是目前烧结镁砂的最优解，而工艺的关键在于：适宜的轻烧温度（保证菱镁矿完全分解且具有一定活性）、充分的球磨工序（减小一级颗粒尺寸），以及尽可能小的起始原料粒度（减小一级颗粒尺寸）。

与一步煅烧法所制镁砂相比，采用两步煅烧法所制镁砂的显气孔率更低、体积密度更高、平均晶粒尺寸更大，因此轻烧和球磨都是必不可少的工序。随着轻烧温度的升高，镁砂的显气孔率先降低后增加、体积密度和平均晶粒尺寸均直线增加，因此轻烧氧化镁的活性并不是决定镁砂烧结性的唯一因素，它的粒度也应该被考虑。随着菱镁矿粒度的减小，镁砂的显气孔率降低，体积密度增加，故可以通过调节菱镁矿粒度来消除"母盐假象"的影响，以增加轻烧氧化镁的可压缩性，进而促进镁砂的致密化过程。

3 烧结镁砂的结构调控及性能优化

第 2 章的研究结果表明，通过工艺优化（轻烧 + 球磨），可以制备出体积密度大于 3.40 g/cm³ 的烧结镁砂。除此之外，为了进一步提高烧结镁砂的性能，研究人员们提出了许多潜在的技术策略，可被归纳为两类：第一类是烧结助剂，例如 CeO_2[46]、Cr_2O_3[61]、SiO_2[59]、$ZrSiO_4$[64] 等，这类烧结助剂是通过晶格活化、液相烧结和钉扎效应促进镁砂的烧结；第二类是调质剂，例如 Y_2O_3[153]、ZrO_2[154]、$Si + Al_2O_3$[155] 等，这类调质剂是通过在晶界处原位形成第二增强相，或者将晶间的低熔点相转化为高熔点相来改善烧结镁砂的力学性能、抗热震性和抗渣性。

然而，在现有研究中，烧结镁砂的晶粒尺寸和隔热性能并未受到重视。虽然在精细陶瓷领域，小晶粒意味着更好的力学性能或电磁性能[156]，但对于服役在高温环境下的耐火陶瓷材料而言，大晶粒才能带来更出色的抗蠕变性能和抗渣性能[157]。此外，轻量化、节能化是耐火材料未来发展的主要方向[158-159]。例如，近期研究者报道了一类具有纳米闭孔的耐火材料，并发现这种闭孔结构可以在不影响其他性能的基础上，进一步提高耐火材料的隔热性能[160-161]。因此，大晶粒、低导热性能的烧结镁砂具有重要的研究价值和广阔的应用前景。

3.1 氧化铝和氧化镧对烧结镁砂结构和性能的影响

为了制备大晶粒、低热导率的烧结镁砂，本节以氧化铝（作为烧结助剂促进晶粒生长）和氧化镧（作为调质剂提高隔热性能）为复合添加剂，研究了复合添加剂及其添加量对两步烧结法所制烧结镁砂物相组成、显微结构、烧结性能、力学性能和渣润湿性能的影响，同时着重分析了晶粒生长行为和热导率变化原因。

3.1.1 原料、流程及测试方法

3.1.1.1 实验原料

本小节实验所用原材料为高纯菱镁矿（与第 2 章使用的一致，具体性质可参

见2.1.1节)，添加剂为微米氧化铝（α-Al_2O_3含量≥99.5%，粒度≤5 μm）和氧化镧试剂（La_2O_3含量≥99.9%，粒度≤75 μm）。

3.1.1.2 制备流程

本小节烧结镁砂试样具体制备流程如下：

（1）原料预处理。将菱镁矿在电阻炉于1000 ℃煅烧1 h，然后在行星式球磨机中球磨5 h，获得轻烧氧化镁。众所周知，氧化镧极易水化，并且水化过程伴随着明显的体积膨胀[162]，这无疑会影响含有氧化镧镁砂试样的后续制备过程。因此，将氧化镧和去离子水按1:10质量比混合，然后在水浴锅（HH-2型恒温水浴锅，产自上海力辰邦西仪器科技有限公司）中于95 ℃搅拌2 h，使其充分水化。图3-1所示为水化处理后氧化镧粉体的XRD图谱和精修拟合图谱，氧化镧转变为了更稳定的氢氧化镧（La(OH)$_3$）和碳酸氧镧（$La_2O_2CO_3$），占比为80%的La(OH)$_3$相和20%的$La_2O_2CO_3$相。

（2）混料。按质量比100:0、98:2、96:4、94:6、90:10依次称量轻烧氧化和复合添加剂，然后在行星式球磨机中干混5 h。其中，添加剂氧化铝和氧化镧按等量（各50%）称量，氧化镧按80%氢氧化镧和20%碳酸氧镧换算称量。

（3）成型和烧结。将混匀的粉体原料在单轴压力机以200 MPa保压5 min分别制成尺寸为ϕ20 mm×20 mm的圆柱形生坯，然后将生坯依次放入高温箱式炉于1600 ℃烧结3 h。

3.1.1.3 测试及表征方法

（1）力学性能。耐火材料的力学性能主要包括耐压强度和抗折强度。参照GB/T 5072—2008和GB/T 3001—2017，采用WDW-100型电子万能试验机测量所制镁砂试样的常温耐压强度（试样尺寸为ϕ20 mm×20 mm，加载速率为0.05 mm/min）和常温抗折强度（试样尺寸为50 mm×8 mm×8 mm，测试跨距为30 mm，加载速率为0.02 mm/min）。

（2）渣润湿性。采用座滴法（高温接触角测定仪，见图3-2a）研究所制镁砂试样与典型四元高碱度渣（组成为：CaO 45%、Al_2O_3 30%、SiO_2 15%、MgO 10%，在1650 ℃预熔3 h）的润湿及腐蚀行为。首先，将试样和预熔渣加工为标准尺寸ϕ15 mm×3 mm和ϕ3 mm×3 mm。当炉温达到600 ℃时，通过电动臂将载有渣样的试样送入炉内。然后，在25~1000 ℃之间以10 ℃/min、1000~1450 ℃之间以5 ℃/min的升温速率将加热至1450 ℃并保温10 min。最后，以球冠模型及相关公式计算渣样与不同试样间的接触角，如图3-2b所示。

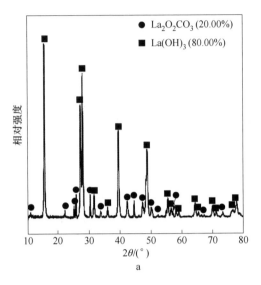

a

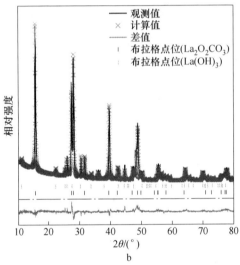

图 3-1b 彩图

b

图 3-1　氧化镧水化后（a）和精修拟合后（b）的 XRD 谱图

（3）热导率。采用 LFA 457 型激光导热仪（产自德国耐驰集团公司）测定所制镁砂试样（尺寸为 $\phi 12.7\,mm \times 2\,mm$）的热扩散系数（$\alpha$，$mm^2/s$）和比热容（$c_p$，$J/(kg \cdot K)$），结合式（3-1）计算可得试样热导率。

$$\lambda = \alpha \times c_p \times \rho \tag{3-1}$$

式中　ρ——试样的体积密度，g/cm^3。

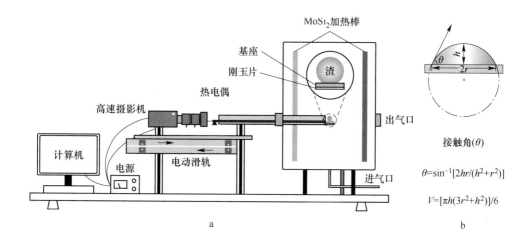

图 3-2 高温接触角测定仪示意图（a）和接触角计算模型（b）

（4）此外，所制镁砂试样的物相组成、显微结构、烧结性能的表征和检测方法均与第 2 章一致，具体细节可参见 2.1.3 节。

3.1.2 实验结果与分析

图 3-3 所示为含有不同量添加剂镁砂试样的 XRD 图谱。由图可见，没有添加剂的空白试样的 XRD 图谱中只出现了方镁石相（MgO，ICCD-PDF 编号为 00-004-0829）的衍射峰，而在含有 Al_2O_3 和 La_2O_3 添加剂试样的 XRD 图谱中，除了主晶相方镁石相，还检测到了镁铝尖晶石（$MgAl_2O_4$，ICCD-PDF 编号为 00-021-1152）和铝酸镧（$LaAlO_3$，ICCD-PDF 编号为 97-002-8629）次晶相。从图 3-3b 所示的局部放大的 XRD 图谱可知，镁铝尖晶石（（220）晶面、$2\theta \approx 31.27°$）和铝酸镧（（110）晶面、$2\theta \approx 33.38°$）的衍射峰强度随着添加剂含量的增加而明显增强，这表明试样中生成了更多的 $MgAl_2O_4$ 和 $LaAlO_3$ 相（XRD 数据经过了归一化处理，因此衍射峰强度一定程度上代表了该物相在试样中的相对含量）。此外，由图 3-3c 可见，随着 Al_2O_3 和 La_2O_3 复合添加剂的引入，MgO 相的衍射峰（（200）晶面、$2\theta \approx 42.91°$）逐渐偏向大角度区域。从衍射晶体学可知，这代表有半径较小的离子进入了 MgO 的晶格中，改变了它的晶格参数，从而导致衍射峰偏移[163]。

图 3-4 所示为不同含量添加剂镁砂试样表面的 SEM 图像、EDS 结果和晶粒尺寸分布。由图可见，所有试样的表面都比较致密，没有明显的气孔缺陷，小颗粒的次晶相均匀分布在主晶相的晶粒内部（含 2% 和 4% 添加剂试样更明显，见

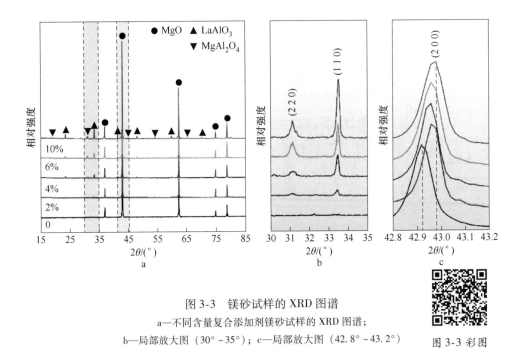

图 3-3　镁砂试样的 XRD 图谱

a—不同含量复合添加剂镁砂试样的 XRD 图谱；
b—局部放大图（30°~35°）；c—局部放大图（42.8°~43.2°）

图 3-3 彩图

图 3-4b 和 c）和晶粒间（含 6% 和 10% 添加剂试样更明显，见图 3-4d 和 e）。对比可知，随着 Al_2O_3 和 La_2O_3 复合添加剂的引入，试样主晶相的晶粒尺寸明显增大。由图 3-4g 所示的统计结果可知，4% 添加剂试样的平均晶粒尺寸最大（29.51 μm），约为空白试样（4.92 μm）的 6 倍。晶粒尺寸的增加表明，含有添加剂试样的烧结过程由于某种原因而得到了促进。在图 3-3 所示的 XRD 结果分析中发现，由于原子级缺陷的形成，而造成试样的特征衍射峰有一定程度的偏移。事实上，这种形成有限固溶体的缺陷反应是一种活化烧结机制，通常认为会对烧结的末期产生积极作用，主要是促进晶粒的生长和气孔类型的改变和消除[164-165]。因此，含添加剂试样的晶粒逐渐长大。但随着添加量的增多，由此形成的次晶相开始在 MgO 晶界处富集，抑制晶粒的生长，如图 3-4f 所示。

为了研究 Al_2O_3 和 La_2O_3 复合添加剂对试样气孔演化行为的影响，记录了不同试样断面的微观形貌，如图 3-5 所示。由图可见，随着添加剂含量的增加，试样的气孔呈现出两个明显的趋势：一个是气孔数量的减少；另一个是气孔尺寸的增加。图 3-5f 和 g 所示的统计结果也印证了这一趋势，与空白试样（气孔数量 1.98 个/100 μm²、平均孔径 0.92 μm）相比，添加了 Al_2O_3 和 La_2O_3 试样每 100 μm² 的气孔数量下降到 0.48~1.04 个，平均孔径增加为 1.55~2.13 μm。如前所述，这种气孔的变化可归因于烧结进程被加速而产生的有益结果。然而，由

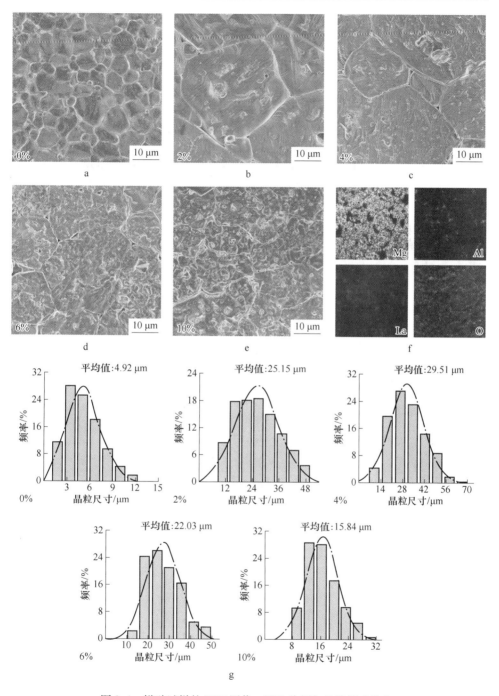

图 3-4 镁砂试样的 SEM 图像、EDS 分析与晶粒尺寸分布

a ~ e—不同含量复合添加剂镁砂试样表面的 SEM 图像；

f—含 10% 复合添加剂试样的 EDS 结果；g—晶粒尺寸分布

于试样的晶粒生长和致密化往往是同时发生的，特别是在烧结末期，因此有必要综合分析这两者在气孔演变中发挥的作用。由图 3-5a ~ e 所示的低倍率 SEM 图像可见，试样中气孔数量明显减少，这是致密化的结果；与此同时，由对应的高倍率 SEM 图像可见，试样中气孔尺寸增加，这是晶粒生长的结果。

　　通常，可通过致密化方程解释材料烧结过程中气孔演变的原因，它准确地定义了气孔尺寸（d）、气孔配位数（n_s）、二面角（ϕ_e）、晶粒尺寸（D）等参数

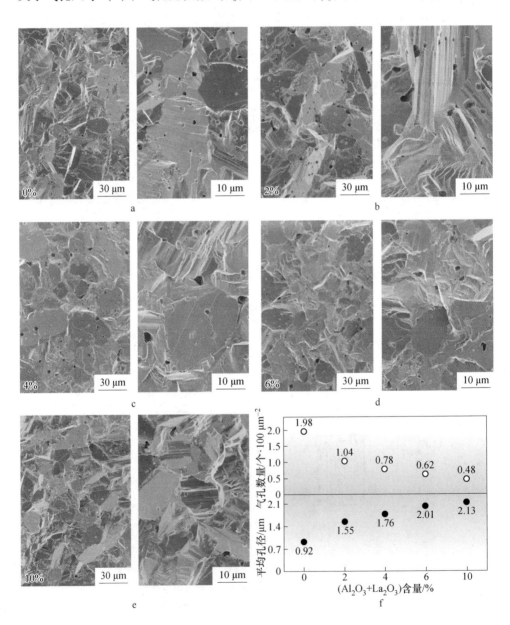

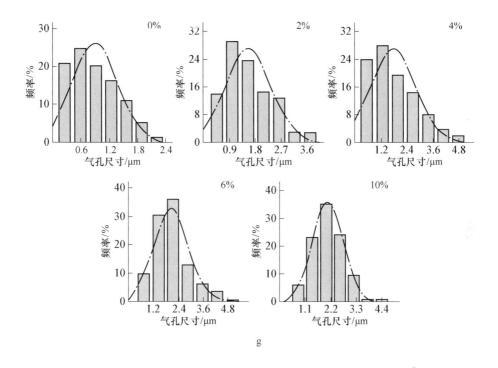

图 3-5 不同含量复合添加剂镁砂试样断面的 SEM 图像（a~e）和
气孔尺寸分布（f~g）

和相对密度的数学关系（ρ，致密化）。式（3-2）为 Shi[166] 提出的烧结末期的致密化方程：

$$\frac{\mathrm{d}\rho}{\rho\mathrm{d}t} = \frac{48(1-\rho)\Omega_a D_{eff}\gamma_s}{D^3 \overline{R}^2(\overline{R}+1)kT}\left[1 - \int_{R_{min}}^{R_c}(R+1)f(R)\right.$$

$$\left.\frac{\sin(\pi/n_s)^{1/2}}{(\pi/n_s)^{1/2}}\cos\frac{\phi_e}{2}\mathrm{d}R\right]\int_{R_{min}}^{R_c}f(R)\mathrm{d}R \tag{3-2}$$

式中 Ω_a——元素（原子、分子和空位）的扩散体积；

D_{eff}——有效扩散系数；

γ_s——表面张力；

R——气孔大小和晶粒大小的比率；

$\overline{R}$——气孔大小和晶粒大小比率的等效平均值；

k——玻耳兹曼常量；

T——绝对温度。

由式（3-2）可知，当气孔处于热力学不稳定状态时，就会发生致密化收缩，而小孔的收缩率远大于大孔的收缩率，这也解释了图3-5中含添加剂试样的平均孔径尺寸增加的原因。对于含添加剂的试样，它们的小孔被排出，导致气孔尺寸分布更窄，最可几值和平均值更大。此外，虽然晶粒生长可以使大孔的热力学变得不稳定，但由于动力学受限，这些大孔往往不能完全被消除[167]。

图3-6所示为不同含量复合添加剂镁砂试样的烧结性能。烧结过程被促进的最直观表现即是显孔隙率的降低。如图3-6a所示，由于 Al_2O_3 和 La_2O_3 复合添加剂的引入，试样的显孔隙率呈线性下降。众所周知，当材料烧结达到烧结末期

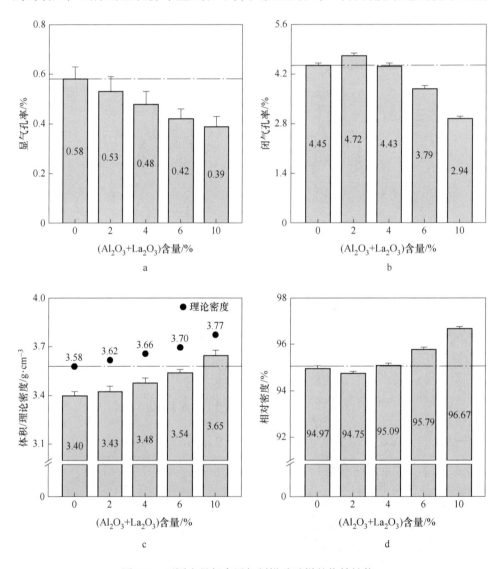

图3-6　不同含量复合添加剂镁砂试样的烧结性能

a—显气孔率；b—闭气孔率；c—体积/理论密度；d—相对密度

后，致密化过程将逐渐趋于稳定，而晶粒生长的过程将会加快。然而，过快的晶粒生长将导致气孔来不及排出而被封闭在晶粒内部，这也是通常认为晶粒生长对致密化不利的原因[168]。由图 3-6b 可见，添加 2% 和 4% 复合添加剂试样的闭气孔率由于晶粒的生长而略微上升（从空白试样 4.45% 升至 4.72% 和 4.43%），而晶粒尺寸相对较小的添加 6% 和 10% 复合添加剂试样的闭气孔率则明显下降（从空白试样 4.45% 降至 3.79% 和 2.94%）。与此同时，如图 3-6c 所示，试样的体积密度趋势为逐渐增加，从空白试样的 3.40 g/cm³ 增至 4% 添加剂试样的 3.48 g/cm³ 再到 10% 添加剂试样的 3.65 g/cm³。分析认为，除了气孔率的降低，试样理论密度的增加也是导致含添加剂试样体积密度增加的重要原因。次晶相 $LaAlO_3$ 的理论密度为 6.52 g/cm³，随着试样中 $LaAlO_3$ 相对含量的增加，理论密度从 3.58 g/cm³ 增到 3.77 g/cm³。因此，结合图 3-6d 所示的试样相对密度数据可知，引入 Al_2O_3 和 La_2O_3 复合添加剂对试样的致密化是有益的。具体可见，添加 10% 添加剂试样的相对密度取得最大值，为 96.67%。

图 3-7 所示为不同含量添加剂镁砂试样的力学性能。由图可见，随着添加剂含量的增多，试样的常温抗折强度并未像预期那样直线增加，而是先从空白试样的 227.64 MPa 下降至 184.23 MPa（4% 添加剂试样），然后增加至 258.19 MPa（10% 添加剂试样）。

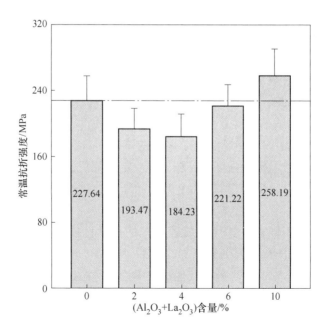

图 3-7　不同含量复合添加剂镁砂试样的常温抗折强度

　　分析认为，这与试样间不同的晶粒尺寸、不同的气孔类型，以及不同的气孔尺寸有关，需要结合经典的强度-气孔率关系式（3-3）~ 式（3-6）和强度-晶粒尺寸 Hall-Petch 关系式式（3-7）来整体讨论[169-173]。

$$\sigma = \sigma_0(1 - P)^b \tag{3-3}$$

$$\sigma = \sigma_0 \exp(-kP) \tag{3-4}$$

$$\sigma = n\ln\left(\frac{P_0}{P}\right) \tag{3-5}$$

$$\sigma = \sigma_0 - cP \tag{3-6}$$

式中　　　σ——材料的强度，MPa；

　　　　P——材料的气孔率，%；

　　　　σ_0——材料在 $P=0$ 时的强度，MPa；

　　　　P_0——材料在 $\sigma=0$ 时的气孔率，%；

b，k，n，c——常数。

　　由式（3-3）~ 式（3-6）可知，材料的强度和气孔率呈负相关。

$$\sigma_y = \sigma_0 + kd^{-1/2} \tag{3-7}$$

式中　σ_y——屈服应力，N/m^2；

　　　σ_0——摩擦应力，N/m^2；

　　　d——平均晶粒尺寸，μm；

　　　k——经验常数。

　　由式（3-7）可见，细化晶粒对材料的强度有增强作用（常用于金属和精细陶瓷材料），但它在纳米尺度下（<10 nm）并不适用[174]。

　　因此，对于添加 2% 和 4% 复合添加剂的试样而言，因为它们的气孔率与空白试样相近，所以常温抗折强度由晶粒尺寸决定。相反地，对于添加 6% 和 10% 复合添加剂试样而言，虽然它们的晶粒尺寸大于空白试样数值，但由于它们的气孔率差距更大，所以它们仍表现出更好的力学性能。

　　图 3-8 所示为不同含量添加剂镁砂试样的热学性能。由图可知，除了添加 2% 复合添加剂的试样在室温下的热导率（47.12 W/(m·K)）略高于空白试样热导率（46.61 W/(m·K)）外，其他试样无论在室温还是高温下，均表现出更低的热导率。通常认为，晶粒的生长会使声子在晶界处的散射受到影响，从而导致热导率增加[175]。该理论清楚地解释了 2% 复合添加剂试样的室温热导率增加的原因，而其余试样热导率变化的原因则需要从复合材料的有效热导率（k_e）来分析讨论。本实验所制试样的次晶相所占体积分数（V_s）相对较低，并且均匀分

散在主晶相中, 符合 Maxwell-Garnett 模型要求[176]。具体公式如下:

$$k_{\mathrm{e}} = k_{\mathrm{m}} \times \frac{k_{\mathrm{s}}(1 + 2V_{s}) - k_{\mathrm{m}}(2V_{s} - 2)}{k_{\mathrm{m}}(2 + V_{s}) + k_{\mathrm{s}}(1 - V_{s})} \tag{3-8}$$

式中　k_{m}——主晶相的本征热导率;

　　　k_{s}——次晶相的本征热导率。

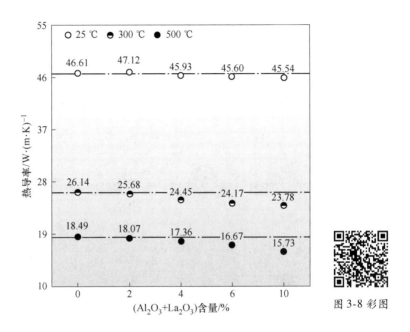

图 3-8　不同含量复合添加剂镁砂试样的热导率

　　对于含添加剂的试样, 因为次晶相 $MgAl_2O_4$ 和 $LaAlO_3$ 的本征热导率比 MgO 主晶相的值都低, 所以它们的室温热导率更低。同时, 由于它们具有出色的红外发射率[177], 因此这些试样在高温下的有效热导率比空白试样数值下降得更多。例如, 添加 10% 复合添加剂试样比空白试样的热导率在 300 ℃ (23.78 W/(m·K)) 和 500 ℃ (15.73 W/(m·K)) 时分别降低了 9.02% 和 14.93%。

　　图 3-9 所示为不同含量复合添加剂镁砂试样与四元渣的高温润湿过程的光学照片。由图可见, 渣先是在 1350 ℃ 左右开始发生体积收缩, 然后在 1370 ℃ 左右逐渐熔化为半球形, 接着随温度的升高熔渣的高度逐渐降低并铺展在试样上, 直到 1400 ℃ 以后基本稳定为球冠形状。此外, 在 1450 ℃ 保温 10 min 后, 熔渣形状未发生明显变化。

　　为了研究 Al_2O_3 和 La_2O_3 复合添加剂对镁砂试样渣润湿行为的影响, 统计并

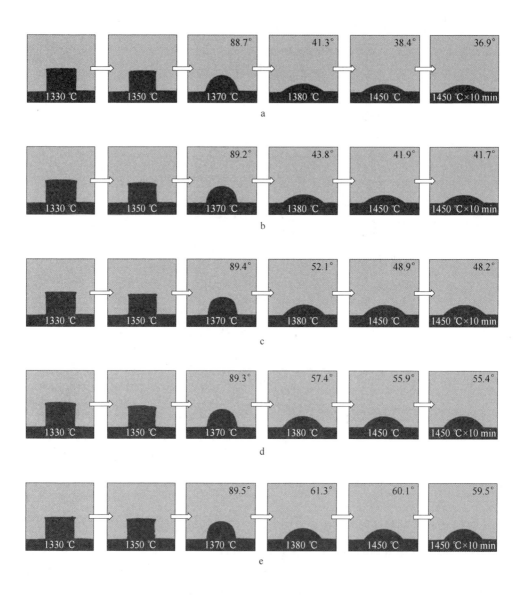

图 3-9　不同含量复合添加剂镁砂试样与渣的润湿过程

a—空白试样；b—2%；c—4%；d—6%；e—10%

计算了渣与不同试样间的接触角和体积变化，结果如图 3-10 所示。由图 3-10a 可见，空白试样的接触角在 1370 ℃时为 88.66°，在 1380 ℃时下降到 41.32°，然后在 1450 ℃时稳定为 38.36°，最后经过 10 min 的反应略微下降到 36.87°（见图 3-10f）；熔渣体积分数在 1370 ℃时为 50.39%，在 1380 ℃时下降到 36.03%，然后在 1450 ℃时稳定为 33.81%，最后经过 10 min 的反应略微下降到 32.74%

（见图 3-10f）。相应地，含有 Al_2O_3 和 La_2O_3 复合添加剂试样的接触角和熔渣体积（图 3-10b ~ e）也是随着温度的升高而降低，最后趋于平稳，但最终接触角和熔渣体积均有增加（41.89° ~ 60.01°）和（36.34% ~ 47.01%）。

从理论角度而言，熔渣与耐火材料的润湿为反应性润湿，因此在高温下接触角会随着熔渣与耐火材料界面处的反应而逐渐发生改变。同时，由于熔渣和耐火材料的物相组成基本相似（一般都由氧化物组成），所以很难实现疏渣性（即接触角≥90°）。因此，通常更大的稳定接触角就代表了该耐火材料具有更佳的抗渣性能。由图 3-10f 可见，熔渣与试样的接触角从 36.87°（空白试样）增至 48.23°（添加 4% 复合添加剂）再增至 59.54°（添加 10% 复合添加剂）；对应地，根据球冠模型计算的熔渣剩余体积分数也从 32.74%（空白试样）增至 43.17%（添

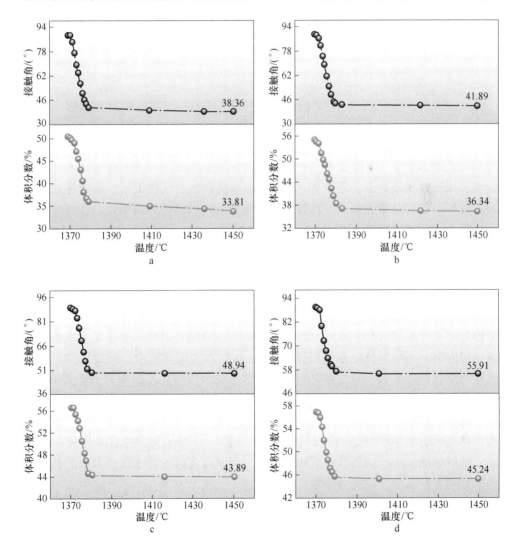

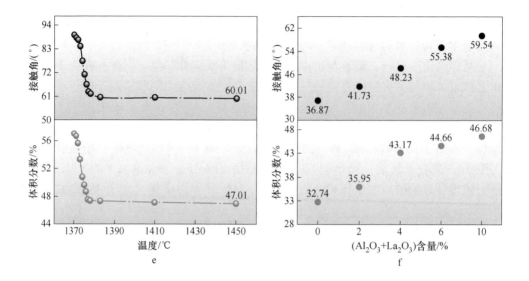

图 3-10　熔渣与不同含量复合添加剂镁砂试样润湿过程的接触角和体积变化

a—空白试样；b—2%；c—4%；d—6%；e—10%；f—1450 ℃稳定 10 min 后

加 4% 复合添加剂）再增至 46.68%（添加 10% 复合添加剂）。这意味着在相同温度、相同时间条件下，随着 Al_2O_3 和 La_2O_3 复合添加剂的引入，熔渣通过渗透进入试样内部的总量逐渐减少，即降低了熔渣对镁砂试样的润湿性。

　　为了进一步解释渣润湿性的变化对试样的影响，以空白试样、添加 4% 和 10% 的 Al_2O_3 和 La_2O_3 复合添加剂试样为代表进行了界面腐蚀分析。图 3-11 所示为熔渣与含有不同量添加剂镁砂试样反应界面的 SEM 图像。

　　由图 3-11 所示的低倍 SEM 图像可见，所有试样的反应界面处均未观察到明显的腐蚀痕迹，主要是因为试样的致密度都很高（显气孔率均 <1%），其次是腐蚀时间相对较短（10 min）；由高倍 SEM 图像可见，熔渣通过晶界渗透并扩散到试样内部，并将部分完全被侵蚀的 MgO 晶粒剥离溶入渣中。对比可知，空白试样的渗透深度最大，同时界面的腐蚀剥落也最为严重（见图 3-11a）；而含 4% 复合添加剂试样由于具有大晶粒（平均晶粒尺寸 29.51 μm）的优势，熔渣渗透深度最小，同时界面上几乎未观察到腐蚀性剥落（见图 3-11b）；含 4% 复合添加剂试样的熔渣腐蚀和渗透情况介于前两者之间。分析认为，随着晶粒尺寸的增加，试样单位面积内的晶界数量就会减少，因此可供熔渣渗入试样内部的通道减少，最终表现出更好的抗渣性能。

　　图 3-12a 所示为含有 Al_2O_3 和 La_2O_3 复合添加剂的大晶粒试样和小晶粒空白试样的熔渣润湿和渗透过程。此外，可通过图 3-12b 所示毛细管模型[178]进

图 3-11　熔渣与不同含量复合添加剂镁砂试样反应界面的 SEM 图像
a—空白试样；b—含 4% 复合添加剂试样；c—含 10% 复合添加剂试样

图 3-11 彩图

一步评估 Al_2O_3 和 La_2O_3 复合添加剂对镁砂试样抗渣性能的影响。具体公式如下：

$$\Delta p_c = \frac{2\sigma\cos\theta}{r} \tag{3-9}$$

$$\Delta p_s = -\rho g h \tag{3-10}$$

$$\Delta p = \Delta p_c + \Delta p_s \tag{3-11}$$

$$h = \left(\frac{r\sigma t\cos\theta}{2\eta}\right)^{1/2} \tag{3-12}$$

$$v = \frac{\mathrm{d}h}{\mathrm{d}t} = \frac{r^2\Delta p}{8\eta h} = \frac{2r\sigma\cos\theta - r^2\rho g h}{8\eta h} \tag{3-13}$$

式中　Δp——毛细管两端的压力差，MPa；

    Δp_c——毛细管压力，MPa；

    Δp_s——熔渣对耐火材料的静水压力，MPa；

    σ——熔渣的表面张力，N/m；

    ρ——熔渣的密度，g/cm^3；

    θ——熔渣与耐火材料的接触角；

    η——熔渣的黏度，Pa·s；

    h——熔渣渗入耐火材料毛细管的高度，mm；

    r——毛细管的半径，mm；

    v——熔渣渗透速率。

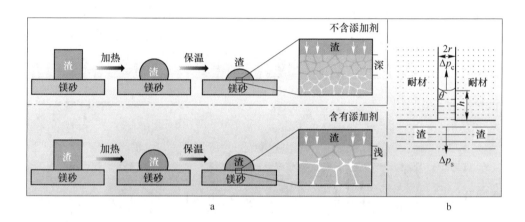

图 3-12　不含和含有复合添加剂镁砂试样的腐蚀机理（a）和毛细管模型（b）示意图

    由式（3-13）可知，通过增加熔渣接触角或提高熔渣黏度均可有效降低熔渣的渗透速率。如前所述，随着 Al_2O_3 和 La_2O_3 复合添加剂的引入，镁砂试样的接触角得到增加（从空白试样的 38.36° 增至 41.89° ~ 60.01°）。此外，根据 La_2O_3-CaO-SiO_2 三元相图可知，La_2O_3 可与熔渣中的 CaO 和 SiO_2 反应形成高熔点相[179]。这些高熔点相的形成可以带来两个好处：一是堆积（填充）在反应界面处为试样形成一个较为致密的隔离层，以阻止熔渣的继续渗入；二是通过改变 CaO/SiO_2 比提高炉渣的黏度，以降低熔渣的渗透能力[180]。因此，含有 Al_2O_3 和 La_2O_3 复合添加剂试样的渣润湿性能变差，同时抗渣性能提高。

3.1.3　晶粒生长行为及机理分析

    无机材料烧结末期的晶粒生长主要取决于内部残余气孔和晶界间的相互影响。当气孔的迁移速率较小时，气孔对晶界形成钉扎作用，使晶界迁移受阻，导致晶粒生长变慢。而当驱动力足够大时，晶界和气孔一起迁移，甚至能越过气孔继续迁移，晶粒生长加快。因为气孔可以通过蒸发-凝聚、原子扩散等机制和晶界一起迁移，所以不同迁移机制对晶粒生长的动力学影响也不同。Nichols 总结了不同机制下晶粒生长的唯象动力学方程[181]。

当为体积扩散时：

$$G^4 - G_0^4 = k_1 \left(\exp \frac{-Q_{vd}}{RT} \right) t \tag{3-14}$$

当为表面或晶界扩散时：

$$G^5 - G_0^5 = k_2 \left(\exp \frac{-Q_{sd}}{RT} \right) t \tag{3-15}$$

当为恒压下的气相传输时：

$$G^4 - G_0^4 = k_3 \left(\exp \frac{-Q_{vt}}{RT} \right) t \tag{3-16}$$

当为非恒压（$p = 2\gamma/r$）下的气相传输时：

$$G^3 - G_0^3 = k_4 \left(\exp \frac{-Q_{vt}}{RT} \right) t \tag{3-17}$$

总表达式为：

$$G^n - G_0^n = k_i \left(\exp \frac{-Q}{RT} \right) t \tag{3-18}$$

式中　p——气孔内压力；

　　　γ——表面张力；

　　　r——气孔半径；

　　　G——在 T 温度下烧结 t 时间后的晶粒尺寸；

　　　G_0——在 T 温度下的初始晶粒尺寸；

　　　n——晶粒生长指数；

　　　k_i——速率常数；

　　　Q——晶粒生长活化能；

　　　R——气体常数。

由式（3-18）可知，当 n 不变时，晶粒生长主要受活化能影响，Q 越小晶粒生长越快。当烧结温度固定时，一般默认传质机理不发生改变（n 为定值），即想要加快烧结、促进晶粒生长，只能通过降低晶粒生长活化能的方式。

前述分析 XRD 结果时发现，含有 Al_2O_3 和 La_2O_3 添加剂的镁砂试样产生了原子级缺陷。结合图 3-13 所示的 Al_2O_3-MgO 二元相图可知，当温度高于 1500 ℃时，少量的 Al_2O_3 可以溶解在 MgO 中形成固溶体。

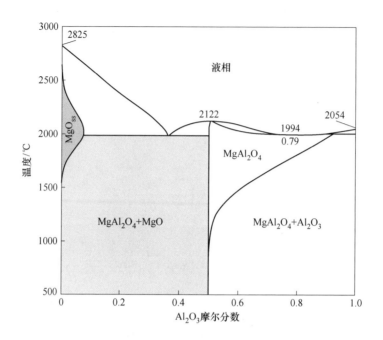

图 3-13　Al₂O₃ 和 MgO 二元相图

　　Ting 等[182]对 Al₂O₃-MgO 二元体系的缺陷化学反应做了详细研究和归纳，本实验可看作是富镁尖晶石模型。

　　当弗伦克尔缺陷占主导地位时，缺陷反应公式为：

$$4MgO \longrightarrow 2Mg'_{Al} + Mg^{\times}_{Mg} + 4O^{\times}_{O} + Mg^{\cdots}_{i} \tag{3-19}$$

$$4MgO + Al^{\times}_{Al} \longrightarrow 3Mg'_{Al} + Mg^{\times}_{Mg} + 4O^{\times}_{O} + Al^{\cdots}_{i} \tag{3-20}$$

　　当肖特基缺陷更容易形成时，缺陷反应为式：

$$3MgO \longrightarrow 2Mg'_{Al} + Mg^{\times}_{Mg} + 3O^{\times}_{O} + V^{\cdots}_{O} \tag{3-21}$$

　　由式（3-19）～式（3-21）可知，随着复合添加剂的引入，镁离子和铝离子之间发生不等价取代，造成内部缺陷增加，从而使得晶粒生长活化能降低、晶粒生长速度加快。因此，对于添加 2% 和 4% 复合添加剂的试样，由于有限固溶体的形成，它们的烧结过程被加快，最终表现为更大的晶粒尺寸。而对于添加 6% 和 10% 复合添加剂的试样，由于添加剂的数量超过了 MgO 的固溶极限，一些未溶解的添加剂则以 MgAl₂O₄ 和 LaAlO₃ 的形式弥散在 MgO 的晶界处，抑制了晶界的迁移、延缓了晶粒的生长。Nener 方程描述了基质（主晶相）的晶粒尺寸（D）与第二相颗粒的尺寸（r）和体积分数（f）之间的关系[183]：

$$D/r = 3.4 \sqrt{f} \tag{3-22}$$

由式（3-22）可知，随着晶界处第二相颗粒数量的增多，钉扎效应更明显，试样的晶粒尺寸更低。因此，含6%和10%复合添加剂试样的晶粒尺寸均有一定程度的减小，并且含10%复合添加剂试样的降幅更大。

3.2 晶体硅切割废料对烧结镁砂结构和性能的影响

多孔材料的热导率一般由气孔率、气孔尺寸和气孔形状三个主要因素决定。通常认为，较大的气孔率（开孔＋闭孔）、较小的气孔尺寸和较高的闭孔占比有助于热导率的降低。因此，制备轻量化、高闭孔耐火材料的关键在于有针对性地调节和优化气孔结构，即获得更小的气孔尺寸和更高的闭孔比率[184-186]。研究发现，烧结机制的变化对气孔结构影响明显，如反应烧结[187]、活化烧结[188]和液相烧结[141]，通常都会导致真气孔率降低和闭孔比率增加。

晶体硅切割废料（后续称硅切料）是制备太阳能电池过程中产生的废料[189]。其中，以SiC砂浆切割方式制备晶体硅产生的废料（后续称砂浆型硅切料）主要成分是SiC和Si，而以金刚线切割方式制备单晶硅产生的废料（后续称刚线型硅切料）主要成分是Si。由此可见，硅切料的主要成分$Si^{[155]}$、$SiC^{[190]}$，以及氧化产物$SiO_2^{[59]}$都是有效的烧结助剂。因此，硅切料可作为烧结镁砂的烧结助剂。

基于此，为了制备高闭孔、低热导率的烧结镁砂，本节以硅切料为添加剂，详细研究了硅切料种类及其添加量对一步烧结法所制烧结镁砂物相组成、显微结构、烧结性能、力学性能、抗热震性和渣润湿性能的影响，同时着重分析了孔隙演化行为和热导率变化的原因。

3.2.1 原料、流程及测试方法

3.2.1.1 实验原料

本小节实验所用原材料为高纯菱镁矿（具体性质参见2.1.1节），添加剂为晶体硅切割废料。其中，硅切料为两种：砂浆型硅切料（SiC 53.45%、Si 40.6%、Fe_2O_3 4.02%、其他 1.93%）和刚线型硅切料（Si 99.73%、Al 0.14%、Fe 0.09%、其他 0.04%），它们的粒度分布和SEM图像如图3-14所示。由图可知，刚线型比砂浆型硅切料的粒度更小。

3.2.1.2 制备流程

本小节实验的烧结镁砂试样除了不需要进行原料预处理，其余制备流程均与

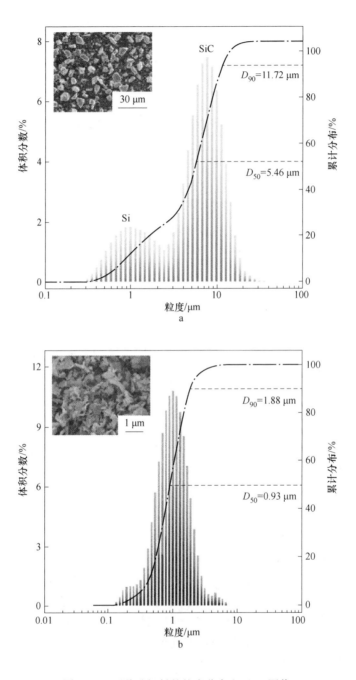

图 3-14　两种硅切料的粒度分布和 SEM 图像

a—砂浆型硅切料；b—刚线型硅切料

3.1节镁砂试样保持一致，即混料、成型和烧结。其中，混料比例为菱镁矿和两种类型硅切料分别按质量比 100 : 0、99.5 : 0.5、99 : 1、98 : 2、97 : 3 称量，具体细节可参见 3.1.1.2 小节。

3.2.1.3 测试及表征方法

（1）抗热震性。抗热震性是指耐火材料在承受急剧温度变化而不遭到破坏的能力，一定程度上反映了耐火材料的实际使用性能的优劣。参照 GB/T 30873—2014，采用水急冷法测定所制烧结镁砂的抗热震性，具体试验步骤为：将试样在电热干燥箱中于 120 ℃ 下干燥至恒温，然后将试样移入已达预设试验温度（淬火温度为 700 ℃）的热震炉中，保温 20 min 后迅速取出放入流动的水中冷却 3 min，接着取出在空气下放置 5 min；观察试样，若在试样表面未观察到宏观裂纹，再次重复上述操作，直至试样表面出现宏观裂纹；记录下循环次数，以此表征所测试样的抗热性。

（2）所制镁砂试样的物相组成、显微结构、烧结性能、力学性能、热导率和渣润湿性的表征和检测方法均与前述实验一致。

3.2.2 实验结果与分析

图 3-15 所示为不同含量硅切料镁砂试样的 XRD 图谱和物相含量。由图 3-15a ~ d 可见，对于未添加硅切料的空白试样，它的 XRD 图谱只检测到了 MgO 的衍射峰；而对于添加了硅切料的试样，无论是砂浆型还是刚线型，它们的 XRD 图谱还检测到了镁橄榄石相（Mg_2SiO_4，ICCD-PDF 编号为 00-007-0074）的衍射峰，并且 Mg_2SiO_4 相衍射峰的强度随着硅切料含量的增加而增强。

此外，由局部放大 XRD 图谱可见，与标准卡片相比，含硅切料试样中 Mg_2SiO_4 相的衍射峰均向小角度偏移，这说明有异质原子进入了 Mg_2SiO_4 晶格，导致它的晶格常数变大。在菱镁矿（Ca、Si、Fe、Al）和硅切料（Fe）的微量杂质中，Fe（Fe^{2+} 为 0.078 nm，Fe^{3+} 为 0.066 nm）和 Al（0.054 nm）与主元素 Mg（0.072 nm）的半径最接近，因此它们最有可能形成固溶体。但因为 Al 含量很少，因此 Fe 和 Mg 形成固溶体的概率更高，即 $Mg_{2-x}Fe_xSiO_4$ 相。图 3-15e 所示为不同 x 值的 $Mg_{2-x}Fe_xSiO_4$ 相的衍射峰标准图谱。由图可见，随着 x 值从 0 增加至 1，$Mg_{2-x}Fe_xSiO_4$ 相的（131）和（112）晶面的衍射峰 2θ 角度分别从 35.72°/36.53° 向小角度偏移至 35.33°/36.18°。因此，含硅切料试样中 Mg_2SiO_4 相衍射峰的偏移可归结于杂质 Fe 的影响。由图 3-15f 所示的球棍模型示意图可见，在 Mg_2SiO_4 的结构中存在两种多面体，即 ［SiO_4］ 四面体和 ［MgO_6］ 八面体，可供 Fe 离子取代的 Mg 离子位点也是 ［SiO_4］ 四面体的连接位点。事实上，通过引入性质相近的金属元素（如 Ni、Co、Cu 等）部分取代 Mg 离子，以改善 Mg_2SiO_4

特定性能的研究方法已经受到了广泛关注[191-192]。对于本实验而言，$Mg_{2-x}Fe_xSiO_4$ 相的形成会导致更大的晶格畸变能，从而加快试样的烧结进程。此外，为了便于研究硅切料添加量对试样性能的影响，在不考虑微量杂质相的情况下，以 MgO 为主晶相、Mg_2SiO_4 为次晶相，采用 Rietveld 全谱拟合精修法计算了两种物相在不同试样中的含量，如图 3-15g 所示。由图可见，随着硅切料含量的增加，试样中 Mg_2SiO_4 相的含量比例逐渐增加。通过对比可知，当硅切料添加量相同时，添加刚线型试样比添加砂浆型试样的 Mg_2SiO_4 相生成量更多。例如，添加 2% 砂浆型试样的物相比例为：MgO 相占 15.18%，Mg_2SiO_4 相占 84.82%；而添加 2% 刚线型试样的物相比例为：MgO 相占 19.42%，Mg_2SiO_4 相占 80.58%。

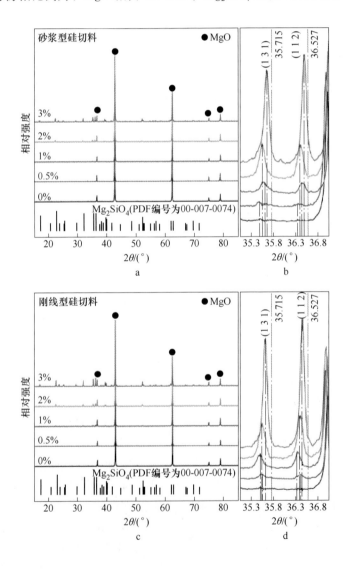

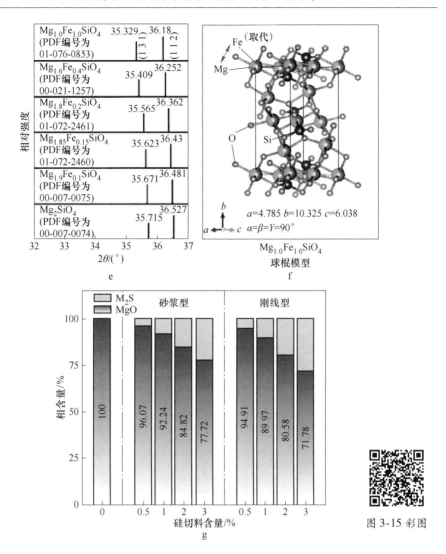

图 3-15 镁砂试样的 XRD 图谱、晶胞模型与物相组成

a~d—不同含量硅切料镁砂试样的 XRD 图谱；e—$Mg_{2-x}Fe_xSiO_4$ 的特衍射峰；

f—$MgFeSiO_4$ 的晶胞模型；g—镁砂试样的物相组成

图 3-16 所示为不同含量硅切料镁砂试样的 SEM 图像。由图 3-16a 可见，未添加硅切料空白试样的晶粒间分布着大量开孔，这些气孔大多是菱镁矿在 600~900 ℃ 分解过程中形成的，由于后期的烧结驱动能量不足，未能在烧结末期被排出。而对于添加砂浆型硅切料试样，由图 3-16b~e 可见，随着硅切料添加量的增多，试样的大开孔数量减少、小闭孔数量增加。分析认为，引起这种孔结构转变的主要原因有两个：(1) 瞬时液相烧结的毛细管效应，如图 3-16b 和 c 所示，

添加 0.5%、1% 砂浆型硅切料试样的 MgO 晶粒的晶界和表面有液相形成的痕迹，说明在烧结过程中生成了对 MgO 基体具有良好润湿性的液相。经典液相烧结理论认为，在高温烧结过程中形成的液相会在毛细管力的驱动下沿晶粒边缘自发流动，促使固体加快颗粒重新排列，从而获得最紧密堆积和最小孔表面积的微观结构[193]。因此，以液相烧结机制制备的材料，通常平均孔径更小、闭孔比例更高[141,194]。（2）原位反应的结构效应。由图 3-16d 和 e 可见，添加 2%、3% 砂浆

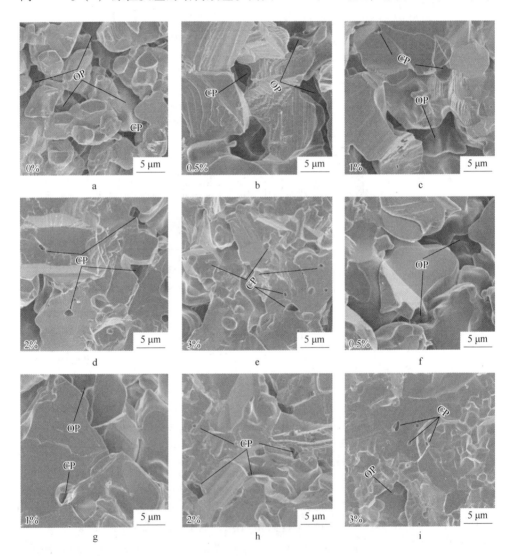

图 3-16　不同含量硅切料镁砂试样的 SEM 图像

a—空白试样；b~e—添加砂浆型硅切料试样；f~i—添加刚线型硅切料试样

（OP 表示开孔，CP 表示闭孔）

型硅切料试样的主晶粒间均匀地填充着少量小晶粒。结合图 3-17 所示的 EDS 结果可知，这些小晶粒为硅切料与 MgO 基体反应形成的 Mg_2SiO_4 相。由于这些原位 Mg_2SiO_4 相是在 MgO 晶粒之间形成的，因此会自发填充在主晶粒间形成良好的桥接结构，且将主晶粒间的大开孔分割或填充为闭孔。同样地，由图 3-16f ~ i 可见，添加了刚线型硅切料试样的微观结构呈现出类似的变化，即随着硅切料添加量的增多，试样表面的大尺寸开孔数量减少、小尺寸闭孔数量增加，同时 MgO 晶粒逐渐长大。

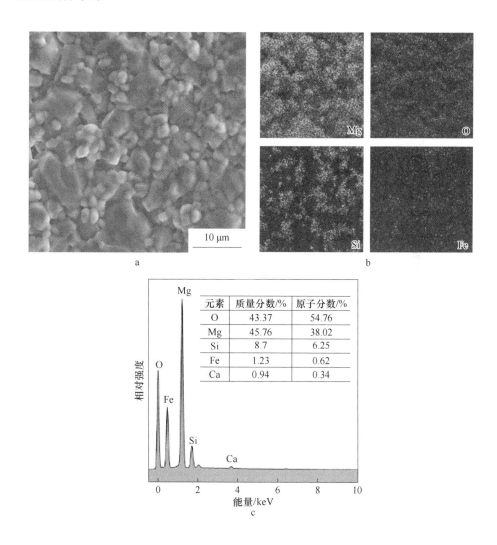

图 3-17　含 3% 砂浆型硅切料试样的 EDS 分析结果

图 3-18 所示为不同含量硅切料镁砂试样的烧结性能。

由图 3-18a 可见，与空白试样相比（25.09%），添加砂浆型硅切料试样的显气孔率从 18.11%（添加 0.5%）降至 6.17%（添加 2%）再到 0.61%（添加 3%）；而添加刚线型硅切料试样的显气孔率首先从 15.21%（添加 0.5%）降至 2.15%（添加 2%），然后略微增至 3.29%（添加 3%）。相应地，与空白试样相比（2.59 g/cm³），添加了硅切料试样的体积密度均有不同程度的增加（见图 3-18b）。其中，对于添加砂浆型的试样，添加量为 3% 时取得最大值 3.25 g/cm³；而对于添加刚线型的试样，添加 2% 时取得最大值 3.23 g/cm³。这是因为随着硅切料的引入，试样中 Mg_2SiO_4 相的比例增加，而它（3.22 g/cm³）比 MgO 相

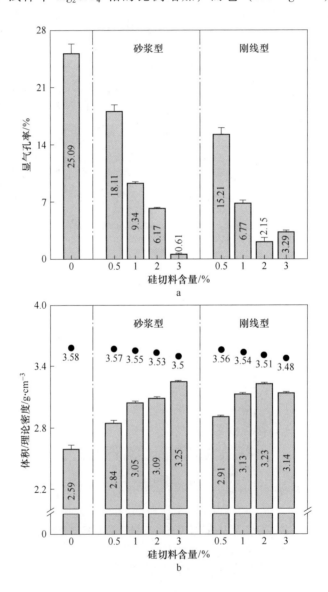

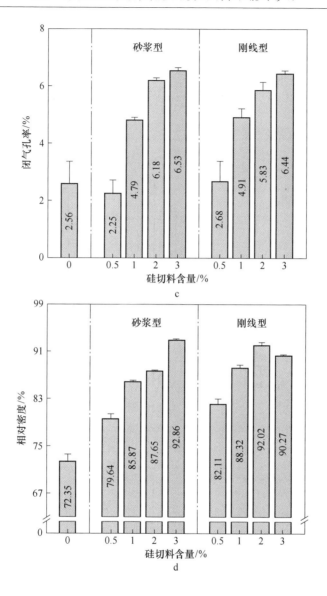

图3-18　不同含量硅切料镁砂试样的烧结性能

a—显气孔率；b—体积/理论密度；c—闭气孔率；d—相对密度

（3.58 g/cm³）的理论密度更小，因此导致添加3%刚线型硅切料试样的体积密度降低。图3-18c 和 d 所示为相应计算的不同试样的闭气孔率和相对密度。与 SEM 图像呈现趋势一致，由于烧结过程被加快，添加硅切料试样的闭气孔率和相对密度均呈直线上升。其中，添加3%硅切料试样的闭气孔率取得最大值：砂浆型为6.53%，较空白试样提高1.55倍；刚线型为6.44%，较空白试样提高1.52倍。

图 3-19 所示为不同含量硅切料镁砂试样的力学性能。由图可见，随着硅切料的引入，试样的强度得到了大幅提升。与空白试样相比（62.39 MPa 和 26.59 MPa），添加砂浆型硅切料试样的常温耐压强度从 265.16 MPa（添加 0.5%）直线增加至 584.14 MPa（添加 3%），常温抗折强度分别从 73.04 MPa

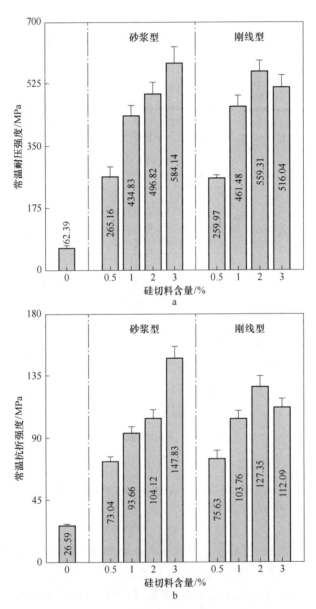

图 3-19　不同含量硅切料镁砂试样的力学性能

a—常温耐压强度；b—常温抗折强度

（添加 0.5%）直线增加至 147.83 MPa（添加 3%）。而添加刚线型硅切料试样的强度呈现出与它们相对密度相同的变化趋势，即先增加后降低，并在添加量为 2% 时取得最大值：常温耐压强度和常温抗折强度分别为 559.31 MPa 和 127.35 MPa。如前所述，致密度和晶粒尺寸是决定材料强度的两大关键因素。

但对多孔材料而言，由于气孔结合处的强度远远低于晶粒的理论强度，所以晶粒尺寸的影响几乎可以忽略。根据式（3-3）~ 式（3-6）可知，添加硅切料试样气孔率（真气孔率大幅降低）是它们强度得以增加的根本原因。此外，研究发现[195]气孔尺寸（r_m）也会对材料的强度产生影响，公式如下：

$$\sigma = K\sigma_0(1-P)/\sqrt{r_m} \tag{3-23}$$

式中　σ——强度，MPa；

　　　P——气孔率，%；

　　　σ_0——$P=0$ 时的强度，MPa；

　　　K——常数。

由式（3-23）可见，材料的气孔平均尺寸与强度成反比。对本实验而言，与空白试样相比，添加硅切料试样的气孔类型多为闭孔，而闭孔尺寸又远小于开孔尺寸，所以它们的平均气孔尺寸更小。因此，较小的气孔尺寸也是添加硅切料试样强度提高的积极因素之一。

同样地，气孔的结构和类型也会对材料的隔热性能产生影响。如图 3-20 所示，空白试样（即本小节的空白试样）比添加硅切料试样表现出更低的热导率。这是因为空白试样内部有大量开孔气孔，而气孔中的气相比固相有着更好的隔热作用。如果认为气孔中所含气体为空气，室温热导率约为 0.025 W/(m·K)，远小于试样中固体的热导率。但这种出色的隔热性能是以牺牲其致密性为前提的，而高的显气孔率并不能满足耐火材料的实际使用需求。因此，为了更准确评估本实验所制闭孔镁砂的隔热性能，引入 3.1 节采用两步法制备的镁砂试样为参考标准，以"空白试样 3.1"代称。对比可知，添加 3% 砂浆型和添加 2% 刚线型硅切料试样的隔热性能均得到了提升。其中，一方面是 Mg_2SiO_4 相的形成，因为镁橄榄石的热导率为方镁石的 1/4~1/3[77]，从而使得添加硅切料试样的有效热导率（k_e）降低，所以 Mg_2SiO_4 相比例更高的试样（3% 砂浆型）k_e 更低；另一方面是闭气孔率的增加，与开孔相比，闭孔由于具有尺寸小、自封闭等优势，所以并不会对耐火材料性能产生不利影响[190]。此外，相同气孔率前提下，含闭孔多的材料比含开孔多的材料隔热性能更优。因为开孔的传热模式为热传导和对流（气体吸收和发射辐射能的能力极小，一般不考虑辐射传热的影响），而闭孔由于气体的对流受到限制，只能通过热传导方式进行，因此传热效率降低、隔热效率升高。该理论在图 3-20 所示热导率数据也得到了证实。室温下，添加 3% 砂浆型和添加 2% 刚线型硅切料试样的热导率分别为 30.94 W/(m·K) 和 32.53 W/(m·K)，较空白试样 3.1 分别降低了 33.66% 和 30.25%；而 800 ℃ 高温下，添加 3% 砂浆型和 2% 刚线型硅切料试样的热导率分别为 6.73 W/(m·K) 和 7.21 W/(m·K)，较空白试样 3.1 的降幅更大（37.86% 和 33.43%）。

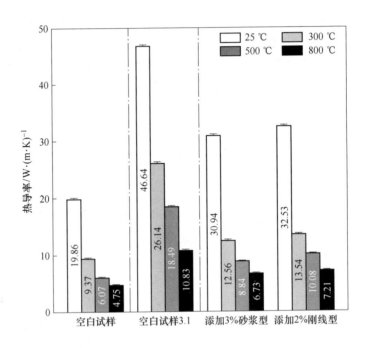

图 3-20　不同含量硅切料镁砂试样的热导率

　　为了表征不同试样间抗热震性的差异，记录了"裂纹"和"开裂"两个具体指标。其中，"裂纹"是指试样表面出现裂纹时的淬水次数，而"开裂"是指从出现裂纹到试样断裂成小块（两块以上）的淬水次数，具体数据如图 3-21 所示。由图可见，尽管"裂纹"指标数值随着试样密度的增加而略有降低，但添加硅切料试样的"开裂"指标数值却在增加。

　　以空白试样、3% 砂浆型硅切料试样和 2% 刚线型硅切料试样为例，记录了淬水 3 次后试样的显微结构，如图 3-22 所示。由图可见，在空白试样的表面观察到了裂纹分支效应[196]，即气孔/微裂纹延缓了热应力裂纹的扩展，这也是它具有最佳"裂纹"指标的原因。然而，一旦这些裂纹发展到非稳态，由于裂纹数量更多，它们将导致试样损毁更彻底。如图 3-22 所示，空白试样破裂成多块，而其余试样仅破裂为两块。与此同时，由添加硅切料试样的前述 SEM 图像可知，Mg_2SiO_4 相作为晶间相，可通过界面桥接效应[197]，延缓了裂纹的扩展，从而提高了"开裂"指标的数值。

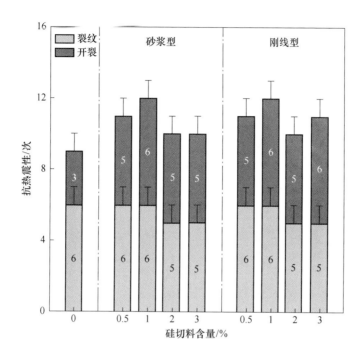

图 3-21 不同含量硅切料镁砂试样的抗热震性

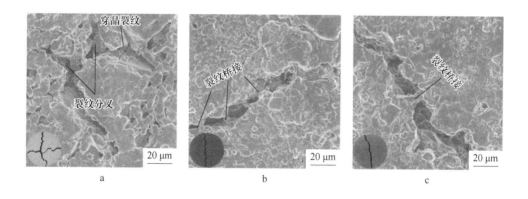

图 3-22 热震后试样的显微形貌照片

a—空白试样；b—含 3% 砂浆型硅切料试样；c—含 2% 刚线型硅切料试样

图 3-23 所示为 CaO-Al$_2$O$_3$-SiO$_2$-MgO 四元渣与不同含量硅切料镁砂试样润湿过程的接触角和体积变化。由图 3-23a 可见，空白试样的接触角在 1370 ℃时为 89.79°，在 1380 ℃时下降到 72.93°，然后在 1450 ℃时稳定为 53.17°，高于 3%

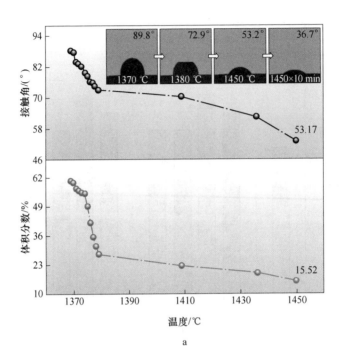

a

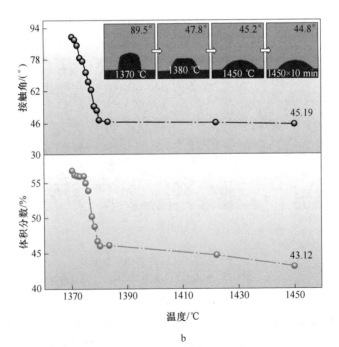

b

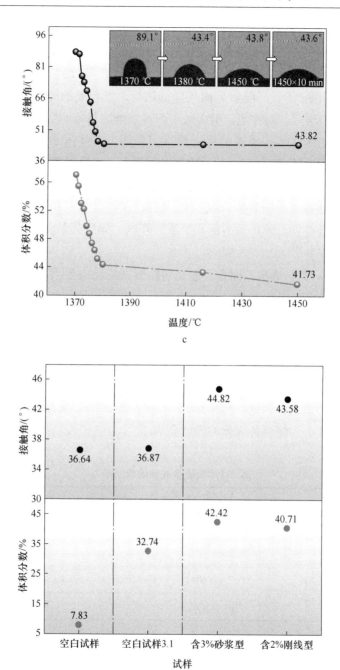

图 3-23 熔渣与不同含量硅切料镁砂试样润湿过程的接触角和体积变化

a—空白试样；b—含3%砂浆型硅切料试样；c—含2%刚线型硅切料试样；

d—1450 ℃稳定 10 min 后

砂浆型试样的 45.19°和 2% 刚线型试样的 43.28°，表现出优秀的抗渣润湿性。但经过 10 min 的界面反应，接触角骤降至 36.87°，熔渣体积收缩至 7.83%。分析认为，这是因为空白试样的表面粗糙度更大（高气孔导致的），所以初始与渣接触的表面自由能更高[198]。随着界面反应的进行，气孔处的固液平衡被打破，表现为接触角逐渐增大。同样地，引入采用两步烧结法制备的空白试样 3.1 的渣润湿数据，以对比评估闭孔镁砂的渣润湿性。由图 3-23d 所示对比数据可见，含 3% 砂浆型试样的接触角为 44.82°，较空白试样 3.1 提高了 21.56%；含 2% 刚线型试样的接触角为 43.58°，较空白试样提高了 18.19%。分析认为，这与反应界面处的熔渣成分有关。随着界面反应的进行，添加硅切料试样界面处的熔渣中 SiO_2 含量（试样中 Mg_2SiO_4 的溶解和扩散）增高，导致其黏度增大，从而对镁砂基底的润湿性变差[199]。

　　图 3-24 所示为熔渣与不同含量硅切料镁砂试样反应界面处的 SEM 图像。由图 3-24a 所示的面扫图像可见，空白试样几乎被熔渣完全渗透，通过 Si、Ca 和 Al 元素的分布可知，熔渣渗透深度大于 300 μm。比较而言，添加硅切料试样的侵蚀并不明显（通过 Ca 和 Al 元素的分布判断）。其中，添加 3% 砂浆型硅切料试样的渣渗透深度约为 90 μm（见图 3-24b），添加 2% 刚线型硅切料试样的渣渗透深度约为 100 μm（见图 3-24c）。如前所述，熔渣是通过气孔（开孔）和裂纹向耐火材料内部渗透。因此，可根据式（3-9）的毛细管模型计算不同试样的熔渣渗透压。表 3-1 为熔渣各成分的表面张力[200]。

表 3-1　熔渣各成分的表面张力　　　　　　（mN/m）

成分	表面张力与温度的关系式	1450 ℃（1723 K）下的表面张力
CaO	$791 - 0.0935T$	629.899
Al_2O_3	$1024 - 0.177T$	719.029
SiO_2	$243.2 + 0.031T$	296.613
MgO	$1770 - 0.636T$	674.172

　　将表 3-1 中的相关数值代入式（3-9）可得不同试样的熔渣渗透压：

$$\Delta p_{c,空白} = \frac{2\sigma\cos\theta}{r} = \frac{2\sum\sigma_i N_i\cos\theta}{r}$$

$$= \frac{2(629.90\times0.50 + 719.03\times0.18 + 296.61\times0.16 + 674.17\times0.16)\cos36.64°}{1.48}$$

$$= 651.55 \text{ MPa}$$

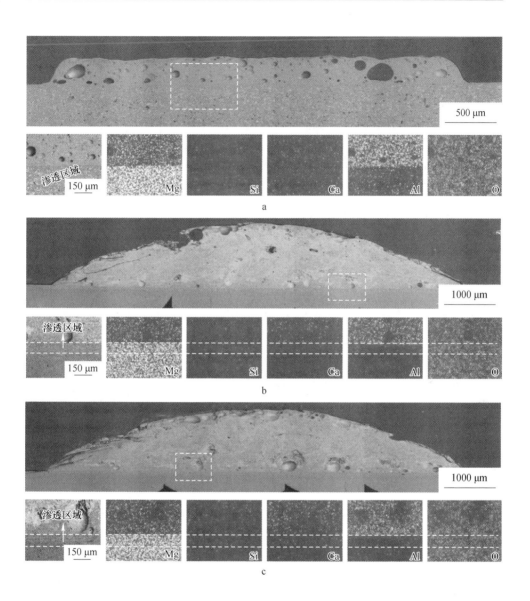

图 3-24 熔渣与含有不同量硅切料镁砂试样反应界面的 SEM 图像

a—空白试样；b—含 3% 砂浆型硅切料试样；c—含 2% 刚线型硅切料试样

$$\Delta p_{c,3\%砂浆型} = \frac{2\sigma\cos\theta}{r} = \frac{2\sum\sigma_i N_i\cos\theta}{r}$$

$$= \frac{2(629.90\times0.50 + 719.03\times0.18 + 296.61\times0.16 + 674.17\times0.16)\cos44.82°}{2.62}$$

$$= 325.35 \text{ MPa}$$

$$\Delta p_{c,2\%刚线型} = \frac{2\sigma\cos\theta}{r} = \frac{2\sum\sigma_i N_i\cos\theta}{r}$$

$$= \frac{2(629.90\times0.50+719.03\times0.18+296.61\times0.16+674.17\times0.16)\cos43.58°}{2.45}$$

$$= 355.33\ MPa$$

式中　　N_i——熔渣中各氧化物的摩尔百分数。

　　由计算结果可见，熔渣渗透压 $\Delta p_{c,空白} > \Delta p_{c,3\%砂浆型} > \Delta p_{c,2\%刚线型}$，所以如果继续延长反应时间，空白试样的侵蚀渗透仍将是最严重的。结合实验结果可知，添加硅切料试样的抗渣性能均得到了提升。

3.2.3　孔结构演化行为及机理分析

　　前述结果表明，引入适量硅切料有助于镁砂的烧结，具体表现为试样的显气孔率降低和闭气孔率增加。因为烧结机制是决定显微结构的内因，所以首先讨论 Fe_2O_3 在烧结过程中的作用。通常认为，高温下 Fe^{3+} 可固溶于 MgO 晶格中形成有限置换固溶体，同时产生阳离子空位，而这些阳离子空位即是 Fe^{3+} 促进烧结的根本原因[32]。缺陷反应方程式如下：

$$Fe_2O_3 \xrightarrow{MgO} 2Fe_{Mg}^{\cdot} + V_{Mg}'' + 3O_O^{\times} \tag{3-24}$$

　　由式（3-24）可知，阳离子空位越多，越有利于 Mg^{2+} 扩散，从而使烧结进程加快。此外，郁国城认为[30]，MgO 的扩散速率是由扩散速率更慢的 O^{2-} 决定的，所以 Mg^{2+} 空位浓度的增加理论上并不能活化烧结。而 Fe^{3+} 促进烧结的方式是作为触媒，将热平衡空位转换为 $[V_{Mg}'' - V_O^{\cdot\cdot}]$ 双空位，它的扩散活化能比单空位更小。同时，双空位的形成提高了 O^{2-} 的扩散速度，最终促进了 MgO 的烧结。

　　因此，随着烧结过程被加快，试样内部的开孔变小，并随着晶粒的生长被晶界分割或包裹而形成闭孔。为了理解硅切料在烧结过程中的积极作用，图 3-25 展示了添加和不添加硅切料镁砂试样的孔结构演化示意图，整个烧结过程可被进一步分为三个阶段：低温分解阶段、中温烧结阶段和高温致密化阶段。其中，低温分解阶段是指在 600~900 ℃温度下，菱镁矿分解生成仍保持母盐结构的微晶 MgO；中温烧结阶段是指在 1000~1400 ℃温度下，高活性的微晶 MgO 再结晶和长大（对于空白试样），以及硅切料与 MgO 基体反应形成 Mg_2SiO_4 相（对于添加硅切料试样）；高温致密化阶段是指在 1500~1600 ℃温度区间，MgO 晶粒长大，气孔总表面积降低。由此可见，高温致密化阶段是导致试样呈现出不同孔结构的关键。对于空白试样，由于微晶 MgO 烧结收缩时产生的二次气孔不能被完全排出，最终表现为较高的显气孔率（具体可参见 2.6 节）。而对于含硅切料的试样，一方面，硅切料通过引发活化烧结加快了晶界扩散，当晶界扩散速率超过气孔扩散速率时就会形成晶内闭孔；另一方面，Mg_2SiO_4 相通过原位形成过程中的体积膨胀效应（$\Delta V_{Si} = 26.38\%$，$\Delta V_{SiC} = 24.83\%$）降低了总气孔率，同时通过桥接在 MgO 晶粒间，使部分开孔被封闭，形成晶间闭孔。

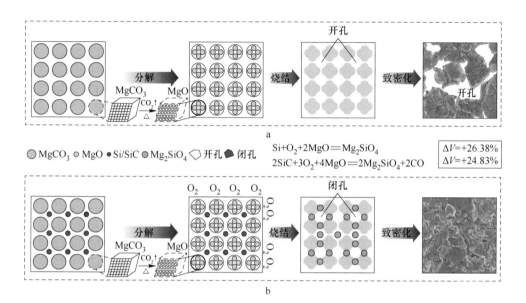

图 3-25　添加和不添加硅切料镁砂试样的孔结构演化示意图

a—空白试样；b—含硅切料镁砂试样

综上所述，随着 Al_2O_3 和 La_2O_3 复合添加剂的引入，由于 Mg^{2+} 和 Al^{3+} 发生不等价置换反应，增加了阳离子空位和晶格缺陷密度，从而使得晶粒生长活化能降低、晶粒生长速度加快。但当添加量超过固溶极限时，"钉扎"效应会抑制 MgO 晶粒的生长，导致晶粒尺寸降低。此外，原位形成的 $MgAl_2O_4$ 和 $LaAlO_3$ 相作为增强相，改善了所制镁砂的隔热性能和抗渣性能。随着硅切料的引入，由于 Fe^{3+} 作为触媒形成了扩散活化能更小的 $[V''_{Mg} - V^{\cdot\cdot}_O]$ 双空位，提高了 O^{2-} 的扩散速率，使得 MgO 晶格活化、生长速度加快，从而形成了更多的晶内闭孔。与此同时，原位形成的 Mg_2SiO_4 相通过桥接在 MgO 晶粒间，使部分开孔被封闭，形成了更多的晶间闭孔。因此，在所制镁砂中有两种类型的闭孔：由晶粒生长形成的晶内闭孔和由次级相桥接形成的晶间闭孔。

4 致密方镁石-镁橄榄石耐火
材料的制备及性能

第 3 章成功制备了具有大晶粒或高闭孔的节能型烧结镁砂，这对镁砂和碱性耐火材料的发展提供了一定的参考价值。然而，伴随着镁砂及碱性耐火材料的大量生产，菱镁矿尾矿的处理也成了一个亟须解决的问题。已有的研究表明，菱镁矿尾矿是一种潜在的产品添加剂。例如，通过煅烧、水化、碳化等工艺将菱镁矿尾矿制成氧化镁晶须，可作为含碳耐火材料的添加剂提高其抗热震性[201]；或者将菱镁矿尾矿轻烧处理后，即可作为磷酸镁钾水泥的补充镁源，还能有效降低水泥的烧成温度[202]。此外，菱镁矿尾矿在水处理方面也表现出一定的潜力。研究发现，菱镁矿尾矿除了可以中和酸性废水，还可以有效去除废水中的 Al、As、Fe、Ni 和无机物等杂质[203-206]。事实上，经过反浮选后产生的菱镁矿尾矿与选后精矿相比，只是 SiO_2 含量更多，其余杂质的种类和含量基本相似。因此，一方面，将菱镁矿尾矿简单预处理后，用于制备镁质或镁橄榄石质耐火材料在理论上是完全可行的；另一方面，制备镁橄榄石质耐火材料还需要额外补充硅源。晶体硅切割废料具有杂质少、成本低等优点，恰好是一种潜在的高质量硅源。

基于此，本章旨在评估菱镁矿尾矿和硅切料作为方镁石-镁橄榄石耐火材料替代原料的可行性。同时，研究了烧结温度和原料比例（硅切料添加量）对所制方镁石-镁橄榄石耐火材料的物相组成、显微结构、烧结性能、力学性能、抗热震性、热导率和抗碱性的影响。此外，通过进一步的放大实验，初步探究了本实验的工业化可能性和应用前景。

4.1 热力学评估

4.1.1 菱镁矿尾矿热力学分析

菱镁矿尾矿主要含有 Mg、Si、O 三种元素，以及一些微量元素（如 Ca、Fe、Al 等）。由于微量元素对主元素体系的热力学影响不大，因此菱镁矿尾矿可以被看作为 Mg-Si-O 三元体系。在高温反应过程中，Mg-Si-O 体系可能发生的化学反应如下[207]：

$$2MgO(s) + SiO_2(s) \stackrel{}{=\!=\!=} Mg_2SiO_4(s) \tag{4-1}$$

$$\Delta G^{\ominus} = -68200 + 4.31T \qquad (T < 2171.15 \text{ K}, \text{ J/mol})$$

$$\text{MgO(s)} + \text{SiO}_2(\text{s}) =\!=\!= \text{MgSiO}_3(\text{s}) \tag{4-2}$$

$$\Delta G^{\ominus} = -41100 + 6.1T \qquad (T < 1850.15 \text{ K}, \text{J/mol})$$

$$\text{MgSiO}_3(\text{s}) =\!=\!= \text{MgSiO}_3(\text{l}) \tag{4-3}$$

$$\Delta G^{\ominus} = 75300 - 40.6T \qquad (T = 1850.15 \text{ K}, \text{J/mol})$$

$$\text{MgO(s)} + \text{SiO}_2(\text{s}) =\!=\!= \text{MgSiO}_3(\text{l}) \tag{4-4}$$

$$\Delta G^{\ominus} = 34200 - 34.5T \qquad (T > 1850.15 \text{ K}, \text{J/mol})$$

通常，化学反应的发生与否可通过该反应的吉布斯自由能（$\Delta G^{\ominus}$）来判断。图 4-1 所示为化学反应式（4-1）~式（4-4）的吉布斯自由能与热力学温度（T）关系。由图可见，化学反应式（4-1）~式（4-4）的 $\Delta G^{\ominus}$ 在 $T = 1200 \sim 2000$ K 范围内皆为负值，代表在此温度段内，上述反应均可自发进行；数值关系为：$\Delta G^{\ominus}_{4\text{-}1} < \Delta G^{\ominus}_{4\text{-}2} / \Delta G^{\ominus}_{4\text{-}4}$，代表化学反应式（4-1）更容易发生。

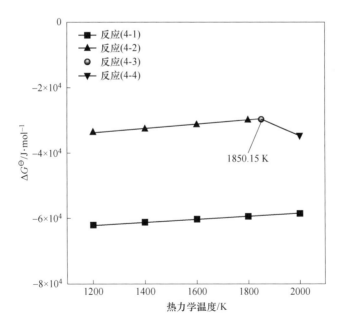

图 4-1　Mg-Si-O 三元体系中主要反应的热力学数据

4.1.2　晶体硅切割废料热力学分析

基于同样的考虑（即忽略其余微量元素的影响），硅切料可被看作是 Si-C-O

三元体系。图 4-2 所示为化学反应式（4-5）~式（4-8）的吉布斯自由能与热力学温度（T）关系。由图可见，化学反应式（4-5）~式（4-8）的 $\Delta G^{\ominus}$ 在 $T =$ 1000~2000 K 范围内均为负值，这意味着所有反应皆可自发进行。同时也表明，高温下硅切料中的各相将转化为 SiO_2 相，而 SiO_2 正是合成镁橄榄石耐火材料所需的基本原料。

$$Si(s) + O_2(g) = SiO_2(s) \tag{4-5}$$

$$\Delta G^{\ominus} = -904760 + 173.38T \quad (T < 1685.15 \text{ K}, \text{J/mol})$$

$$Si(s) = Si(l) \tag{4-6}$$

$$\Delta G^{\ominus} = 50540 - 30.0T \quad (T = 1685.15 \text{ K}, \text{J/mol})$$

$$Si(l) + O_2(g) = SiO_2(s) \tag{4-7}$$

$$\Delta G^{\ominus} = -955300 + 203.38T \quad (T > 1685.15 \text{ K}, \text{J/mol})$$

$$SiC(s) + 1.5O_2(g) = SiO_2(s) + CO(g) \tag{4-8}$$

$$\Delta G^{\ominus} = -946350 + 74.67T \quad (T < 1996.15 \text{ K}, \text{J/mol})$$

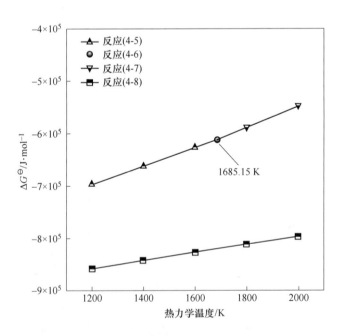

图 4-2　Si-C-O 三元体系中主要反应的热力学数据

　　经过上述热力学分析，证实了在适宜的合成温度下，以菱镁矿尾矿和硅切料合成方镁石-镁橄榄石耐火材料是切实可行的。

4.2 原料、流程及测试方法

4.2.1 实验原料

本实验所用原材料为菱镁矿尾矿（反浮选型）和晶体硅切割废料（砂浆型，具体性质参见 3.2.1 小节）。表 4-1 为菱镁矿尾矿的化学组成，菱镁矿尾矿主要由 MgO 和 SiO_2 组成，其余成分含量都很少。图 4-3 所示为菱镁矿尾矿经过干燥、破碎、过筛（200 目，75 μm）预处理后的粒度分布和 SEM 图像。

表 4-1　菱镁矿尾矿的化学组成　　　　　　　　（质量分数,%）

MgO	SiO_2	CaO	Fe_2O_3	Al_2O_3	烧失	其他
43.69	6.72	0.78	0.36	0.08	48.21	0.16

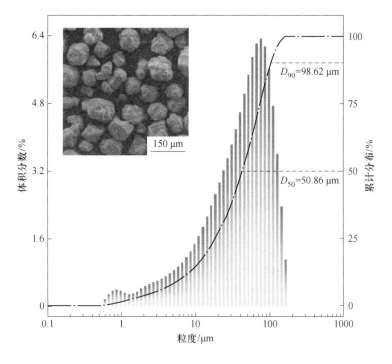

图 4-3　菱镁矿尾矿的粒度分布和 SEM 图像

4.2.2 制备流程

本实验的方镁石-镁橄榄石材料的具体制备流程为：首先，按质量比 100∶0、92.5∶7.5、85∶15 依次称量菱镁矿尾矿和硅切料，并在行星式球磨机中充分干混 5 h；然后，将加入黏结剂的混合粉体在 100 MPa 下保压 5 min，压制成 ϕ20 mm × 20 mm 的圆柱生坯；最后，将生坯分批放入高温箱式炉于 1300 ℃、1400 ℃、1500 ℃和 1600 ℃下烧结 3 h。

4.2.3　测试及表征方法

4.2.3.1　抗碱性

参照 GB/T 14983—2008，采用碱蒸气法测定所制方镁石-镁橄榄石材料的抗碱性。具体测试流程为：将试样放入装满碳酸钾（化学纯）和木炭（200 目，即 75 μm；与碳酸钾等比例混合）的石墨坩埚，然后把石墨坩埚放入刚玉坩埚，并用石墨粉包覆，最后放入高温炉中于 1100 ℃保温 2 h。记录热处理前后试样的线收缩率、显气孔率、质量和抗折强度变化，以此表征所测试样的抗碱性。

4.2.3.2　热导率

小试样（尺寸为 ϕ180 mm × 20 mm）的热导率仍由激光法测定，具体流程参见 3.1.1.3 节。参照 YB/T 4130—2005，采用水流量平板法测定大试样（尺寸为 ϕ180 mm × 20 mm）的热导率（λ），公式如下：

$$\lambda = Q \times \delta / (A \times \Delta T) \tag{4-9}$$

式中　Q——单位时间内水流吸收的热量，W；

　　　δ——试样厚度，m；

　　　A——试样面积，m^2；

　　　ΔT——冷、热面温差，K。

4.2.3.3　抗热震性

参照 GB/T 30873—2014，采用水急冷法和空气急冷法测定所制方镁石-镁橄榄石材料的抗热震性。其中，水急冷法（淬火温度为 700 ℃）的具体流程参见 3.2.1.3 节。空气急冷法的测试流程为：将试样在电热干燥箱中于 120 ℃下干燥至恒重，然后将试样移入已达预设试验温度（本实验淬火温度为 1100 ℃）的热震炉中，保温 30 min 后取出，接着用压缩空气吹 5 min；循环一次后记录试样的强度，以强度保持率表征试样的抗热震性。

4.2.3.4　其他

本实验所制方镁石-镁橄榄石材料的物相组成、显微结构、烧结性能、力学性能的表征和检测方法均与前述实验一致。

4.3 实验结果与分析

图 4-4 所示为在不同温度制备的方镁石-镁橄榄石试样的 XRD 图谱，所有试样的 XRD 图谱只显示出 MgO 相和 Mg_2SiO_4 相的衍射峰。通常，在镁橄榄石质耐火材料的制备过程中，当烧结温度较低或保温时间太短时，会在镁-硅反应界面观察到顽辉石相（$MgSiO_3$）[208]。由于 $MgSiO_3$ 相熔点较低（1577 ℃），会严重影响镁橄榄石质耐火材料的高温性能，因此它被看作是有害的中间相。由图 4-4a

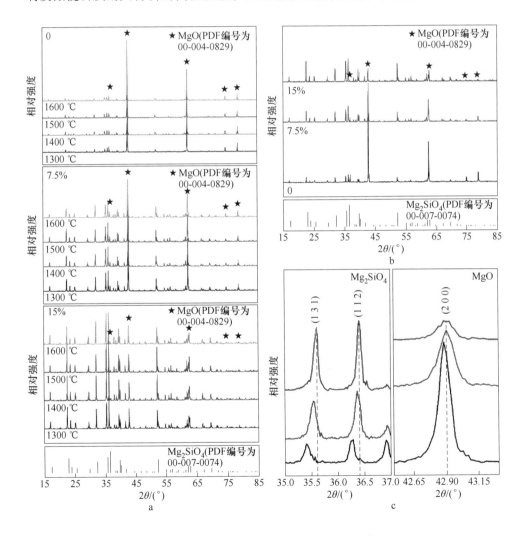

图 4-4 方镁石-镁橄榄石试样的 XRD 图谱

a—不同烧结温度试样；b—1500 ℃烧结的不同试样；c—局部放大 XRD 图谱

可见，不同温度下合成试样的 XRD 图谱均只显示出 MgO 相和 Mg_2SiO_4 相的衍射峰，说明原料间已充分反应，没有残余的 $MgSiO_3$ 相。与此同时，试样的 Mg_2SiO_4 相衍射峰的强度随着烧结温度的增加而增强，这是因为温度的升高可以加快离子的扩散系数，从而有助于 Mg_2SiO_4 相的形成和烧结。对于在 1500 ℃ 下烧结的试样，如图 4-4b 所示，随着硅切料含量的增加，Mg_2SiO_4 相衍射峰的相对强度增强，这意味着菱镁矿尾矿中有更多的 MgO 与硅切料反应形成了 Mg_2SiO_4 相。从局部放大的 XRD 图谱可见（见图 4-4c），添加硅切料试样的 Mg_2SiO_4 相的（131）和（112）晶面以及 MgO 相的（200）晶面的衍射峰均发生了一定程度的偏移。这种变化可归因于硅切料的杂质影响，即 Fe_2O_3 与 MgO 和 Mg_2SiO_4 形成固溶体过程中产生的晶格缺陷[62,209]。

此外，为了定量分析在不同温度下、不同硅切料添加量下合成方镁石-镁橄榄石试样的物相变化，使用 Rietveld 全谱拟合精修法计算了不同试样中 MgO 相和 Mg_2SiO_4 相的相对含量，其结果如图 4-5 所示。由图可见，对于配料相同的试样，随着烧结温度的升高，物相中 Mg_2SiO_4 相的占比逐渐增加，如图 4-5a 所示，空白试样的 Mg_2SiO_4 相的质量占比从 1300 ℃ 的 26.4% 持续增至 1600 ℃ 的 31.3%；而对于相同温度下合成的试样，随着硅切料添加量的增多，Mg_2SiO_4 相生成率更高，如图 4-5c 所示，含 15% 硅切料试样在 1600 ℃ 烧结后 Mg_2SiO_4 相的相对占比增至 85.1%，远高于同等温度下空白试样的数值。

图 4-6 所示为添加 7.5% 硅切料的方镁石-镁橄榄石试样在 1300 ℃、1400 ℃、1500 ℃ 和 1600 ℃ 下烧结 3 h 后的 SEM 图像。由图 4-6a ~ d 所示的试样表面可见，含 7.5% 硅切料试样在 1300 ℃ 烧结后的表面呈现出疏松多孔的结构，表明整体烧结程度较低。随着烧结温度的增加，试样表面的气孔数量（由白色箭头标记）逐渐减少，特别是在 1500 ℃ 和 1600 ℃ 烧结的试样，表面只有零星的气孔，并且气孔尺寸很小，说明烧结程度完全。同样地，可以通过断面来观察试样的晶粒生长和界面结合情况。由图 4-6e ~ h 可见，试样晶粒的结合程度也显示出与表面气孔密度相似的趋势，即随着烧结温度的增加，晶粒间的结合变得更加紧密，整体结构更加致密。与此同时，由于烧结驱动能的增加，试样晶粒得到了充分生长，表现为晶粒尺寸逐渐增加。

图 4-7 所示为不同含量硅切料方镁石-镁橄榄石试样在 1500 ℃ 烧结 3 h 后的 SEM 图像和 EDS 分析结果。由图可见，添加 7.5% 硅切料试样表面的气孔较少（见图 4-7b），而空白试样和添加 15% 硅切料试样表面的气孔相对较多（见图 4-7a 和 c）。相较而言，空白试样的气孔密度更高、平均尺寸更大，而添加 15% 硅切料试样的气孔相对分散、尺寸更小。由图 4-7d ~ f 所示的 7.5% 硅切料试样的断面图像可见，试样由大小不同的两种晶粒组成，且小晶粒均匀地分布在大晶粒之间。结合 EDS 结果（图 4-7g ~ i）可知，大尺寸晶粒为 MgO 相，均匀分

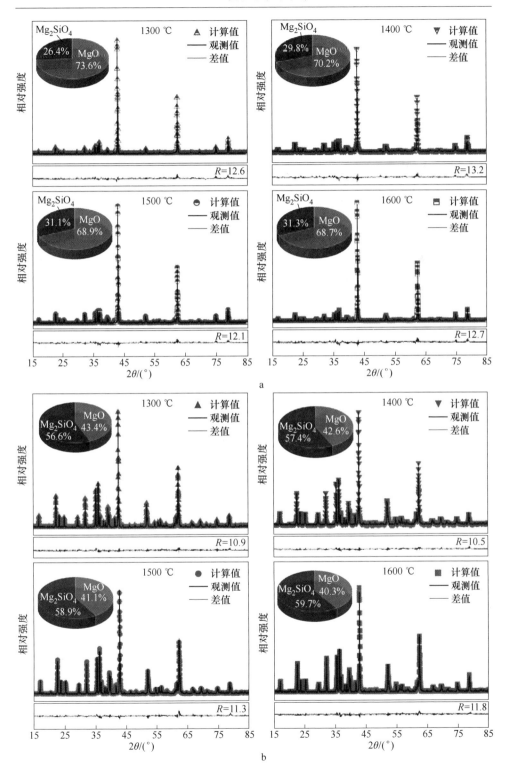

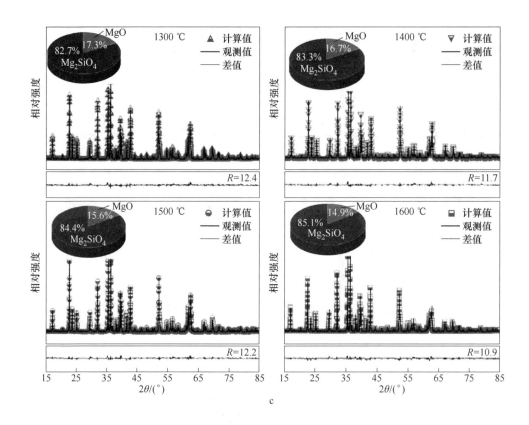

图 4-5　不同温度下方镁石-镁橄榄石试样的 XRD 精修图谱

a—空白试样；b—含 7.5% 硅切料试样；c—含 15% 硅切料试样

布的小晶粒为 Mg_2SiO_4 相。图 4-7j 为试样中 Mg_2SiO_4 相的合成过程示意图，硅切料中的 Si 和 SiC 先与 O_2 反应形成 SiO_2，然后 SiO_2 与菱镁矿尾矿中的 MgO 反应形成 Mg_2SiO_4 相。从动力学角度而言，Mg_2SiO_4 相的形成主要取决于 Mg^{2+} 的主动扩散，所以通常在 SiO_2 一侧形成[208]。由于原料中硅切料的粒度远远小于菱镁矿尾矿的粒度，所以即使由菱镁矿分解形成的 MgO 晶粒随着烧结的进行而被消耗掉一部分，它仍然比新形成的 Mg_2SiO_4 晶粒尺寸更大。

　　图 4-8 所示为不同含量硅切料方镁石-镁橄榄石试样在 1300 ℃、1400 ℃、1500 ℃ 和 1600 ℃ 烧结 3 h 后的烧结性能。由图 4-8a 可见，随着烧结温度的升高，试样的显气孔率直线下降，尤其是烧结温度超过 1500 ℃。具体地，空白试样和添加 15% 硅切料试样的显气孔率在 1600 ℃ 时取得最小值 5.06% 和 2.12%，而 7.5% 硅切料试样在 1500 ℃ 时取得最小值 1.07%。通过对比发现，除了 1300 ℃，其余温度下烧结的试样显气孔率均遵循含 7.5% 硅切料试样 > 含 15% 硅切料试

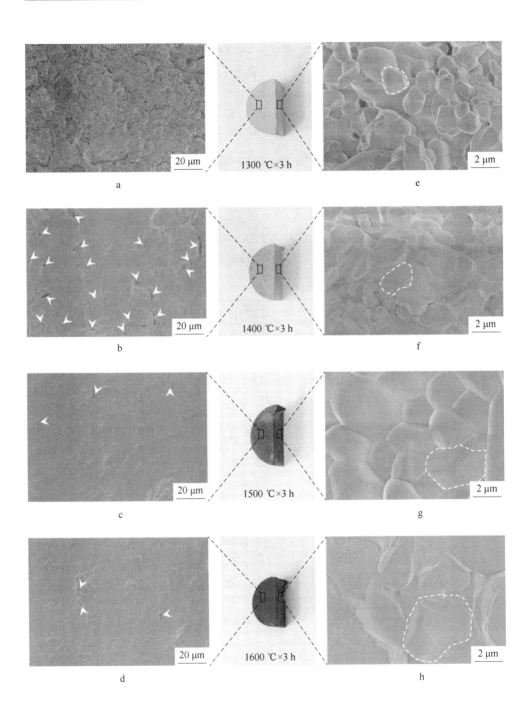

图 4-6　添加 7.5% 硅切料的方镁石-镁橄榄石试样在 1300～1600 ℃烧结 3 h 后的 SEM 图像

a～d—试样表面；e～h—试样断面

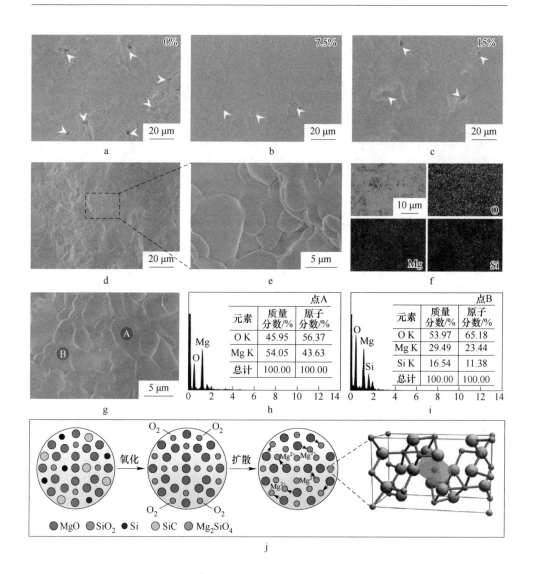

图4-7　方镁石–镁橄榄石试样在1500 ℃烧结3 h后的表面SEM图像、
EDS分析结果与 Mg₂SO₄ 的合成

a~c—不同含量硅切料试样；d~i—添加7.5%硅切料试样；j—Mg₂SiO₄ 的合成示意图

样 > 空白试样的趋势。由图 4-8b 可见，随着烧结温度的升高，试样的闭气孔率先增加后略微减少，但整体变化幅度不大。

通常认为，开孔是在制备生坯的成型阶段产生的缺陷，闭孔是在烧结的中期和末期形成或由开孔转化而来的缺陷。因此，在 1500 ℃ 和 1600 ℃ 下烧结的试样显气孔率的大幅降低表明更高的烧结温度加速了试样的烧结过程。同样地，添加

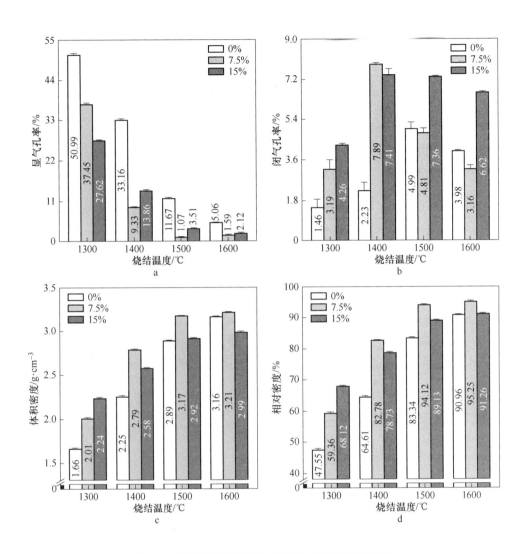

图 4-8 不同含量硅切料的方镁石-镁橄榄石试样在
1300～1600 ℃烧结 3 h 后的烧结性能

a—显气孔率；b—比气孔率；c—体积密度；d—相对密度

硅切料试样的气孔率降低也是烧结被进一步促进的结果，即硅切料中的 Fe_2O_3 充当了烧结助剂的角色。此外，还需要解释含 15% 硅切料试样的气孔率异常变化的原因。从硅切料促进烧结的观点而言，含 15% 硅切料试样含有最多的硅切料，理论上在烧结后应该具有最低的气孔率。然而，如图 4-8d 所示的相对密度所示，含 7.5% 硅切料试样的气孔率比它更低。分析认为有两个可能的原因：一个是 Mg_2SiO_4 相的形成过程中伴随着一定程度的体积膨胀，导致两相晶粒结合处的开孔数量增加（1400 ℃时相对明显）；另一个是当烧结被过度加快时，一旦晶界的迁移速率超过了晶界处气孔的迁移速率，气孔就无法被正常消除，而是被包裹在晶粒内部形成闭孔（1600 ℃时更显著）[210]。与气孔率相对应，如图 4-8c 和 d 所示，试样的体积密度和相对密度随烧结温度的增加而升高。其中，在 1500 ℃ 和 1600 ℃下烧结的添加 7.5% 硅切料试样表现出优异的烧结性能：体积密度分别为 3.17 g/cm^3 和 3.21 g/cm^3，相对密度分别为 94.12% 和 95.25%。

图4-9 所示为含有不同量的硅切料方镁石-镁橄榄石试样在 1300 ℃、1400 ℃、1500 ℃和 1600 ℃烧结 3 h 后的力学性能。由图可见，空白试样和添加 15% 硅切料试样的常温耐压强度均随烧结温度的升高而急剧增加，而添加 7.5% 硅切料试样的常温耐压强度先大幅增加，在 1500 ℃时达到峰值（562.16 MPa）而后略微下降。对于在相同温度下烧结的试样，除了 1300 ℃外，其余温度下皆为添加 7.5% 硅切料试样取得常温耐压强度最大值。可以发现，试样常温耐压强度的变化趋势与它们的显气孔率变化趋势刚好相反。分析认为，一方面，较高的烧结温度和适宜的硅切料添加量通过加快离子扩散速率促进了试样的烧结，降低了气孔率；另一方面，原位形成的 Mg_2SiO_4 相通过填充在 MgO 主晶相间，促使晶粒间结合更加紧密。因此，在 1500 ℃和 1600 ℃烧结的添加 7.5% 硅切料试样由于具有高致密度和良好晶粒结合等优点而展现出更加出色的力学性能。

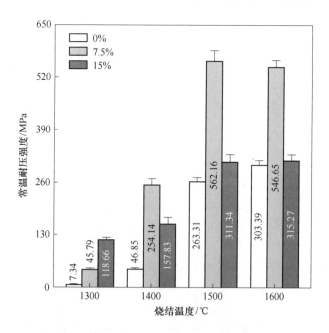

图4-9 不同含量硅切料的方镁石-镁橄榄石试样在
1300 ~ 1600 ℃烧结 3 h 后的常温耐压强度

　　图 4-10a 所示为 1500 ℃烧结制备的方镁石-镁橄榄石试样在 1100 ℃下淬火（空气介质）　　次后的常温耐压强度和残余强度比。由图叮见，试样的强度保持率从空白试样的 76.04% 到含 7.5% 硅切料试样的 85.53% 再增加到含 15% 硅切料试样的 88.19%，表明当硅切料的引入，有助于试样抗热震性的提高。通常，可通过抗热震参数来评估耐火材料抗热震性，如基于热弹性力学的抗热应力断裂因子 R、R' 和 R''[211]，或基于断裂力学的抗热应力破坏因子 R''' 和 R''''[212]，以及将裂纹萌生和扩展统一起来的热应力裂纹稳定因子 R_{st} 和 R'_{st}[213]。考虑到本实验制备

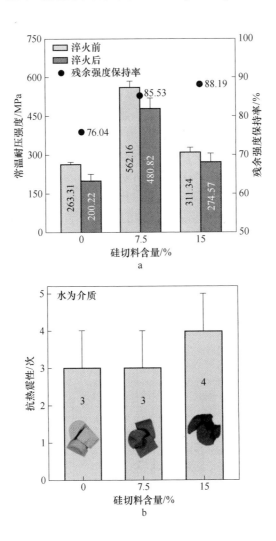

图 4-10　不同含量硅切料的方镁石-镁橄榄石试样在
1300~1600 ℃烧结 3 h 后的抗热震性
a—空气急冷法；b—水急冷法

的方镁石-镁橄榄石试样非完全致密体，选用 R_{st} 和 R'_{st} 分析。相关公式如下：

$$R_{st} = \left(\frac{\gamma_f}{E\alpha^2}\right)^{1/2} \tag{4-10}$$

$$R'_{st} = \left(\frac{\gamma_f k^2}{E\alpha^2}\right)^{1/2} \tag{4-11}$$

式中　γ_f——断裂表面能，N/m；

　　　E——弹性模量，MPa；

　　　α——线膨胀系数，K^{-1}；

　　　k——热导率，W/(m·K)。

由式（4-10）和式（4-11）可知，材料的断裂表面能和热导率越高、线膨胀系数和弹性模量越低，通常意味着材料的抗热震性越好。

结合实验结果可知，随着原料中硅切料含量的增加，试样的微观结构更致密，断裂表面能更大，同时由于热膨胀系数较低的 Mg_2SiO_4 相的形成使材料抵抗热应力的能力增强，所以抗热震性更强。此外，把冷却介质换为水后，所得试验结果与空冷结果基本一致。如图 4-10b 所示，添加 15% 硅切料试样在承受了 4 次热循环后才彻底破碎，这是因为两相界面处的强连接可以承受更大的热应力。

与此同时，随着 Mg_2SiO_4 相的形成和占比增加，试样的热导率理论上应该降低。如图 4-11 所示，随着硅切料的引入，试样的室温热导率从 13.48 W/(m·K)（空白试样）降至 11.61 W/(m·K)（添加 7.5% 硅切料试样）再降至 7.56 W/(m·K)

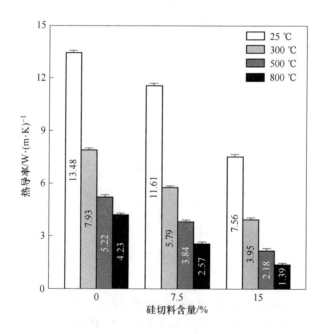

图 4-11　不同含量硅切料的方镁石-镁橄榄石试样在 1300～1600 ℃烧结 3 h 后的热导率

（添加 15% 硅切料试样），降幅分别为 13.87% 和 43.92%；而 800 ℃ 热导率从 4.23 W/(m·K)（空白试样）降至 2.57 W/(m·K)（添加 7.5% 硅切料试样）再降至 1.39 W/(m·K)（添加 15% 硅切料试样），降幅更大，分别为 39.24% 和 67.14%。通常认为，耐火材料在 1000 ℃ 以下的主要传热机制为固相传导，约占 80%[214]。因此，添加硅切料试样热导率降低的主要原因在于固相传导效率的改变。如前所述，Mg_2SiO_4 的本征热导率约为 MgO 的 1/4 ~ 1/3。随着硅切料的引入，试样中 Mg_2SiO_4 相的含量增多，则有效热导率降低。此外，添加 15% 硅切料试样的闭孔占比较高，而闭孔的自封闭特性可通过阻隔气体来降低对流传热效率，所以它的热导率降幅最大。

图 4-12 所示为 1500 ℃ 烧结制备的空白试样和含 7.5% 硅切料试样的碱蒸气测试前后的光学照片和显微图像。由图 4-12a 所示的光学照片可见，空白试样表面呈现多条明显裂缝，边角缺损严重，整个断口为黑色；而添加 7.5% 硅切料试样除了表面变黑，其余未有明显变化，断口仅四边边界处为黑色。根据 GB/T 14983—2008 的目测判定标准可知，空白试样为三类侵蚀，抗碱蒸气侵蚀性能较差；而添加 7.5% 硅切料试样为一类侵蚀，性能更优。由断口处的显微图像可见，空白试样的内部仍然存在着大量因侵蚀而产生的裂纹，越靠近外侧裂纹越多、尺寸越大，而添加 7.5% 硅切料试样仅表面处有一些小尺寸裂纹。碳酸钾和木炭高温下会形成 K 蒸气，反应方程式如下：

$$K_2CO_3(s) + 2C(s) =\!=\!= 2K(g) + 3CO(g) \tag{4-12}$$

K 蒸气通过裂纹和气孔进入材料内部并发生反应，由于反应过程伴随着不同程度的体积膨胀而导致材料的裂纹和气孔长大，当裂纹和气孔扩展到材料的临界断裂长度后就会发生结构性剥落。由图 4-12b 和 c 所示的 EDS 分析结果可见，空白试样的 K 元素主要富集在裂纹周围，这也证明了裂纹的形成是 K 蒸气反应腐蚀的结果，而添加 7.5% 硅切料试样由于具有相对致密的结构，K 蒸气仅侵蚀了约 30 μm 的深度。表 4-2 为试样碱蒸气测试前后的性能变化。由表中数据可知，K 蒸气与空白试样的反应剧烈，因此测试前后体积变化较大，线膨胀率为 26.87%，显气孔率也增大了 105.78%，同时质量也增加了 27.03%。相反地，添加 7.5% 硅切料试样性能变化较小，线膨胀率仅为 1.23%，显气孔率甚至降低了 10.28%，同时质量变化也较小，仅为 0.91%。分析认为，添加 7.5% 硅切料试样显气孔率降低的原因为进入试样内部的 K 蒸气较少，因此与试样组分发生反应而引起的体积膨胀程度并不大，不但没有增大裂纹、增长气孔，反而使部分气孔变小、裂纹愈合。测试前后的强度变化也印证了这一推论，空白试样的抗折强度骤减 94.97%，而添加 7.5% 硅切料试样的抗折强度甚至还略微增加了 6.73%。分析认为，添加 7.5% 硅切料试样抗折强度的增加可归结于两点：一为 K 蒸气与试样组分反应产生体积膨胀堵塞了气孔，提高了致密度；二为侵蚀层形成的微裂纹，由于其尺寸小于材料的临界裂纹尺寸，可引发微裂纹增韧效应[215]。

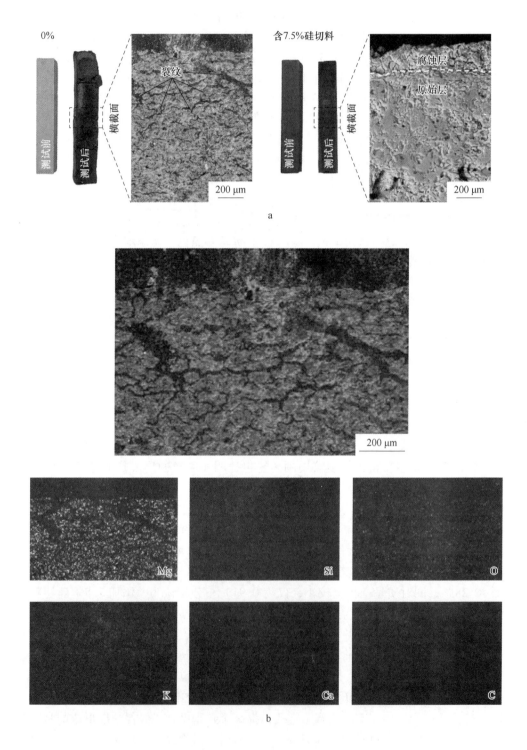

a

b

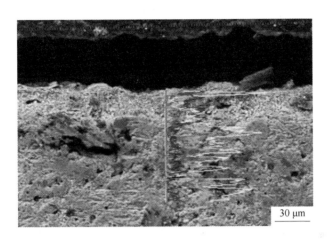

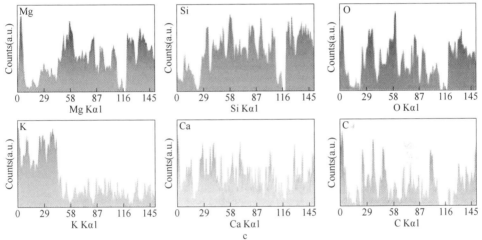

图 4-12　方镁石-镁橄榄石试样碱蒸气测试前后的光学照片（a）、
试样断口的 EDS 面扫分析结果（b）和 EDS 线扫分析结果（c）

表 4-2　方镁石-镁橄榄石试样碱蒸气测试前后的性能变化　　　　（%）

试样	线收缩率	显气孔率变化率	质量变化率	强度变化率
空白试样	26.87 ± 2.18	105.78 ± 6.28	27.03 ± 0.55	− 94.97 ± 4.75
添加 7.5% 试样	1.23 ± 0.13	− 10.28 ± 4.54	0.91 ± 0.04	6.73 ± 1.16

图 4-13 所示为 MgO 和 SiO_2 的固相反应合成 Mg_2SiO_4 的模型示意图。由图可
知，Mg_2SiO_4 的形成过程为：首先，Mg^{2+} 扩散（一般认为是晶界扩散为主导）到

SiO_2 的表面并与之反应形成 $MgSiO_3$ 初级相；然后，随着更多的 Mg^{2+} 扩散到 SiO_2 表面，与外层的 $MgSiO_3$ 反应形成 Mg_2SiO_4 相，同时与内部的 SiO_2 发生反应形成 $MgSiO_3$ 相；最后，通过 Mg^{2+} 的持续扩散全部转化为 Mg_2SiO_4 相[208,216]。因此，提高 MgO 的扩散速率（MgO 为扩散相），减小 SiO_2 的粒度（未反应核壳模型），都可以有效提高 Mg_2SiO_4 相的生成率和致密化速率。

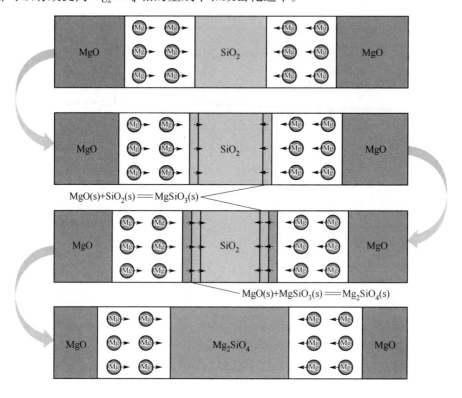

图 4-13　MgO 和 SiO_2 固相反应的模型示意图

结合上述结果和分析可知，有两个潜在的原因导致 MgO-Mg_2SiO_4 试样的形成及烧结过程的加快。（1）硅切料中 Fe_2O_3 杂质的影响，即 Fe^{3+} 与 MgO 和 Mg_2SiO_4 形成空位缺陷，引发活化烧结。Fe^{3+} 对 MgO 的影响机制在 3.2 节中已经得到了分析和证实。由于 Mg 在 MgO 和 Mg_2SiO_4 相中具有相同的价态，所以 Fe^{3+} 的取代和空位形成机制也是类似的，图 4-14 所示为 Fe^{3+} 置换 Mg_2SiO_4 中 Mg^{2+} 的示意图。（2）硅切料中 Si 元素的作用，即 Si 在高温下熔化而引发的液相烧结机制。事实上，硅切料中的 Si 本意是和 SiC 一样被作为硅源，但当烧结温度升高到 $1400 \sim 1500\ ℃$ 时，烧结过程被大幅促进（骤降的显气孔率）。液相烧结理论表明，具有良好润湿性的少量液相可以通过加速扩散速度促进烧结[193]。Si 的熔点为 1412 ℃，恰好在烧结被大幅促进的 1400～1500 ℃温度范围内，因此可认为 Si 通过引发液相烧结机制促进了烧结过程。

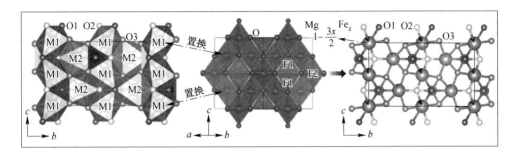

图 4-14 Fe^{3+} 置换 Mg_2SiO_4 中 Mg^{2+} 原子示意图

为了验证上述两个推论，采用对照实验，通过单独加入 Si（纯度≥99%，粒度≤45 μm）和 Fe_2O_3（分析纯）化学试剂，以验证它们的积极作用。图 4-15 所示为菱镁矿尾矿添加不同量 Fe_2O_3 和 Si 在 1500 ℃烧结 3 h 后的光学照片。由图可见，试样均发生了一定程度的收缩，添加 Fe_2O_3 试样颜色较深（见图 4-15a），添加高含量 Si 试样表现出明显的液相烧结特征（见图 4-15b）。表 4-3 为菱镁矿

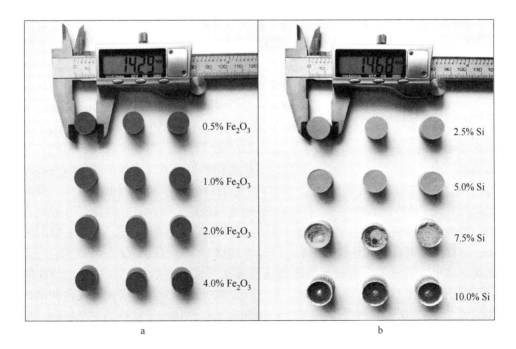

图 4-15 添加 Fe_2O_3 试样（a）和添加 Si 试样（b）的光学照片

尾矿添加不同量 Fe_2O_3 和 Si 在 1500 ℃烧结 3 h 后的线收缩率和显气孔率。由表中数据可见，加入 Fe_2O_3 和 Si 均能促进烧结。其中，添加 1.0% 的 Fe_2O_3 时，烧后试样的线收缩率为 26.50%、显气孔率为 0.39%；添加 2.5% 的 Si 时，烧后试样的线收缩率为 25.68%、显气孔率为 0.91%。因此，从促进烧结的角度而言，Fe_2O_3 比 Si 的效率更高。此外，虽然 Si 的促烧机制是通过引发液相烧结，但在烧后试样的 XRD 谱图中并未检测到低熔点相，所以应属于瞬时液相烧结机制[217]。

表 4-3　菱镁矿尾矿添加不同量 Fe_2O_3 和 Si 在 1500 ℃烧结 3 h 后的线收缩率和显气孔率

试　样	空白试样	添加 Fe_2O_3 试样				添加 Si 试样			
		0.5%	1.0%	2.0%	4.0%	2.5%	5.0%	7.5%	10.0%
线收缩率/%	22.6	26.3	26.5	26.3	26.2	25.7	22.5	16.5	19.5
显气孔率/%	11.7	0.4	0.4	0.4	0.6	0.9	1.0	8.0	3.3

4.4　放大实验及性能对比

根据上述结果和分析可知，本实验的优选方案为：硅切料添加量 7.5%，烧结温度 1500 ℃。其中，一方面，适量的硅切料不会导致过度的体积膨胀，从而保证试样出色的综合性能；另一方面，适中的烧结温度有助于节能和降低成本，这对后续的工业化推广尤为重要。因此，制备了尺寸更大的试样（圆盘形试样：尺寸为 ϕ180 mm × 20 mm，用于测量热导率；立方体试样：尺寸为 140 mm × 25 mm × 25 mm，用于测量常温抗折强度；圆柱形试样：尺寸为 ϕ50 mm × 50 mm，用于测量常温耐压强度），以初步评估本实验的工业化可行性。为确保放大实验的客观准确性，除了试样尺寸规格外，其余的实验流程和检测方法均与前述实验内容保持一致。图 4-16a ~ c 所示为大尺寸试样烧结前后的光学照片。由图可见，所有试样均实现了均匀收缩，并未观察到明显的烧结缺陷。因此，在烧结尺寸控制方面，放大实验是成功的。表 4-4 为大尺寸试样的关键性能数据。由表中数据可知，试样尺寸对性能几乎没有影响，烧结性能良好，显气孔率仅为 0.78%，甚至略优于小尺寸试样；强度和热导率数值也和小尺寸试样数据基本接近。与此同时，采用耐火度测试检验试样的高温稳定性，测试流程为：试样在可视化测试炉中加热，自 1200 ℃开始，以 50 ℃为间隔用高速摄像机记录试样的宏观轮廓，最后升至 1550 ℃并保温 30 min。图 4-16d 所示为耐火度测试结果，在测试过程中试样并未发生软化或变形，表明试样的耐火度至少高于 1550 ℃。

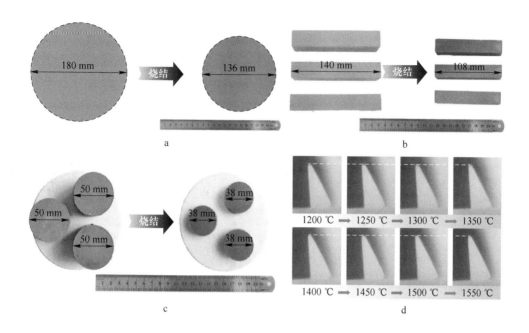

图 4-16 放大试样烧结前后的光学照片（a～c）和耐火度测试（d）

表 4-4 含有 7.5% 硅切料方镁石-镁橄榄石试样放大实验的性能

显气孔率/%	体积密度/g·cm⁻³	耐压强度/MPa	抗折强度/MPa	热导率/W·(m·K)⁻¹
0.78 ± 0.21	3.15 ± 0.01	659.18 ± 57.93	73.55 ± 5.74	5.26（300 ℃） 1.85（800 ℃）

此外，将放大试样的显气孔率和真气孔率与相关文献中的数据进行了横向对比，如图 4-17 所示[75,80-81,218-225]。相较而言，本实验的气孔率数据显示出明显的优势，但这种优势是建立在使用相同烧结技术基础上的。例如，采用无压烧结法在 1400 ℃下烧结 3 h 制备的 Mg_2SiO_4 陶瓷相对密度为 93%，而采用放电等离子烧结法在 1200 ℃下保温 7 min 即可制备出相对密度 99% 的 Mg_2SiO_4 陶瓷，这是先进烧结技术的独特优势[219]。

综上所述，随着烧结温度的升高，方镁石-镁橄榄石耐火材料的合成和致密化过程均被加快，表现为 Mg_2SiO_4 相占比增多、显气孔率降低、体积密度和力学性能增加。与此同时，硅切料除了作为合成 Mg_2SiO_4 目标相的硅源外，还促进了后续烧结过程，但由于原位反应的体积膨胀效应会导致气孔率增加，硅切料的添加量不宜过多。硅切料促进烧结过程的原因与 Si 和 Fe_2O_3 有关。其中，Fe_2O_3 与

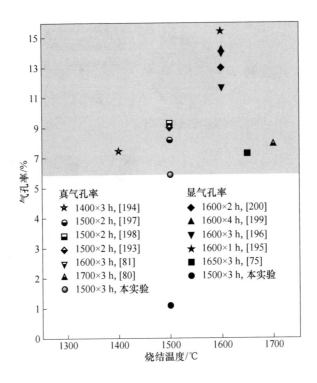

图 4-17　本实验与文献数据对比

MgO 和 Mg_2SiO_4 形成固溶缺陷，活化了 MgO 和 Mg_2SiO_4 晶格，从而提高了离子的扩散速度和烧结驱动能，使得方镁石-镁橄榄石耐火材料的合成和致密化进程加快；Si 在高温下熔化并引发了瞬时液相烧结，通过黏性流动、溶解-沉淀和毛细管效应促进了方镁石-镁橄榄石耐火材料的烧结致密化过程。所制方镁石-镁橄榄石耐火材料具有高致密度、低热导率、出色的力学性能和优异的抗碱性，同时具有一定的工业化潜力，可作为水泥回转窑炉衬的工作衬或者其他高温炉衬材料使用。

5 多孔方镁石-镁橄榄石耐火材料的制备及性能

第 4 章以物相体系为研究核心，通过引入晶体硅废料利用物相重构策略制备了综合性能良好的致密型方镁石-镁橄榄石耐火材料，有望作为工作衬应用于水泥回转窑领域。除此之外，还可从气孔结构入手，通过对气孔结构的可控调节以获得具有良好隔热性能的多孔方镁石-镁橄榄石耐火材料，可满足隔热衬耐火材料的需求。

多孔耐火材料也称为轻质耐火材料，是隔热耐火材料中最重要的一类，通常定义为真气孔率大于或等于 45% 的耐火材料[22]。多孔耐火材料与定形耐火材料的最主要区别就是气孔结构，而多孔耐火材料内部多变的气孔也是其发挥隔热性能的关键原因，典型的多孔耐火材料制备方法有发泡法[226]、造孔剂法[227]、淀粉固结法[228]和原位分解成孔法[158]。其中，原位分解成孔法由于具有低成本、简流程、无污染等优点逐渐受到了更多关注[229-231]。因此，本章实验采用原位分解成孔法（利用尾矿中 $MgCO_3$ 的分解自成孔）制备轻量化耐火材料。

5.1 氧化铝对多孔方镁石-镁橄榄石结构和性能的影响

对多孔耐火材料而言，除隔热性能外，抗热震性也是关键性能之一，因为它关乎耐火材料的使用寿命。已有研究表明，镁铝尖晶石的存在往往能一定程度上提高耐火材料（尤其是镁质耐火材料）的抗热震性[232-233]，且它的原位形成过程中所伴随的体积膨胀效应有利于材料气孔率的提高[187]。基于此，本节旨在制备一种可应用于高温隔热领域且具有高抗热震性的多孔方镁石-镁橄榄石耐火材料；具体研究了合成温度和氧化铝添加剂参数及其添加量对所制方镁石-镁橄榄石耐火材料的物相组成、显微结构和关键性能的影响，同时重点分析了氧化铝添加剂对孔结构演变和抗热震性提升的内在作用机理。

5.1.1 原料、流程及测试方法

5.1.1.1 实验原料

本小节实验所用原料为菱镁矿尾矿（反浮选型，具体性质参见 4.2.1 小节），

添加剂为工业氧化铝（α-Al_2O_3 含量≥98.5%）和微米氧化铝（α-Al_2O_3 含量≥99.5%）。图 5-1 所示为工业氧化铝和微米氧化铝的粒度分布和 SEM 图像。由图可见，两种添加剂的粒度分布相对集中，工业氧化铝的平均粒度为 66.97 μm，微米氧化铝的平均粒度为 5.19 μm。

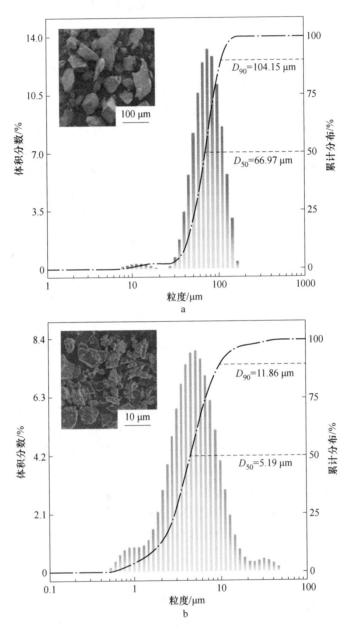

图 5-1   工业氧化铝（a）和微米氧化铝（b）的粒度分布和 SEM 图像

5.1.1.2 制备流程

本小节实验包括热处理温度的确定和添加剂引入量的确定两个部分。

确定热处理温度的具体流程为：首先，按质量比100：0和90：10称量菱镁矿尾矿和两种不同粒度的氧化铝添加剂，并在行星式球磨机中干混5 h；其次，将加入黏结剂的混合粉体在20 MPa下保压3 min压制成尺寸为ϕ20 mm×20 mm的圆柱生坯；最后，将生坯分批放入高温箱式炉于1100 ℃、1200 ℃、1300 ℃、1350 ℃和1400 ℃下热处理3 h。

确定添加剂引入量实验的具体制备流程与上述确定热处理温度实验一致，即分为混料、成型和热处理三步。其中，混料比为菱镁矿尾矿和两种参数的氧化铝添加剂分别按100：0、95：5、90：10和80：20称量，成型后在确定的最佳热处理温度（1350 ℃）下热处理3 h。

5.1.1.3 测试及表征方法

（1）抗热震性。参照GB/T 30873—2014，采用水急冷法和空气急冷法测定所制方镁石-镁橄榄石试样的抗热震性。其中，水急冷法（淬火温度为1100 ℃）的具体流程参见3.2.1.3小节；空气急冷法（淬火温度为1100 ℃）记录试样执行一次和五次循环后的残余强度，具体参见4.2.3.3小节。

（2）荷重软化温度。参照GB/T 5989—2008，采用示差升温法测定所制方镁石-镁橄榄石试样（尺寸为ϕ180 mm×20 mm）的荷重软化温度。测试施加载荷为0.05 MPa，记录试样变形量为0.5%、1%、2%和5%的点，对应温度记为$T_{0.5}$、T_1、T_2和T_5。

（3）其他。本小节所制方镁石-镁橄榄石试样的物相组成、显微结构、显气孔率、闭气孔率、体积密度、相对密度、力学性能和热导率的表征和检测方法均与前述实验一致。

5.1.2 实验结果与分析

图5-2所示为添加和未添加氧化铝的方镁石-镁橄榄石试样在不同热处理温度保温3 h后的XRD图谱。由图可见，未添加氧化铝空白试样的XRD图谱中仅检测出MgO相和Mg_2SiO_4相的衍射峰，而添加了工业氧化铝和微米氧化铝的试样XRD图谱中还检测到了$MgAl_2O_4$相的衍射峰。这说明在热处理过程中，添加剂和菱镁矿尾矿中的MgO反应形成了$MgAl_2O_4$新相，并且反应起始温度小于最低的热处理温度1100 ℃。对比不同热处理温度下的XRD图谱可知，Mg_2SiO_4相和$MgAl_2O_4$相的衍射峰相对强度随着温度的升高而逐渐增强。由Arrhenius方程

可知[234]，反应速率与反应温度呈正相关，即升温有利于两者的合成。此外，由相同热处理温度下 XRD 图谱可见，与添加工业氧化铝的试样相比，添加微米氧化铝试样的 $MgAl_2O_4$ 相特征峰（$2\theta \approx 36.85°$）的衍射强度更高，意味着在相同温度、相同添加量下，添加微米氧化铝试样中 $MgAl_2O_4$ 相的合成率更高。分析认为，这是因为微米氧化铝的粒度更小、比表面积更大，在固-固反应中可提供更大反应接触面，因此更有利于添加剂和菱镁矿尾矿中 MgO 的反应[235]。

图 5-3 所示为添加和未添加氧化铝的方镁石-镁橄榄石试样在不同热处理温度保温 3 h 后的显气孔率、体积密度和常温耐压强度。对多孔材料而言，因为不涉及致密化过程，所以需从显气孔率和常温耐压强度等数据综合判断最佳的热处理温度。由图 5-3a 可见，随着热处理温度的升高，试样的线收缩率逐渐增加；

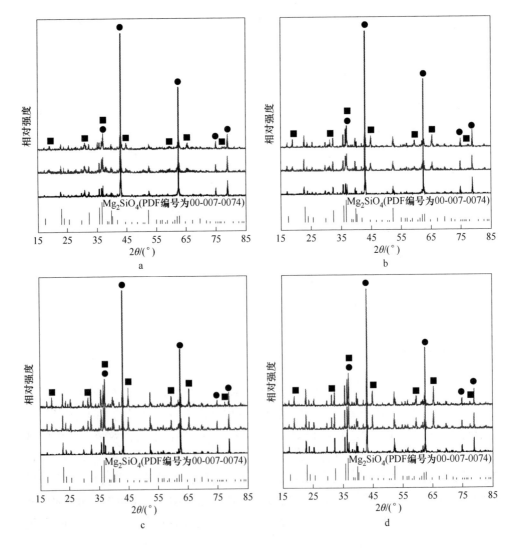

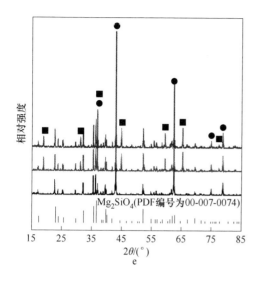

添加10%微米氧化铝
添加10%工业氧化铝
空白试样

● MgO(PDF编号为00-004-0829)
■ MgAl₂O₄(PDF编号为00-021-1152)

图 5-2 彩图

图 5-2 方镁石-镁橄榄石试样在不同热处理温度保温 3 h 后的 XRD 谱图
a—1100 ℃；b—1200 ℃；c—1300 ℃；d—1350 ℃；e—1400 ℃

而在同一温度下，线收缩率排序均为：空白试样 > 添加 10% 工业氧化铝试样 > 添加 10% 微米氧化铝试样。其中，空白试样的涨幅最大，从 1100 ℃的 4.51% 增至 1400 ℃的 20.19%。因此，它的显气孔率也下降最为明显，从 58.14% 减至 35.42%（见图 5-3b）。值得注意的是，虽然相同热处理温度下添加 10% 工业氧化铝试样比添加 10% 微米氧化铝试样的线收缩率更大，但它的显气孔率却更高。例如，在 1350 ℃热处理时，添加 10% 微米氧化铝试样的线收缩率为 9.62%，比添加 10% 工业氧化铝试样数值小 0.81%；与此同时，它的显气孔率为 48.84%，比添加 10% 工业氧化铝试样数值小 0.75%。分析认为，这主要与添加剂的粒度有关，粒度更小的微米氧化铝具有更好的填充性，可在成型过程中有效减少生坯内部的气孔缺陷[236]。

相应地，试样的体积密度呈现出与显气孔率截然相反的趋势，随着热处理温度的升高而增大，这是升温促进扩散传质和加快原位反应的必然结果。由图 5-3c 可见，当热处理温度达到 1350 ℃以上时，添加氧化铝试样的体积密度（工业氧化铝为 1.69 ~ 1.83 g/cm³，微米氧化铝为 1.72 ~ 1.93 g/cm³）均小于空白试样数值（1.86 ~ 2.12 g/cm³）。

此外，虽然多孔材料的服役环境通常不要求它具有过高的强度，但考虑到施工和安装的方便性，以及实际的使用情况（例如，应用在冶金炉衬的隔热材料需要长期承受钢水的静压力），还是需要结合力学性能以确定最终的热处理温度。

由图 5-3d 可见，随着热处理温度的升高，试样的常温耐压强度逐渐增大。对比同温度下的数据可知，在 1300 ℃ 以下时，含添加剂试样由于尖晶石的形成仍表现出优秀的力学性能；而在 1300 ℃ 以上时，含添加剂试样的强度增幅降低，添加 10% 工业氧化铝试样的强度甚至低于空白试样数值。根据上述结果可知，在1350 ℃ 热处理温度所制试样的综合性能相对适中，因此选择此温度继续后续研究。

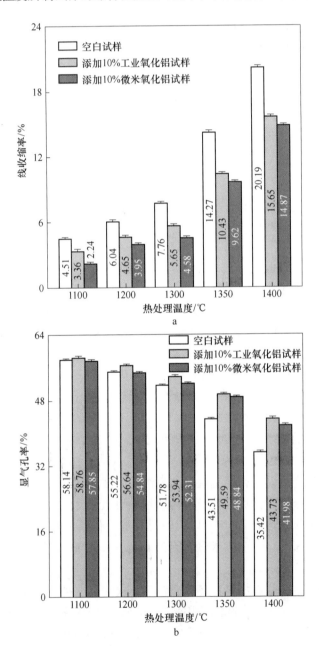

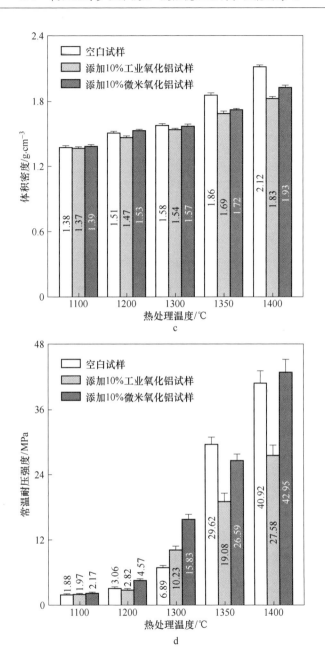

图 5-3   方镁石-镁橄榄石试样在不同热处理温度保温 3 h 后的性能
a—线收缩率；b—显气孔率；c—体积密度；d—常温耐压强度

图 5-4 所示为不同含量氧化铝添加剂的方镁石-镁橄榄石试样在 1350 ℃保温 3 h 后的 XRD 图谱。由图可见，与空白试样相比，含添加剂试样的 XRD 图谱中

除 MgO 相和 Mg_2SiO_4 相外，还检测到了 $MgAl_2O_4$ 相，并且其衍射峰强度随着添加剂含量的增加而逐渐增强。对比两种添加剂试样可知，相同添加量下，添加微米氧化铝试样的 $MgAl_2O_4$ 相特征峰（$2\theta \approx 36.85°$，见图5-4b）衍射强度更大，即代表合成率更高。

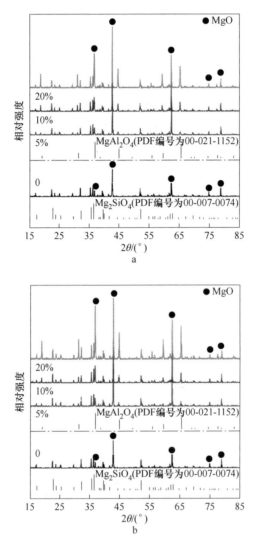

图5-4　不同含量氧化铝的方镁石-镁橄榄石试样在1350 ℃保温3 h后的 XRD 图谱

a—添加工业氧化铝；b—添加微米氧化铝

因此，采用 Rietveld 全谱拟合精修法以确定含有不同添加量试样物相的相对含量，其结果如图5-5所示。由图可知，相同条件下，添加微米氧化铝试样的 $MgAl_2O_4$ 相合成率更高。例如，当添加量为20%时，添加工业氧化铝试样的物相组成为：MgO 相为 29.62%，Mg_2SiO_4 相为 30.02%，$MgAl_2O_4$ 相为 40.36%（见图 5-5b）；而添加微米氧化铝试样的 $MgAl_2O_4$ 相占比增长为 43.07%，对应 MgO 相和 Mg_2SiO_4 相占比分别降低为 27.46% 和 29.47%（见图 5-5c）。

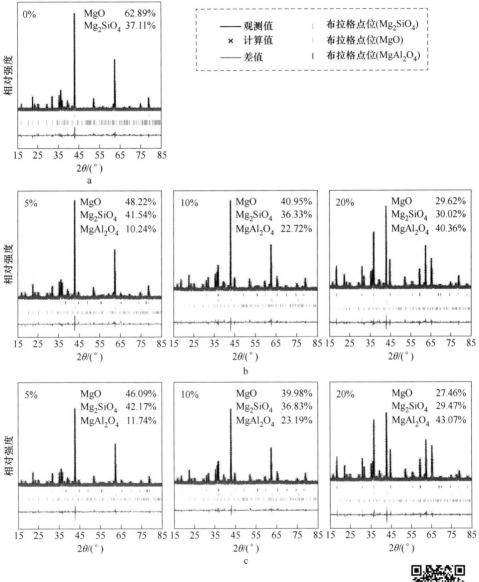

图 5-5　不同含量氧化铝的方镁石-镁橄榄石试样在 1350 ℃
保温 3 h 后的精修图谱
a—空白试样；b—添加工业氧化铝；c—添加微米氧化铝

图 5-5 彩图

　　图 5-6 所示为不同含量氧化铝添加剂的方镁石-镁橄榄石试样在 1350 ℃保温 3 h 后的 SEM 图像和 EDS 结果。由图可见，含添加剂试样内部生成了呈八面体状的晶间小晶粒。随着添加剂含量的增多，这种小晶粒的数量逐渐增多，并分布在基体相间形成良好的连结结构。结合 EDS 结果可知（见图 5-6h），小晶粒为原位形成的 $MgAl_2O_4$ 相，大颗粒为 MgO 相和 Mg_2SiO_4 相。通过对比添加和未添加氧化铝试样的显微结构图像可见，由于原位 $MgAl_2O_4$ 相的填充和连结作用，含添加

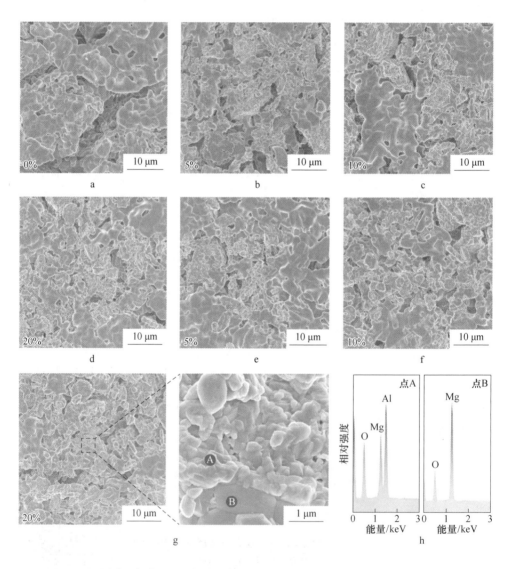

图 5-6　不同含量氧化铝的方镁石-镁橄榄石试样在 1350 ℃保温 3 h 后的 SEM 图像
a—空白试样；b~d—添加工业氧化铝；e~g—添加微米氧化铝；h—EDS 分析结果

剂试样的气孔尺寸减小，气孔数量增多。对比两种添加剂试样的显微结构图像可见，添加微米氧化铝试样的原位 $MgAl_2O_4$ 相的粒度更小、分散更均匀。如图 5-7 所示，根据经典的 Wagner 固相反应机制[83]可知，尖晶石的形成主要依靠阳离子（Mg^{2+} 和 Al^{3+}）的互相扩散。为了保持电价平衡，当 2 个 Al^{3+} 扩散到 MgO 侧形成 1 份尖晶石时，就会有 3 个 Mg^{2+} 扩散到 Al_2O_3 侧形成 3 份尖晶石。因此，$MgAl_2O_4$ 相最终呈现出的显微结构更依赖于 Al_2O_3 前驱体的基本参数。

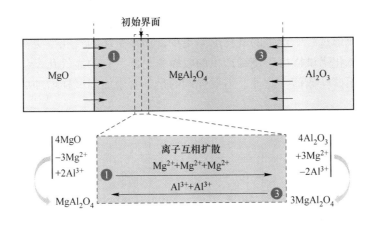

图 5-7　MgO 和 Al_2O_3 固相反应模型示意图

因为氧化铝是作为添加剂引入的，相当于富镁尖晶石的情况，所以 $MgAl_2O_4$ 相理论上会以 Al_2O_3 前驱体为模板，并附着在剩余的 MgO 晶粒表面而形成。微米氧化铝比工业氧化铝的粒度更小，因此原位形成的 $MgAl_2O_4$ 晶粒更小。由此可带来两个有益的结果：一个是小尺寸晶粒的填充效果更好，所形成的气孔尺寸更小；另一个是小尺寸晶粒的连结效果更好，所形成的界面结合更强。

事实上，由于 Mg^{2+} 和 Al^{3+} 不同的扩散系数及不同原料的纯度等因素，尖晶石生成比（氧化铝侧 $MgAl_2O_4$：氧化镁侧 $MgAl_2O_4$）通常远大于 3[84]。此外，有研究发现[237]，在尖晶石的固相合成过程中，由于扩散速率差异而在 MgO 侧形成的空位堆积会引发 Kirkendall 效应（最大增加到 56%），导致实际的体积膨胀率大于理论值。而无论是 $MgAl_2O_4$ 相的粒度、结合程度，还是 Kirkendall 效应的影响，最终都表现为对宏观性能的改变。

图 5-8 所示为不同含量氧化铝添加剂的方镁石-镁橄榄石试样在 1350 ℃保温 3 h 后的烧结性能。由图 5-8a 可见，随着添加剂的引入，试样的线收缩率逐渐减小。其中，添加工业氧化铝试样的线收缩率随着添加量的增多，从 13.67%（5%）降至 7.45%（20%）；而添加微米氧化铝试样的线收缩率整体更小，具体从 13.58%（5%）降至 6.85%（20%）。从经典固相烧结理论而言，反应烧结机

制可以促进烧结过程[238]。添加剂氧化铝可引发反应烧结机制，理论上应加快试样的烧结收缩，但实验结果与之相反。由图 5-8b 可知，由于添加剂引发的体积膨胀，含添加剂试样的显气孔率较空白试样（43.51%）均有一定程度的增加。其中，添加工业氧化铝试样的显气孔率从 45.07%（5%）逐渐增至 55.43%（20%），添加微米氧化铝试样的显气孔率从 44.37%（5%）增至 52.83%（20%）。相较可见，同等添加量下，添加微米氧化铝试样的显气孔率略低于添加工业氧化铝试样数值，这显然与收缩率的变化趋势是互相矛盾的。分析可知，这与添加剂对试样生坯成型过程的影响有关。微米氧化铝分散性和填充性更强，所以在生坯成形过程中产生的气孔缺陷更少，即该生坯的气孔率更高。因此，即使添加微米氧化铝试样由于烧结产生的收缩率更低，它的显气孔率仍会略低于添加工业氧化铝试样数值。此外，需要强调的是，含添加剂试样增加的气孔率是烧

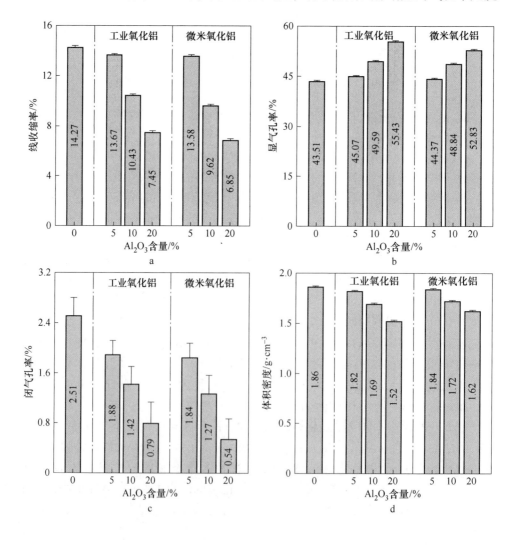

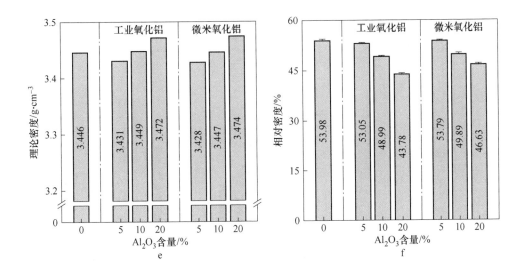

图 5-8 不同含量氧化铝的方镁石-镁橄榄石试样在 1350 ℃保温 3 h 后的烧结性能
a—线收缩率；b—显气孔率；c—闭气孔率；d—体积密度；e—理论密度；f—相对密度

结收缩和体积膨胀综合作用的结果，即体积膨胀导致的气孔率变化理论上高于最终呈现出的数值。由图 5-8c 可见，试样的闭气孔率随着添加量的增加逐渐降低，但整体变化幅度不大。虽然多孔材料并不涉及致密化阶段，但在热处理过程中仍会发生晶粒生长行为，而晶粒生长与闭孔的形成息息相关。随着添加剂在基质晶粒间发生原位反应形成 $MgAl_2O_4$ 相，这些晶间相可产生类似"钉扎"效应抑制主晶相的生长，从而导致闭孔率降低[239]。

如图 5-8d 所示，试样体积密度的变化趋势与显气孔率趋势截然相反，即随着添加量的增多而减小。其中，添加 20% 工业氧化铝试样的体积密度最小，为 1.52 g/cm^3，较空白试样降低了 15.19%；同样地，添加 20% 微米氧化铝试样的体积密度降至 1.62 g/cm^3，较空白试样降低了 12.91%。试样的理论密度如图 5-8e 所示，随着原位 $MgAl_2O_4$ 相的形成，密度更小的 Mg_2SiO_4 相占比逐渐减少，因此试样的理论密度增加。对应地，由图 5-8f 可见，与空白试样相比 (53.98%)，含添加剂试样的相对密度降低。其中，添加工业氧化铝试样的相对密度从 53.05% (5%) 降至 43.78% (20%)，添加微米氧化铝试样的相对密度从 53.79% (5%) 降至 46.63% (20%)。

图 5-9 所示为含有不同量氧化铝的方镁石-镁橄榄石试样在 1350 ℃保温 3 h 后的热导率。由图可见，与空白试样相比，添加氧化铝试样的热导率随着添加量的增多而逐渐减小。

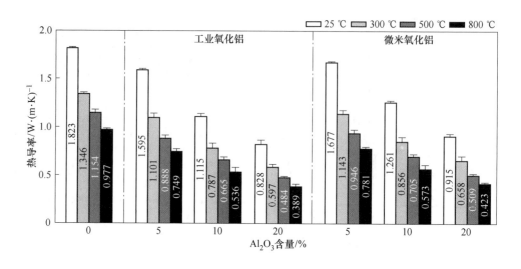

图 5-9 不同含量氧化铝的方镁石-镁橄榄石试样在 1350 ℃ 保温 3 h 后的热导率

从传热方式而言，含添加剂试样的热导率降低的原因在于增大的气孔率，随着气孔率的增大，对流传热方式占比增加，使得热导率降低[240]。从固相性质而言，由于原位 $MgAl_2O_4$ 相的生成，含添加剂试样的本征热导率降低，同时导致主晶相 MgO 晶界处的晶格失配率增高，以致热导率降低[241]。从气孔结构而言，由图 5-10 可见，含添加剂试样的平均孔径更小，使对流传热受到限制，致使热导率降低[242]。通过对比可知，在相同添加量下，添加工业氧化铝试样比添加微米氧化铝试样降幅更大。例如，添加 10% 工业氧化铝试样的热导率为 1.115（25 ℃）和 0.536 W/(m·K)（800 ℃），较空白试样降低了 38.84% 和 45.14%，而添加 10% 微米氧化铝试样的降幅为 30.83%（25 ℃ 为 1.261 W/(m·K)）和 41.35%（800 ℃ 为 0.573 W/(m·K)）。分析认为，这主要与添加工业氧化铝试样更大的显气孔率（45.07% ~ 55.43%）有关，高温下添加微米氧化铝试样更小的孔径尺寸（1.11 ~ 0.88 μm）优势逐渐弥补了差距。

图 5-11 所示为不同含量氧化铝的方镁石-镁橄榄石试样在 1350 ℃ 保温 3 h 后的常温耐压强度。由图可见，与空白试样相比（29.62 MPa），含添加剂试样的常温耐压强度先略微增加后逐渐降低，且均在添加 5% 处取得最大值。其中，添加工业氧化铝试样增至 31.29 MPa，添加微米氧化铝试样增幅更大，为 37.53 MPa。分析认为，含添加剂试样的常温耐压强度主要受到气孔率和原位 $MgAl_2O_4$ 相两个因素的影响。随着添加剂的引入，试样的气孔率增加，因此耐压强度理论上应该是一直降低的。添加 5% 氧化铝试样之所以表现出更佳的力学性能可归结于两个原因：一是气孔尺寸的影响，含添加剂试样的气孔尺寸小

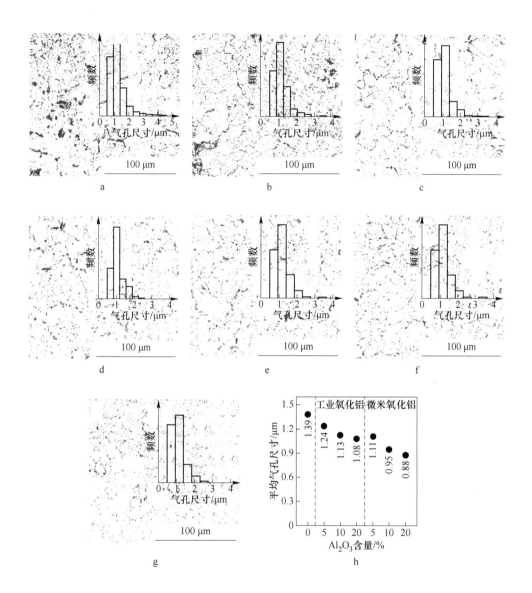

图 5-10　不同含量氧化铝的方镁石-镁橄榄石试样在 1350 ℃保温 3 h 后的孔径分布

a—空白试样；b—含 5% 工业氧化铝试样；c—含 10% 工业氧化铝试样；d—含 20% 工业氧化铝试样；

e—含 5% 微米氧化铝试样；f—含 10% 微米氧化铝试样；g—含 20% 微米氧化铝试样；

h—平均气孔尺寸

于空白试样的气孔尺寸，结合式（3-23）可知，这些小尺寸气孔在一定程度上提高了力学性能；二是界面结合的影响，含添加剂试样中原位形成的 $MgAl_2O_4$ 相增强了基质晶粒间的界面结合程度，从而改善了试样的力学性能。对于添加

10% 和 20% 氧化铝试样而言，由于它们的显气孔率增幅过大，所以耐压强度受气孔率影响更多，降至低于空白试样的耐压强度。事实上，通过对比气孔率相近的空白试样（不同热处理温度）和含添加剂试样（不同添加量）的耐压强度，即可发现原位 $MgAl_2O_4$ 相对力学性能的增强作用。例如，在 1300 ℃ 下制备的空白试样的显气孔率为 51.78%，耐压强度为 6.89 MPa；与其显气孔率相近的添加 10% 工业氧化铝试样（49.59%）的耐压强度为 19.08 MPa（增加了 1.77倍），添加 20% 微米氧化铝试样（52.83%）的耐压强度为 21.71 MPa（增加了2.15 倍）。

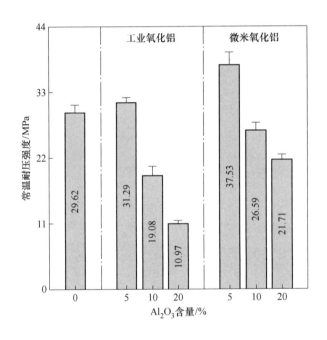

图 5-11　不同含量氧化铝的方镁石-镁橄榄石试样在 1350 ℃
保温 3 h 后的常温耐压强度

图 5-12 所示为不同含量氧化铝的方镁石-镁橄榄石试样在 1350 ℃ 保温 3 h 后的抗热震性。由图可见，与空白试样相比（1 次循环后为 93.48%，5 次循环后为 65.13%），含添加剂试样的残余强度保持率明显增加，且均在添加量为 10%时取得最大值。其中，添加工业氧化铝试样在 1 次和 5 次热震循环后的残余强度保持率分别为 111.95% 和 85.64%，添加微米氧化铝试样的效果更好，残余强度保持率为 113.92%（1 次）和 94.47%（5 次）。

截至目前，基于不同理论而发展出来用于评价耐火材料抗热震性的参数有很多，其中基于热弹性理论和断裂力学理论的 R、R'、R''、R''' 和 R''''，以及将两者

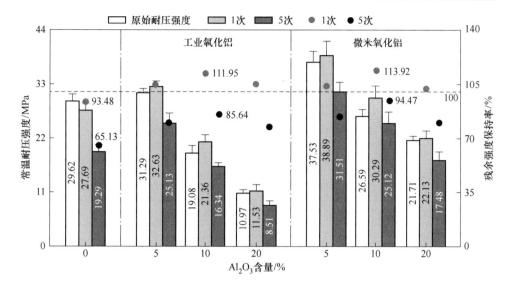

图 5-12　不同含量氧化铝的方镁石-镁橄榄石试样在 1350 ℃保温 3 h 后的抗热震性

结合的 R_{st} 和 R'_{st} 最为常用[211,213,243]，具体公式如下：

$$R = \frac{\sigma_f(1-\nu)}{\alpha E} \tag{5-1}$$

$$R' = \frac{\sigma_f(1-\nu)k}{\alpha E} \tag{5-2}$$

$$R'' = \frac{\sigma_f(1-\nu)k}{\rho c_p \alpha E} \tag{5-3}$$

$$R''' = \frac{E}{\sigma_f^2(1-\nu)} \tag{5-4}$$

$$R'''' = \frac{E\gamma_f}{\sigma_f^2(1-\nu)} \tag{5-5}$$

式中　ρ——密度，g/cm^3；

　　　c_p——比热容，$J/(kg \cdot K)$。

采用表 5-1 中的基础数据[244-245]，根据式（4-10）、式（4-11）和式（5-1）~式（5-5）利用加权原理即可计算出不同试样对应的抗热震因子，其结果见表 5-2。由表 5-2 所示结果可知，抗热应力断裂因子 R、R' 和 R'' 数值与热震实验结果完全相反。这是因为抗热应力断裂因子是基于热弹性力学理论，以裂纹能否产生来评价热震好坏，它更适用于致密结构体。本实验制备的方镁石-镁橄榄石为多孔结构体，基于断裂力学的抗热应力破坏因子 R''' 和 R'''' 数值与热震实验结果整体趋势更相符，且 R'''' 比 R''' 规律更准确。由式（5-5）可见，R'''' 考虑了断裂表面能的影响。而随着添加剂的引入，试样的晶粒粒度变小和界面结合能变大，从而促使断裂表面能增大[246]。此外，热应力裂纹稳定因子 R_{st} 和 R'_{st} 数值之所以与实验结果不完全符合，是因为它是基于原始裂纹小于临界裂纹长度的拓展过程，而含添加剂试样在热震循环过程中由于热失配（原位 $MgAl_2O_4$ 相与 MgO 主晶相热膨胀系数差异）有可能形成一些的新裂纹，即引发所谓微裂纹增韧效应。

表 5-1　方镁石、镁橄榄石和镁铝尖晶石的线膨胀系数、弹性模量、比热容和泊松比

参数	方镁石（MgO）	镁橄榄石（Mg_2SiO_4）	镁铝尖晶石（$MgAl_2O_4$）
线膨胀系数/K^{-1}	13.5×10^{-6}	12.0×10^{-6}	8.9×10^{-6}
弹性模量/GPa	307.18	201.39	273.83
比热容/$J \cdot (kg \cdot K)^{-1}$	48.95	153.93	153.97
泊松比	0.179	0.242	0.266

表 5-2　含有不同量氧化铝的方镁石-镁橄榄石试样的抗热震性因子

试样	空白试样	添加工业氧化铝试样			添加微米氧化铝试样		
		5%	10%	20%	5%	10%	20%
R/K	6.81	7.63	4.77	2.87	9.23	6.68	5.73
R'/$W \cdot m^{-1}$	12.42	12.17	5.32	2.38	15.48	8.43	5.24
R''/$K \cdot m^2 \cdot s^{-1}$	75.96	64.72	28.39	12.72	79.71	43.75	25.87
R'''/MPa^{-1}	0.38	0.34	0.92	2.84	0.23	0.47	0.73
R''''/mm	17.99	23.97	38.71	87.98	20.14	25.11	32.66
R_{st}/$K \cdot m^{1/2}$	1.02	1.33	1.06	0.97	1.48	1.21	1.18
R'_{st}/$W \cdot m^{-1/2}$	1.87	2.13	1.19	0.81	2.48	1.51	1.08

此外，由图 5-13 可见，采用水急冷法所得结果与采用空气急冷法的结果基本一致，即随着添加剂的引入，试样的抗热震性得到改善。其中，添加 10% 微米氧化铝试样的表现最佳，完成水急冷热震循环 5 次。

图 5-14 所示为不同含量氧化铝的方镁石-镁橄榄石试样在 1350 ℃保温 3 h 后的荷重软化温度。由图可见，随着氧化铝添加剂的引入，试样的荷重软化温度得到了明显提高。与空白试样相比（$T_{0.5} = 1395$ ℃），添加工业氧化铝试样的变形开始温度 $T_{0.5}$ 从 1411 ℃（添加量5%，提高了 16 ℃）增至 1431 ℃（添加量

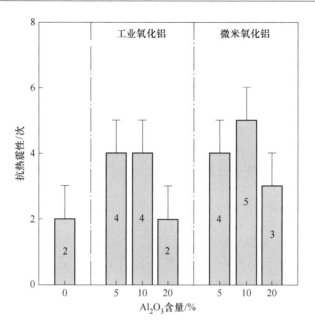

图 5-13 不同含量氧化铝的方镁石-镁橄榄石试样在 1350 ℃
保温 3 h 后的抗热震性

20%，提高了 36 ℃）；而添加微米氧化铝试样的增幅更大，为 1424 ℃（添加量 5%，提高了 29 ℃）、1435 ℃（添加量 10%，提高了 40 ℃）和 1448 ℃（添加量 20%，提高了 53 ℃）。

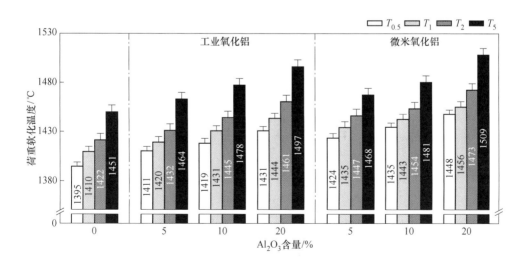

图 5-14 不同含量氧化铝的方镁石-镁橄榄石试样在 1350 ℃ 保温 3 h 后的荷重软化温度

通常认为，耐火材料的荷重软化温度主要与其化学组成（液相含量及性质）和显微结构（晶粒结合及气孔结构）有关[247]。从化学组成角度而言，由 Al_2O_3-CaO-SiO_2 三元系相图[65]可知，添加 Al_2O_3 可能会促进（A_3S_2）莫来石的形成，而形成过程中的体积膨胀可以抵消部分高温载荷导致的收缩，从而提高了试样的荷重软化温度；与此同时，随着氧化铝添加量的增多，试样高温下的液相量逐渐减少，使得试样荷重软化温度提高。从显微结构角度而言，由于原位 $MgAl_2O_4$ 相的形成，高温下 MgO 晶间的低熔点相产生的液相很难形成连续的网状分布，而是被 $MgAl_2O_4$ 相隔离成若干孤岛状，于是提高了试样的荷重软化温度。

5.1.3　氧化铝增强机理分析

如前所述，由于添加剂的引入，原位反应会导致试样体积发生变化，从而影响气孔率等性能。为定量分析添加剂对气孔率的影响，首先需确定不同化学反应的体积变化率，具体公式如下[248]：

$$\Delta V = \left[\left(\sum \frac{M_k \times b_k}{\rho_k} - \sum \frac{M_i \times a_i}{\rho_i} \right) \Big/ \sum \frac{M_i \times a_i}{\rho_i} \right] \times 100\% \qquad (5\text{-}6)$$

式中　M_k——第 k 种生成物的摩尔质量，g/mol；

　　　M_i——第 i 种反应物的摩尔质量，g/mol；

　　　b_k——化学反应式中第 k 种生成物的配平系数；

　　　a_i——化学反应式中第 i 种反应物的配平系数；

　　　ρ_k——第 k 种生成物的理论密度，g/cm³；

　　　ρ_i——第 i 种反应物的理论密度，g/cm³。

将 $\rho_{MgO} = 3.58$ g/cm³、$\rho_{SiO_2} = 2.29$ g/cm³ 和 $\rho_{Mg_2SiO_4} = 3.22$ g/cm³ 代入式（5-6）可得：

$$\Delta V_{Mg_2SiO_4} = \frac{\dfrac{140.7}{3.22} - \left(\dfrac{60.1}{2.29} + \dfrac{40.3 \times 2}{3.58} \right)}{\dfrac{60.1}{2.29} + \dfrac{40.3 \times 2}{3.58}} \times 100\% = -10.36\%$$

同理，将 $\rho_{Al_2O_3} = 3.99$ g/cm³ 和 $\rho_{MgAl_2O_4} = 3.58$ g/cm³ 代入式（5-6）可得：

$$\Delta V_{MgAl_2O_4} = \frac{\dfrac{142.3}{3.58} - \left(\dfrac{40.3}{3.58} + \dfrac{102}{3.99} \right)}{\dfrac{40.3}{3.58} + \dfrac{102}{3.99}} \times 100\% = 7.96\%$$

因此，可得本实验试样的体积变化率 $\Delta V_{试样}$ 的通用公式：

$$\Delta V_{试样} = \frac{m_{试样} \times w_{Mg_2SiO_4}}{M_{Mg_2SiO_4}} \times \Delta V_{Mg_2SiO_4} + \frac{m_{试样} \times w_{MgAl_2O_4}}{M_{MgAl_2O_4}} \times \Delta V_{MgAl_2O_4} \qquad (5\text{-}7)$$

式中　$m_{试样}$——试样的质量；

$w_{Mg_2SiO_4}$——试样中 Mg_2SiO_4 的质量分数；

$w_{MgAl_2O_4}$——试样中 $MgAl_2O_4$ 的质量分数；

$M_{Mg_2SiO_4}$——Mg_2SiO_4 的摩尔质量；

$M_{MgAl_2O_4}$——$MgAl_2O_4$ 的摩尔质量。

假设所有试样的质量均为 100 g，代入图 5-5 中的质量分数即可算得不同试样的体积变化率：

$$\Delta V_{空白试样} = \frac{100 \times 37.11\%}{140.7} \times (-10.36\%) + \frac{100 \times 0\%}{142.3} \times 7.96\%$$
$$= -2.73\%$$

$$\Delta V_{5\% 工业氧化铝} = \frac{100 \times 41.54\%}{140.7} \times (-10.36\%) + \frac{100 \times 10.24\%}{142.3} \times 7.96\%$$
$$= -2.49\%$$

$$\Delta V_{10\% 工业氧化铝} = \frac{100 \times 36.33\%}{140.7} \times (-10.36\%) + \frac{100 \times 22.72\%}{142.3} \times 7.96\%$$
$$= -1.40\%$$

$$\Delta V_{20\% 工业氧化铝} = \frac{100 \times 30.02\%}{140.7} \times (-10.36\%) + \frac{100 \times 40.36\%}{142.3} \times 7.96\%$$
$$= 0.05\%$$

$$\Delta V_{5\% 微米氧化铝} = \frac{100 \times 42.17\%}{140.7} \times (-10.36\%) + \frac{100 \times 11.74\%}{142.3} \times 7.96\%$$
$$= -2.45\%$$

$$\Delta V_{10\% 微米氧化铝} = \frac{100 \times 36.83\%}{140.7} \times (-10.36\%) + \frac{100 \times 23.19\%}{142.3} \times 7.96\%$$
$$= -1.41\%$$

$$\Delta V_{20\% 微米氧化铝} = \frac{100 \times 29.47\%}{140.7} \times (-10.36\%) + \frac{100 \times 43.07\%}{142.3} \times 7.96\%$$
$$= 0.24\%$$

由上述计算结果可知，随着添加剂的引入，试样热处理前后因物相转变（不考虑 $MgCO_3$ 的分解）而发生的体积变化率逐渐从负值（收缩）增长为正值（膨胀），且微米氧化铝比工业氧化铝的效率更高。事实上，除了物相转变（主要为 $MgAl_2O_4$ 相）引发的体积膨胀（相对于空白试样），这些新相对显微结构的影响也可进一步增加试样的气孔率，如在原生气孔/裂纹处形成导致气孔/裂纹尺寸增大。因此，实际获得的实验值远大于上述理论计算值。

此外，在研究抗热震性时发现，氧化铝添加剂形成的 $MgAl_2O_4$ 相可有效增强试样的抗热震性，可通过第二相颗粒增韧理论来解释该现象。当材料基体（m）中存在非相变型第二相颗粒（p）时，由于线膨胀系数和弹性模量的失配，将导致颗粒会受到一个压力 p[249]：

$$p = \frac{2\Delta\alpha\Delta T E_{\mathrm{m}}}{(1 + v_{\mathrm{m}}) + 2\beta(1 - 2v_{\mathrm{p}})} \tag{5-8}$$

式中　$\Delta\alpha$——第二相颗粒和基体的线膨胀系数之差，$\alpha_{\mathrm{p}} - \alpha_{\mathrm{m}}$；

　　　ΔT——开始产生残余应力的温度与室温之差，℃；

　　　β——基体和第二相颗粒的弹性模量之比，$E_{\mathrm{m}}/E_{\mathrm{p}}$。

由于压力 p 的存在，基体内部可形成径向正应力（σ_{r}）和切向正应力（σ_{t}），如图 5-15a 所示[250]。具体公式如下：

$$\sigma_{\mathrm{r}} = p\left(\frac{r}{R}\right)^3 \tag{5-9}$$

$$\sigma_{\mathrm{t}} = -\frac{1}{2}p\left(\frac{r}{R}\right)^3 \tag{5-10}$$

式中　r——第二相颗粒半径；

　　　R——应力点距颗粒中心的距离。

由式（5-8）~式（5-10）可知，当 $\Delta\alpha > 0$，即第二相颗粒的线膨胀系数大于基体线膨胀系数时，压力 $p > 0$、$\sigma_{\mathrm{r}} > 0$、$\sigma_{\mathrm{t}} < 0$，代表此时颗粒为拉应力状态，而基体径向为拉应力状态、切向为压应力状态，因此更容易产生具有收敛性的环向微裂纹（此时裂纹倾向于绕过颗粒继续扩展，见图 5-15b[251]）；相反地，当 $\Delta\alpha < 0$ 时，颗粒为压应力状态，基体径向为压应力状态、切向为拉应力状态，此时更有可能产生具有发散性的径向微裂纹（裂纹倾向于钉扎在颗粒表面或穿过颗粒继续扩展）。因为 $MgAl_2O_4$ 的线膨胀系数（8.9×10^{-6} K^{-1}）小于 MgO 基体的线膨胀系数（13.5×10^{-6} K^{-1}），所以为 $\Delta\alpha < 0$ 的失配情况。分析可知，原位 $MgAl_2O_4$ 相的增强机制有两种：一为热应力裂纹在遇到 $MgAl_2O_4$ 颗粒时，由于其内部存在着较大的压应力，会抑制裂纹的扩展，产生钉扎效应；二为当热应力裂纹的扩展能大于 $MgAl_2O_4$ 颗粒表面能时，裂纹会穿过 $MgAl_2O_4$ 颗粒内部继续扩展，但该过程会消耗大量的能量，产生穿晶断裂效应。

此外，第二相颗粒的尺寸和含量对实际增强效果也有影响[252]。具体公式如下：

$$\gamma = \frac{4f_{\mathrm{p}}K^2}{\pi E_{\mathrm{m}}(d_{\mathrm{c}}/d - 1)} + \gamma_0 \tag{5-11}$$

式中　γ——实际断裂能，N/m^2；

　　　γ_0——本征断裂能，N/m^2；

　　　f_{p}——第二相颗粒的含量；

　　　K——应力强度因子；

　　　d——第二相颗粒实际尺寸；

　　　d_{c}——第二相颗粒临界尺寸。

由式（5-11）可知，适度增加第二相颗粒添加量或减小颗粒尺寸可有效提高

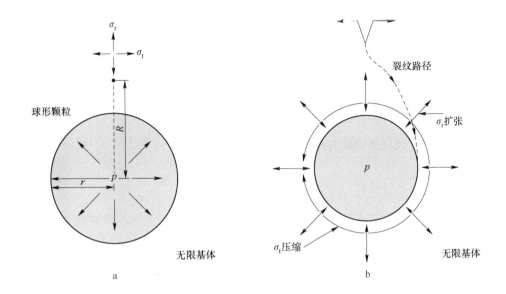

图 5-15　第二相颗粒在基体中的应力示意图

a—在无限大基体中球形第二相颗粒引起的残余应力场；

b—当 $\alpha_p > \alpha_m$ 时由第二相颗粒应力场引起的裂纹偏转

增强效率，但当添加量过多以致 d 值超过临界尺寸时（晶粒生长或团聚作用）会形成自发开裂，进而导致增强效率降低。这就是添加微米氧化铝试样比添加工业氧化铝试样抗热震性增强效果更明显的原因，同时解释了当添加 20% 氧化铝时，为何试样的增强效率反而会略微降低。

综上所述，在确定热处理最佳温度为 1350 ℃的基础上，由氧化铝添加剂原位形成的镁铝尖晶石相可同时提高所制方镁石-镁橄榄石耐火材料的显气孔率、隔热性能和抗热震性。其中，显气孔率的提高可归因于原位尖晶石的体积膨胀效应和生坯成型时的颗粒堆积效应，因此粒度更大的工业氧化铝效率更高；抗热震性的改善可归因于原位尖晶石的残余应力增强效应，因此粒度更小的微米氧化铝效率更高。

5.2　氧化镧对多孔方镁石-镁橄榄石结构和性能的影响

在 3.1 节中发现氧化镧可与 $CaO\text{-}Al_2O_3\text{-}SiO_2\text{-}MgO$ 四元渣反应而增强镁砂的抗渣性能，通过查询得知氧化镧可与 CaO 和 SiO_2 反应形成 $2CaO \cdot 4La_2O_3 \cdot 6SiO_2$ 相，且微观结构呈棒状[253]。因此，一方面它能结合利用尾矿中的杂质相（CaO

和 SiO_2），另一方面它能改善材料的力学性能（类似纤维或晶须的作用[196]）。这两方面的积极作用可降低制备试样所需温度，实现高效节能。基于此，本节旨在制备一种可用应用于高温隔热领域的且具有高强度的多孔方镁石-镁橄榄石耐火材料，具体研究了合成温度和氧化镧添加剂引入量对所制多孔方镁石-镁橄榄石耐火材料的物相组成、显微结构和关键性能的影响，同时重点分析了氧化镧添加剂对孔结构演变和力学性能提升的内在作用机理。

5.2.1　原料、流程及测试方法

5.2.1.1　实验原料

本小节实验所用原材料为菱镁矿尾矿（反浮选型，具体性质参见 4.2.1 小节），添加剂为氧化镧（化学纯，具体性质参见 3.1.1 小节）。

5.2.1.2　制备流程

本小节实验的制备流程与 5.1 节一致，即混料、成型和热处理。其中，混料比例为菱镁矿尾矿和氧化镧添加剂（以 80% 氢氧化镧和 20% 碳酸氧镧换算）分别按 100∶0、97.5∶2.5、95.0∶5.0、92.5∶7.5 和 90∶10 称量，热处理温度实验选择温度点为 1100 ℃、1200 ℃、1300 ℃ 和 1400 ℃。

5.2.1.3　测试及表征方法

本小节所制多孔方镁石-镁橄榄石试样的所有表征和检测方法均与前述实验保持一致。

5.2.2　实验结果与分析

图 5-16 所示为添加和未添加氧化镧的方镁石-镁橄榄石试样在不同热处理温度保温 3 h 后的 XRD 图谱。由图可知，空白试样的 XRD 图谱中除了主晶相 MgO 相和 Mg_2SiO_4 相外，还有极少量的 $CaMgSiO_4$ 相（钙镁橄榄石，ICCD-PDF 编号为 00-011-0129，特征峰 $2\theta \approx 33.46°$、$24.43°$、$34.49°$）；而添加了氧化镧试样的 XRD 图谱中 $CaMgSiO_4$ 相的衍射峰消失，同时出现了 $2CaO \cdot 4La_2O_3 \cdot 6SiO_2$（硅酸钙镧，ICCD-PDF 编号为 00-029-0337）和 $La(OH)_3$ 相（氢氧化镧，ICCD-PDF 编号为 00-006-0585）的衍射峰。其中，新生成的 $2CaO \cdot 4La_2O_3 \cdot 6SiO_2$ 相为氧化镧添加剂与 $CaMgSiO_4$ 相的反应产物。此外，由图 5-16b 可见，$La(OH)_3$ 相的衍射峰仅出现在 1100 ℃ 和 1200 ℃ 试样的图谱中，意味着在该温度下 $La(OH)_3$ 相未实现完全分解。因此，最佳热处理温度在 1200 ℃ 以上。

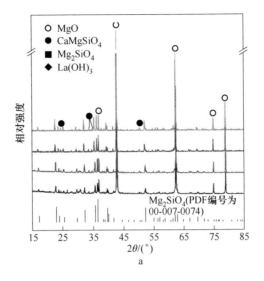

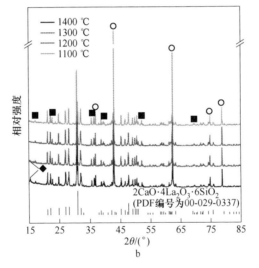

图5-16 彩图

图5-16 方镁石-镁橄榄石试样在不同热处理温度保温 3 h 后的 XRD 图谱

a—空白试样；b—含 5% La$_2$O$_3$ 试样

图5-17 所示为方镁石-镁橄榄石试样在不同热处理温度保温 3 h 的显气孔率、体积密度和常温耐压强度。由图 5-17a 可见，随着热处理温度的升高，试样的线收缩率逐渐增加，并在 1400 ℃时大幅增加（空白试样从 7.76%（1300 ℃）增至 20.19%，添加氧化镧试样从 7.15% 增至 17.34%）。对比同一温度下数据可见，添加氧化镧试样的线收缩率均小于空白试样数值。相应地，如图 5-17b 所示，试

样的显气孔率随着热处理温度的升高而逐渐降低。其中，空白试样从 1100 ℃ 的 58.14% 降至 1400 ℃ 的 35.42%；相较而言，添加氧化镧试样的显气孔率更大，并且随着热处理温度的升高两者间差距逐渐增大，但变化趋势与空白试样完全一致，从 58.31%（1100 ℃）降至 42.95%（1400 ℃）。对应地，如图 5-17c 所示，随着热处理温度的升高，试样的体积密度增大。相同热处理温度下，添加氧化镧试样的体积密度略大于空白试样数值，这是因为氧化镧的本征密度（6.51 g/cm³）更大。最后，结合图 5-17d 所示的常温耐压强度可知，1300 ℃ 所制试样综合性能最为理想。因此，确定 1300 ℃ 为最佳热处理温度继续后续研究。

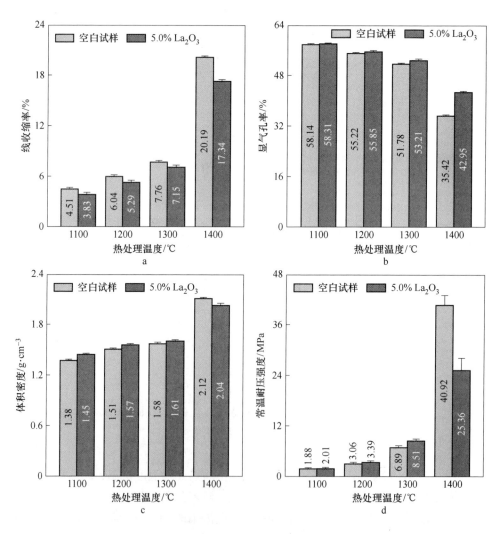

图 5-17　方镁石-镁橄榄石试样在不同热处理温度保温 3 h 后的性能
a—线收缩率；b—显气孔率；c—体积密度；d—常温耐压强度

图 5-18 所示为不同含量氧化镧添加剂的方镁石-镁橄榄石试样在 1300 ℃ 保温 3 h 后的 XRD 图谱和物相相对含量。由图可见，与空白试样 XRD 图谱中的物相衍射峰相比，添加氧化镧试样的 XRD 图谱中 $CaMgSiO_4$ 相衍射峰强度随着添加量的增多而逐渐减小。与此同时，$2CaO \cdot 4La_2O_3 \cdot 6SiO_2$ 相的衍射峰（$2\theta \approx 31.07°$、$27.08°$、$28.22°$）出现，并且强度逐渐增强。如前所述，$2CaO \cdot 4La_2O_3 \cdot 6SiO_2$ 相是氧化镧添加剂与 $CaMgSiO_4$ 相的反应产物。随着添加剂的引入，$CaMgSiO_4$ 相与 La_2O_3 反应形成 $2CaO \cdot 4La_2O_3 \cdot 6SiO_2$ 相，因此前者的含量逐渐减少，后者的含量逐渐增加。需要注意的是，当添加 10% 氧化镧时，在试样的 2θ 小角度处还出现了 $La(OH)_3$ 的衍射峰。虽然添加剂氧化镧是以氢氧化镧和碳酸氧镧的方式（预处理）引入的，但因为 1300 ℃ 已经超过了它们的分解温度（大约 1000 ℃ 即可完全分解[254]），所以试样中的 $La(OH)_3$ 也参与反应过程。添加剂因受热分解成氧化镧，但由于过量而被剩余，因此当制备好的试样暴露在空气中时氧化镧又重新水化形成了 $La(OH)_3$ 相。

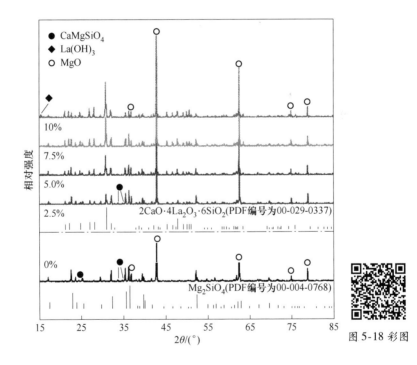

图 5-18 彩图

图 5-18　不同含量氧化镧的方镁石-镁橄榄石试样在
1300 ℃ 保温 3 h 后的 XRD 图谱

此外，为了定量分析添加剂对试样物相变化的影响，以及方便后续气孔率和相对密度的计算，采用 Rietveld 精修拟合法获得不同添加量试样的物相组成，结果如

图 5-19 所示。由图可见，随着添加剂的引入，试样中除了 $2CaO \cdot 4La_2O_3 \cdot 6SiO_2$ 相的含量增加，其余物相的含量均逐渐减少。具体地，添加 7.5% 氧化镧试样只含有 MgO、Mg_2SiO_4 和 $2CaO \cdot 4La_2O_3 \cdot 6SiO_2$ 相，它们的质量分数占比分别为 60.24%、29.27% 和 10.49%。

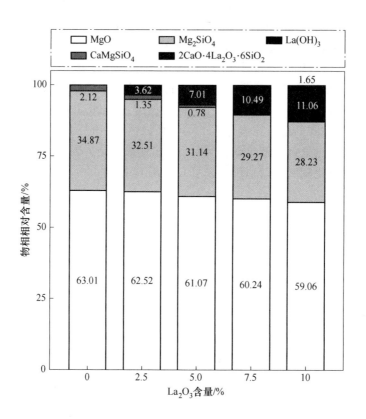

图 5-19   不同含量氧化镧的方镁石-镁橄榄石试样
在 1300 ℃保温 3 h 后的物相含量

图 5-20 所示为不同含量氧化镧添加剂的方镁石-镁橄榄石试样在 1300 ℃保温 3 h 后的 SEM 图像和 EDS 结果。由图可见，与空白试样（见图 5-20a）不同，添加氧化镧试样（见图 5-20b ~ e）除了粒状晶粒外，还形成了少量棒状晶粒，且这种晶粒随着添加剂含量的增加而增多。由高倍 SEM 图像可见，微米级棒状晶粒以彼此交接的结构均匀分布在粒状基体间，部分棒状晶与粒状晶粒结为一体，可起到良好的桥接作用。结合 EDS 结果可知（见图 5-20f），棒状晶粒为氧化镧添加剂形成的 $2CaO \cdot 4La_2O_3 \cdot 6SiO_2$ 相，粒状晶粒为 MgO 和 Mg_2SiO_4 相基体。通常认为，这种低维棒状相的生成对材料的力学性能大有裨益，即纤维/晶

须增韧效应[255]。但对于气孔结构的影响并不统一，有研究[256]发现低维第二相的形成会通过填充作用进一步增加材料的致密度，也有研究[257]认为棒状结构的形成过程会导致材料的气孔率增加。对比空白试样和添加氧化镧试样的 SEM 图像可见，由于 $2CaO \cdot 4La_2O_3 \cdot 6SiO_2$ 相的形成，含添加剂试样的大孔数量减少（低倍图像），而小孔数量增多（高倍图像）。因此，就本实验而言，由于棒状 $2CaO \cdot 4La_2O_3 \cdot 6SiO_2$ 相的形成，试样内的原生大孔（为低维结构的取向生长提供了空间）被填充而数量减少或转变为小孔；与此同时，由于其独特的晶体结构（彼此交叉生长）形成了一些新的小孔。

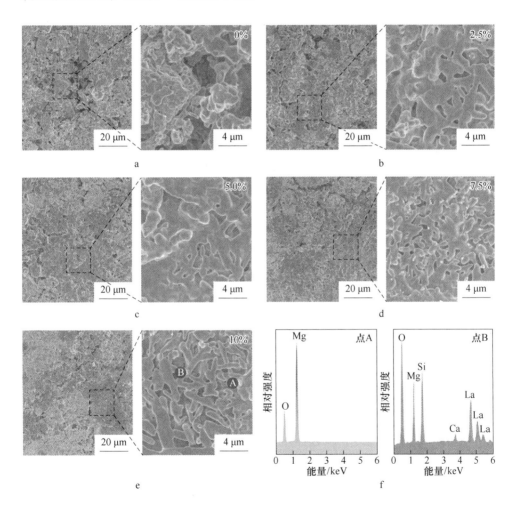

图 5-20 不同含量氧化镧的方镁石–镁橄榄石试样在 1300 ℃保温 3 h 后的
SEM 图像（a～e）和 EDS 分析结果（f）

　　为了探究氧化镧添加剂对所制方镁石-镁橄榄石试样显气孔率、体积密度等物理性能的影响，测试并计算了相关性能，其结果如图 5-21 所示。由图 5-21a 可见，随着添加剂的引入，试样的线收缩率整体呈降低趋势，从 7.76% 降至 6.83%。添加 10% 氧化镧试样和添加 7.5% 氧化镧试样的线收缩率数值基本接近，仅略微增加了 0.01%。结合相关 XRD 数据可知，当添加 7.5% 氧化镧时，试样中的低熔点相 CaMgSiO$_4$ 已被全部反应。因此，对于添加 10% 氧化镧试样而言，有约 2.5 的氧化镧是过量剩余的，这些游离的氧化镧将和 MgO 和 Mg$_2$SiO$_4$ 相基体一起烧结（与致密材料的烧结并非同一概念）生长，从而导致线收缩率增加（因为热处理温度低和氧化镧含量少，所以变化幅度不大）。

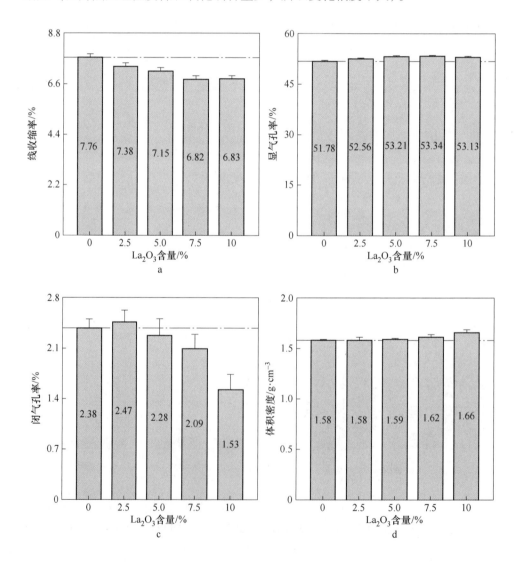

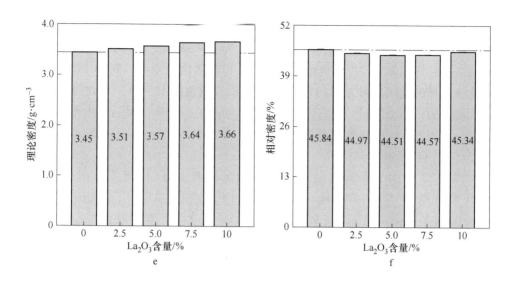

图 5-21　不同含量氧化镧的方镁石-镁橄榄石试样在 1300 ℃ 保温 3 h 后的烧结性能
a—线收缩率；b—显气孔率；c—闭气孔率；d—体积密度；e—理论密度；f—相对密度

同时，这种变化在试样的显气孔率变化也得到了体现，如图 5-21b 所示，与空白试样相比（51.78%），含添加剂试样的显气孔率从 52.56%（添加 2.5% 氧化镧）先增至 53.34%（添加 7.5% 氧化镧），然后略微降至 53.13%（添加 10% 氧化镧），$2CaO \cdot 4La_2O_3 \cdot 6SiO_2$ 相的形成是试样显气孔率变化的根本原因。具体而言，随着氧化镧添加量的增加，$2CaO \cdot 4La_2O_3 \cdot 6SiO_2$ 相的生成量逐渐增多，并通过体积膨胀效应和独特的棒状结构使得试样的显气孔率升高。类似地，添加 10% 氧化镧试样显气孔率降低的原因和它的线收缩率升高的原因一致。图 5-21c 所示为试样的闭气孔率，除了添加 2.5% 氧化镧试样外，其余含添加剂试样的闭气孔率均较空白试样数值有所减小。该变化趋势与 5.1 节以氧化铝为添加剂时的影响一致，事实上，内在原因也是类似的。因为当氧化镧添加剂和 $CaMgSiO_4$ 相反应形成 $2CaO \cdot 4La_2O_3 \cdot 6SiO_2$ 相后，就可以默认试样基体内形成了非反应型第二相，从而引发晶粒生长的钉扎效应[258]。有趣的是，所谓的"钉扎效应"对致密材料是有益的，可通过抑制晶粒的生长，减少晶内型闭孔的形成，从而提高材料致密度；而对多孔材料而言，通常热处理温度较低，并不涉及后期的致密化阶段（但也有颗粒重排和晶粒生长），所以虽然同样会抑制晶粒的生长，但减少的是晶间型闭孔的形成。此外，由图 5-21d 可见，虽然含添加剂试样的显气孔率增加了，但是它们的体积密度并未降低，反而是从 1.58 g/cm³ 增至 1.66 g/cm³。这是因为氧化镧添加剂的理论密度高于 MgO 和 Mg_2SiO_4 相密度，导致含添加剂试样的理论密度增高。具体地，由图5-21e可见，与空白试样相比（3.45 g/cm³），引入添加剂后试样的理论密度从3.51 g/cm³（添加2.5%氧化镧）增至3.66 g/cm³（添加10%氧化镧）。因此，即使添加氧化镧试样的显气孔率更大，它们的体积密度数值也并未降低，但整体增幅不大。例如，添加7.5%氧化镧试样的显气孔为53.34%，比空白试样数值高1.56%；与此同时，它的体积密度为1.62 g/cm³，较空白试样数值仅增高了2.53%。最后，由图5-21f可见，含添加剂试样的相对密度更小。其中，添加5%和7.5%氧化镧试样分别为44.51%和44.57%。

图5-22所示为不同含量氧化镧添加剂的方镁石-镁橄榄石耐火试样在1300 ℃保温3 h后的力学性能。由图5-22a可见，试样的常温耐压强度从6.89 MPa（空白试样）逐渐增至11.13 MPa（添加7.5%氧化镧，增幅为64.54%），接着降至8.82 MPa（添加10%氧化镧）。分析可知，试样力学性能增加的主要原因在于$2CaO \cdot 4La_2O_3 \cdot 6SiO_2$相的形成。其中，一方面，$2CaO \cdot 4La_2O_3 \cdot 6SiO_2$相是在基体晶粒间形成，增强了试样的基体界面结合程度；另一方面，具有独特棒状结构的$2CaO \cdot 4La_2O_3 \cdot 6SiO_2$相可通过裂纹偏转、分叉、桥接等机制增强试样抵抗裂纹扩展的能力。

需要特殊说明的是，由图5-22a可知，添加10%氧化镧试样中的$2CaO \cdot 4La_2O_3 \cdot 6SiO_2$相含量大于添加7.5%氧化镧试样的含量，理论上它的常温耐压强度应该更高，但由图5-22a所示数据可见，检测结果却是降低的。事实上，该现象与前述显气孔率异常变化的原因基本一致，即可归因于反应剩余的氧化镧。因为试样是于室温常压下保存的，且力学测试也无需保护气氛，所以当添加10%氧化镧试样长时间暴露在空气中后，其内部剩余的氧化镧会迅速地发生水化作用（伴随着大量的体积膨胀），导致试样内部结构受损，最终影响了力学性能的表现。由图5-22a可见，其余试样的误差均在正常范围内（<10%），唯独添加10%氧化镧试样的误差变化过大，这也侧面印证了过量氧化镧是导致其力学性能降低的推论。此外，为了进一步探究$2CaO \cdot 4La_2O_3 \cdot 6SiO_2$相对试样断裂行为的影响，以空白试样和添加7.5%氧化镧试样为例，绘制了它们的应力-位移曲线，如图5-22b所示。通过对比可见，含添加剂试样比空白试样的可承载应力和对应的位移都更大。空白试样最大应力约为1.4 kN，对应位移约为0.5 mm；而添加7.5%氧化镧试样的最大应力约增至2.9 kN，对应位移约增至1.2 mm。此外，在含添加剂试样曲线的末端还观察到了位移突进（Pop-in）现象[259]，即应力迅速降低而位移变化很小的一段曲线。通常，位移突进现象的发生可归因于基体中低维相（纤维、晶须、棒状晶）所引发的裂纹偏转、拔出等增韧效应[260]。由此可见，$2CaO \cdot 4La_2O_3 \cdot 6SiO_2$相的存在，还提供了一定的增韧效果。

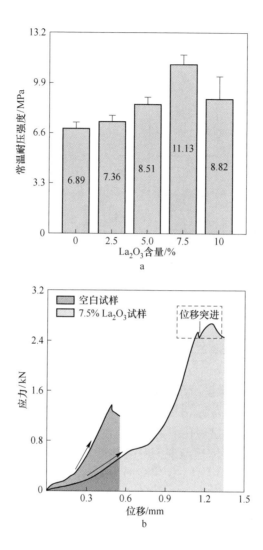

图 5-22　不同含量氧化镧的方镁石-镁橄榄石试样
在 1300 ℃保温 3 h 后的力学性能
a—常温耐压强度；b—应力-位移曲线

　　图 5-23 所示为不同含量氧化镧添加剂的方镁石-镁橄榄石耐火试样在 1300 ℃
保温 3 h 后的热导率。由图可见，与空白试样相比，添加氧化镧试样的热导率随
添加量的增多而逐渐减小。其中，添加 10% 氧化镧试样的隔热性能表现最佳，
具体数值为 0.796 W/(m·K)(25 ℃) 和 0.324 W/(m·K)(800 ℃)，较空白试
样分别降低了 24.33% 和 34.28%。

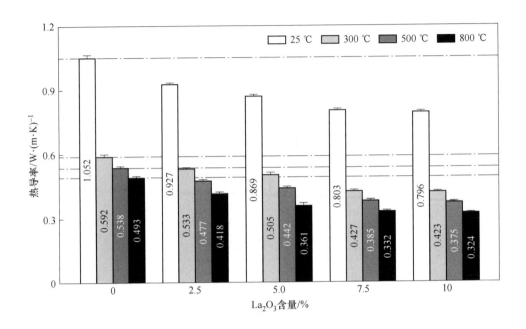

图 5-23　不同含量氧化镧的方镁石-镁橄榄石试样在 1300 ℃保温 3 h 后的热导率

　　因为所制方镁石-镁橄榄石耐火材料为复相组织和多孔结构，所以需要结合传热方式、物相性质和孔隙结构多方面的影响来进行综合讨论。（1）从传热方式而言，含添加剂试样的显气孔率更大，通过气相传导机制传热的比例增加，因为空气的热导率远小于固体热导率，所以材料的热导率降低。（2）从物相性质而言，虽然未查询到 $2CaO \cdot 4La_2O_3 \cdot 6SiO_2$ 相的理论热导率，但因为其具有比主晶相 MgO 更复杂的六方晶体结构（晶体结构越复杂，晶格振动的非谐性程度越大，格波受到的散射就越大，因此声子平均自由程越小、热导率越低[261]），可推测出它的理论热导率理应更小。因此，根据复合材料的有效热导率模型可知，随着 $2CaO \cdot 4La_2O_3 \cdot 6SiO_2$ 相占比逐渐增多，MgO 基体相占比逐渐减少，试样中固相的有效热导率降低。（3）从气孔结构而言，气孔率主要影响的是热传导，而气孔尺寸影响的是对流传热。事实上，气孔率越大，可供气体传热通道面积就越大，对流传热效率也越高，但由于固相传导才是主要的传热方式，所以综合影响下材料的热导率是降低的。因此，在单纯讨论对流传热的影响时，气孔尺寸才是唯一的关键。由图 5-24a 所示的 SEM 图像对比可见，含添加剂试样比空白试样的大孔更少、小孔更多，具体统计结果如图 5-24b 所示。由图 5-24b 可见，随着添加剂的引入，试样平均孔径明显降低，从 1.54 μm（空白试样）降至 1.24 μm（添加 2.5%氧化镧试样）再至 0.95 μm（添加 10%氧化镧试样）。随着试样气孔尺寸的降低，气孔中气体的流动性变差，对流传热效率降低。

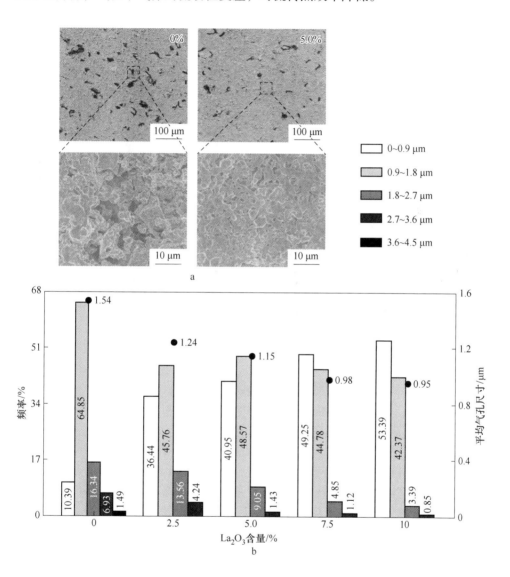

图 5-24 不同含量氧化镧的方镁石-镁橄榄石试样在 1300 ℃
保温 3 h 后的表面 SEM 图像（a）和孔径分布（b）

图 5-25 所示为不同含量氧化镧添加剂的方镁石-镁橄榄石耐火试样在 1300 ℃ 保温 3 h 后的荷重软化温度。由图可见，随着氧化镧添加剂的引入，试样的荷重软化温度逐渐升高，代表了更好的高温稳定性。具体地，与空白试样相比（$T_{0.5}$ = 1345 ℃、T_5 = 1413 ℃），添加氧化镧试样的荷重软化变形开始温度

$T_{0.5}$从1354 ℃（添加2.5%氧化镧，提高了9 ℃）增至1408 ℃（添加10%氧化镧，提高了63 ℃）；与此同时，变形结束温度T_5从1421 ℃（添加2.5%氧化镧，提高了8 ℃）增至1461 ℃（添加10%氧化镧，提高了48 ℃）。

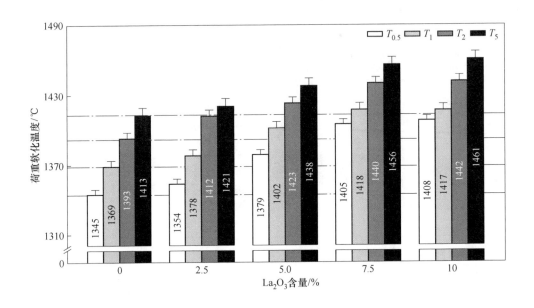

图5-25　不同含量氧化镧的方镁石-镁橄榄石试样在
1300 ℃保温3 h后的荷重软化温度

　　如前所述，耐火材料的高温稳定性能（荷重软化温度和抗蠕变性）主要与高温下的液相含量和显微结构有关，通常可通过相关相图确定高温下化学组成和含量，以推断高温下的物相变化和液相含量。由图5-26所示的MgO-CaO-SiO$_2$三元相图可知，该体系的最低温度点为靠近富硅区域由氧化硅（SiO$_2$）、硅酸钙（CaSiO$_3$）和透辉石（CaO·MgO·2SiO$_2$）三者形成的低共熔点（1320 ℃）。与此同时，由MgO-CaO-SiO$_2$三元体系的1600 ℃等温截面图可见，该体系的高温纯液相区主要集中在镁方柱石（2CaO·MgO·2SiO$_2$）和透辉石附近。由图5-16所示结果可知，添加剂La$_2$O$_3$可与原料中的CaO和SiO$_2$反应形成2CaO·4La$_2$O$_3$·6SiO$_2$相，意味着随着添加剂的引入，试样的物相平衡点逐渐往富镁区域偏移[262]。因此，试样高温下的液相含量逐渐减少，荷重软化温度得到相应提高。此外，从不同试样的显微结构而言，由于具有棒状结构2CaO·4La$_2$O$_3$·6SiO$_2$相的形成，通过在主晶相晶粒间形成桥接结构，可有效提高试样抵抗高温变形的能力。另外，这些棒状结构增加了高温液相流动的难度，从而进一步提高了含添加剂试样的高温稳定性能。

1—1375 ℃； 2—1320 ℃； 3—1350 ℃； 4—1357 ℃；
5—1390 ℃； 6—1430 ℃； 7—1502 ℃； 8—1436 ℃；
9—1490 ℃； 10—1575 ℃； 11—1400 ℃； 12—1376 ℃；
13—1379 ℃； 14—1790 ℃； 15—1850 ℃

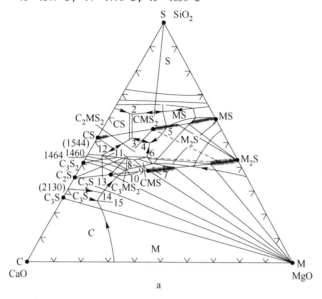

a

1—C+M+C₃S；2—C₂S+C₃S+M；3—C₃S+L₁；
4—C₂S+L；5—M+L；6—M+M₂S+L；
7—M₂S+L；8—L；9—S+L

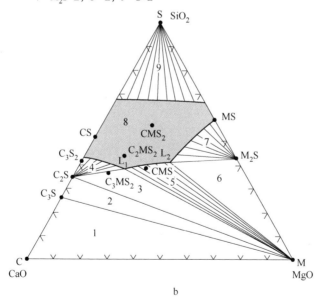

b

图 5-26 MgO-CaO-SiO₂ 三元系相图（a）和 1600 ℃等温截面图（b）

5.2.3　氧化镧增强机理分析

与 5.1 节一样，首先分析不同试样由于物相转变所引起的理论体积变化，即氧化镧添加剂加入后及不同添加量对所制方镁石-镁橄榄石试样在热处理前后体积变化率的影响。

将 $\rho_{La_2O_3} = 6.51$ g/cm³、$\rho_{CaMgSiO_4} = 3.2$ g/cm³、$\rho_{MgO} = 3.58$ g/cm³、$\rho_{CaO} = 3.35$ g/cm³ 和 $\rho_{2CaO \cdot 4La_2O_3 \cdot 6SiO_2} = 5.11$ g/cm³ 代入式（5-6），可得：

$$\Delta_{2CaO \cdot 4La_2O_3 \cdot 6SiO_2} = \frac{\left(\dfrac{1776}{5.11} + \dfrac{56.1 \times 4}{3.35} + \dfrac{40.3 \times 6}{3.58}\right) - \left(\dfrac{325.8 \times 4}{6.51} + \dfrac{156.5 \times 6}{3.2}\right)}{\dfrac{325.8 \times 4}{6.51} + \dfrac{156.5 \times 6}{3.2}} \times 100\%$$

$$= -2.34\%$$

因此，可得本实验试样的体积变化率 $\Delta V_{试样}$ 的通用公式：

$$\Delta V_{试样} = \frac{m_{试样} \times w_{Mg_2SiO_4}}{M_{Mg_2SiO_4}} \times \Delta V_{Mg_2SiO_4} + \frac{m_{试样} \times w_{2CaO \cdot 4La_2O_3 \cdot 6SiO_2}}{M_{2CaO \cdot 4La_2O_3 \cdot 6SiO_2}} \times \Delta V_{2CaO \cdot 4La_2O_3 \cdot 6SiO_2}$$

$$(5\text{-}12)$$

式中　$w_{2CaO \cdot 4La_2O_3 \cdot 6SiO_2}$——试样中 $2CaO \cdot 4La_2O_3 \cdot 6SiO_2$ 的质量分数；

　　　$M_{2CaO \cdot 4La_2O_3 \cdot 6SiO_2}$——$2CaO \cdot 4La_2O_3 \cdot 6SiO_2$ 的摩尔质量。

同样地，假设所有试样的质量均为 1000 g，代入图 5-19 中的质量分数即可算得不同试样的体积变化率：

$$\Delta V_{空白试样} = \frac{1000 \times 34.87\%}{140.7} \times (-10.36\%) + \frac{1000 \times 0\%}{1776} \times (-2.34\%)$$

$$= -25.68\%$$

$$\Delta V_{2.5\%氧化镧} = \frac{1000 \times 32.51\%}{140.7} \times (-10.36\%) + \frac{1000 \times 3.62\%}{1776} \times (-2.34\%)$$

$$= -23.99\%$$

$$\Delta V_{5.0\%氧化镧} = \frac{1000 \times 31.14\%}{140.7} \times (-10.36\%) + \frac{1000 \times 7.01\%}{1776} \times (-2.34\%)$$

$$= -23.02\%$$

$$\Delta V_{7.5\%氧化镧} = \frac{1000 \times 29.27\%}{140.7} \times (-10.36\%) + \frac{1000 \times 10.49\%}{1776} \times (-2.34\%)$$

$$= -21.69\%$$

$$\Delta V_{10\%氧化镧} = \frac{1000 \times 28.23\%}{140.7} \times (-10.36\%) + \frac{1000 \times 11.06\%}{1776} \times (-2.34\%)$$

$$= -20.93\%$$

从理论计算结果来看，虽然 $2CaO \cdot 4La_2O_3 \cdot 6SiO_2$ 相的形成与镁橄榄石相一样产生的是体积收缩效应（体积变化率为负），但由于其收缩量远小于等量镁橄榄石相所产生的收缩，所以含添加剂试样的体积收缩率是逐渐减小的。事实上，这一有趣的结果主要得益于 $2CaO \cdot 4La_2O_3 \cdot 6SiO_2$ 相独特的棒状结构。由含添加剂试样的 SEM 图像（见图 5-20）可见，$2CaO \cdot 4La_2O_3 \cdot 6SiO_2$ 相是在主晶相 MgO 和 Mg_2SiO_4 晶粒之间原位形成的：一方面，它的形成抑制了主晶相晶界的扩散和晶粒的生长，导致晶间的原生气孔排出困难；另一方面，它的生长方向是随机的，导致棒状晶粒相互交叉生长形成小气孔，并且在热处理过程中不会被轻易消除。因此，添加氧化镧试样最终表现出更高的气孔率。

由于 $2CaO \cdot 4La_2O_3 \cdot 6SiO_2$ 相的棒状结构特点，可将其看作短纤维。因此，采用纤维增强相关理论即可分析它对方镁石-镁橄榄石试样力学性能的增强/韧机理。通常，在不考虑内应力的情况下，纤维增强型复合材料的强度（σ_c）可由加权原理估算[263]。具体公式如下：

$$\sigma_c = \sigma_f V_f + \sigma_m V_m = \sigma_f V_f + \sigma_m (1 - V_f) \tag{5-13}$$

式中　σ_f——纤维的理论强度，MPa；

　　　σ_m——基体的理论强度，MPa；

　　　V_f——纤维的体积含量；

　　　V_m——基体的体积含量。

由式（5-13）可见，复合材料的强度与纤维添加量成正比。因此含添加剂试样的常温耐压强度随氧化镧添加量的增多（因为 $2CaO \cdot 4La_2O_3 \cdot 6SiO_2$ 相的生成量增多而得到增强）而升高。此外，材料的韧性可等价为断裂过程中吸收能量的能力（断裂功），而能力越强代表韧性越好。纤维对脆性材料的增韧模式主要包括脱黏、拔出和搭桥机制，示意图如图 5-27 所示[264]。由图可见，脱黏和搭桥机制相当于给材料提供了一个弱平面（纤维与基体连接界面），当裂纹扩展到此处时将发生界面偏移（即纤维与基体脱黏，甚至拔出），造成裂纹尖端钝化，从而提高材料的断裂功；搭桥机制不改变裂纹的扩展方向，而是通过未完全脱黏的纤

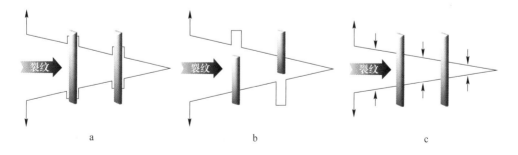

图 5-27　纤维增韧模式及机理示意图

a—脱黏；b—拔出；c—桥接

维两端形成与裂纹垂直的压应力，提高裂纹扩展的阻力和难度，从而使材料韧性得到改善。因此，棒状的 $2CaO \cdot 4La_2O_3 \cdot 6SiO_2$ 相是通过上述的脱黏、拔出和搭桥机制进一步增强了试样的韧性。

综上所述，在确定热处理温度为 1300 ℃ 的基础上，由氧化镧添加剂原位形成的硅酸镧钙相可同时提高所制方镁石-镁橄榄石耐火材料的显气孔率、隔热性能和力学性能。其中，虽然硅酸镧钙的形成过程是体积收缩效应，但得益于其特殊的棒状结构，可通过交叉生长而提高方镁石-镁橄榄石耐火材料的显气孔率；与此同时，棒状硅酸镧钙增强了主晶相的界面结合程度，从而改善了方镁石-镁橄榄石耐火材料的力学性能。

6 复合氧化物添加剂对低碳镁碳耐火材料性能的影响

随着炉外精炼和合金化技术在炼钢过程中的重要性不断提高，含碳耐火材料凭借其优异的高温力学性能、抗热震性和抗渣性逐渐取代了以高铝质为代表的传统炼钢用耐火材料，以确保冶金炉的高效稳定运行[93]。在含碳耐火材料中，被广泛用于钢包渣线、转炉和电炉内衬的 MgO-C 耐火材料是目前用量最大、发展最为成熟的一类[8,265]。然而，它也无法克服含碳耐火材料的一些固有缺陷，如高导热性导致热量损耗严重，以及钢水增碳导致产品质量降低。虽然降低碳含量在一定程度上可以缓解这些问题，但会严重影响 MgO-C 耐火材料抗热震性和抗渣性。因此，低碳 MgO-C 耐火材料的结构优化和性能改进已成为含碳耐火材料未来发展的重要方向。

首先被成功引入低碳 MgO-C 耐火材料的是纳米碳材料，如碳纳米管[99]、纳米炭黑[266]和氧化石墨纳米片[99]，它们具有高分散性，且比石墨的活性更高，因此在热处理过程中更容易与抗氧化剂或细粉基质反应而形成低维陶瓷相，这些陶瓷相的存在可提高低碳 MgO-C 耐火材料的力学性能和抗热震性。但纳米碳材料较差的抗氧化性限制了其进一步发展，而具有优良抗氧化性的改性石墨逐渐受到了更多关注，如 Al（NO$_3$）$_3$ 包覆石墨[267]、Cr$_3$C$_2$ 包覆石墨[102]、TiC-Ti$_3$AlC 包覆石墨[103]、YAG 杂化改性石墨[268]和镁铝酸盐水合物包覆石墨[269]。虽然这些改性/杂化石墨的使用可显著改善低碳 MgO-C 耐火材料的抗氧化性，但对真正决定耐火材料高温服役寿命的抗热震性和抗渣性提升较小。为此，研究者通过引入 Al$_2$O$_3$[106]、Ti$_3$AlC$_2$[107]、ZrN[270]、ZrO$_2$[105]、Al$_2$O$_3$-SiC[271]、ZrO$_2$-Al$_2$O$_3$[109] 和 AlB$_2$-Al-Al$_2$O$_3$[108]等添加剂，以进一步提高低碳 MgO-C 耐火材料的抗热震性和抗渣性。相比于非氧化物类添加剂的高昂成本和复杂流程，来源广泛的氧化物类添加剂更具应用前景。其中，Al$_2$O$_3$ 可通过在高温下原位形成镁铝尖晶石相而提高低碳 MgO-C 耐火材料的抗热震性。此外，前述第 4 章的结果表明，La$_2$O$_3$ 可与镁砂晶间杂质相（CaO 和 SiO$_2$）反应形成高熔点相，从而改善其抗渣润湿性能。

基于此，本章实验通过引入 Al$_2$O$_3$ 和 La$_2$O$_3$ 复合添加剂，旨在制备一类具有良好抗热震性和抗渣性的低碳 MgO-C 耐火材料，具体研究了 Al$_2$O$_3$ 作为原位增强相前驱体和 La$_2$O$_3$ 作为晶间相改质剂对所制低碳 MgO-C 耐火材料微观结构和关键性能的影响。此外，重点分析了复合添加剂对所制低碳 MgO-C 耐火材料抗热震性、抗氧化性和抗渣性的作用机理。

6.1 原料、流程及测试方法

6.1.1 实验原料

本实验所用原材料为电熔镁砂骨料和细粉（MgO 含量 >98%，骨料粒度为 0 ~ 1 mm 和 1 ~ 3 mm，细粉粒度 <0.088 mm）、鳞片石墨（C 含量 >97.5%，粒度 < 0.088 mm）、铝粉（Al 含量 >98%，粒度 <0.088 mm）、工业硅粉（Si 含量 > 99%，粒度 <0.088 mm）、氧化铝（α-Al_2O_3 含量 >99.5%，粒度 <5 μm）、氧化镧（化学纯，预处理细节参见 3.1.1 节）和热固性液态酚醛树脂（残碳含量 >35%）。

6.1.2 制备流程

本实验 MgO-C 耐火试样的具体制备流程为：首先，按照表 6-1 的配方（试样命名定义为：添加剂占总细粉量的质量分数）称量电熔镁砂、酚醛树脂、鳞片石墨、抗氧化剂（Al 粉和 Si 粉）和添加剂（Al_2O_3 和 La_2O_3），并按照标准顺序混匀，即电熔镁砂骨料→酚醛树脂→电熔镁砂细粉→鳞片石墨/抗氧化剂/添加剂；然后，将混匀后的原料在 150 MPa 下保压 5 min 压制成尺寸为 ϕ50 mm × 50 mm 的圆柱生坯；最后，将生坯试样先在 110 ℃下干燥 12 h，接着在 220 ℃下固化 12 h。

表 6-1 含有不同量添加剂 MgO-C 试样的配料表 （质量分数,%）

试样	空白试样	添加 5% 试样	添加 10% 试样	添加 20% 试样	添加 40% 试样
电熔镁砂骨料	65	65	65	65	65
电熔镁砂细粉	27	25.5	24	21	15
鳞片石墨	5	5	5	5	5
Al 粉	2	2	2	2	2
Si 粉	1	1	1	1	1
α-Al_2O_3	—	0.75	1.5	3	6
La_2O_3	—	0.75	1.5	3	6
液态酚醛树脂	+5	+5	+5	+5	+5

此外，为了模拟 MgO-C 耐火材料在实际使用环境下的性能表现，按测试类型的需求预先将试样在埋碳气氛中于 1100 ℃ 或 1400 ℃ 热处理 3 h，升温速率为 1000 ℃ 以下 10 ℃/min、1000 ℃ 以上 5 ℃/min。

6.1.3　测试及表征方法

6.1.3.1　抗热震性

参照 GB/T 30873—2014，采用水急冷法测定所制 MgO-C 试样的抗热震性。具体选用 1400 ℃ 热处理后的试样执行抗热震性测试：淬火温度为 1100 ℃，淬火次数为一次；同时，记录试样的残余强度，并以强度保持率表征抗热震性。

6.1.3.2　抗氧化性

参照 GB/T 13244—91，测定所制 MgO-C 试样的抗氧化性，测试温度为 1100 ℃ 氧化 3 h 和 1400 ℃ 氧化 1 h。其中，选用 220 ℃ 干燥固化后的试样执行 1100 ℃ 的氧化测试，选用 1400 ℃ 热处理后的试样执行 1400 ℃ 的氧化测试。测试结束后，将试样用树脂固定后沿径向切开，磨平后使用游标卡尺测量脱碳层厚度，并利用式（6-1）计算试样的氧化率（r_o）。

$$r_o = \frac{R_o^2 h_o - R^2 h}{R_o^2 h_o} \times 100\%　\qquad (6\text{-}1)$$

式中　R——试样的直径，mm；
　　　R_o——试样中未氧化部分的直径，mm；
　　　h——试样的高度，mm；
　　　h_o——试样中未氧化部分的高度，mm。

6.1.3.3　气孔结构

采用电子计算机断层扫描技术（设备为 AL-μCT-90 型工业 CT）分析所制 MgO-C 试样的气孔结构。选用 1400 ℃ 热处理后的试样进行表征：分别沿试样的径向和纵向随机取一个面扫描成像，扫描速度为 6(°)/min；待扫描结束生成图片后，使用设备自带的辅助软件分析所获扫描图像中的孔径大小和分布情况。

6.1.3.4　抗渣性

参照 GB/T 8931—2007，采用静态坩埚法测定所制 MgO-C 试样（中间预留尺寸为 ϕ25 mm×25 mm 的孔洞用来盛放渣）的抗渣性能，所用实验渣的化学成分见表 6-2。选用 1400 ℃ 热处理后的试样执行抗渣性测试：将 MgO-C 试样放入带盖石墨坩埚内，然后置入刚玉匣钵并用碳粉掩埋，放入高温箱式炉按前述标准速率升温至 1600 ℃并保温 3 h。待测试结束后，将试样用树脂固定后沿径向切开，取渣-耐材界面处的小块试样，采用 SEM 观察并记录界面处的腐蚀和渗透程度，以腐蚀和渗透深度表征试样的抗渣性。

表 6-2　实验渣的化学组成　　　　　（质量分数,%）

成分	CaO	Fe_2O_3	SiO_2	Al_2O_3	MgO	MnO	TiO_2
实验渣	40.83	31.61	12.76	7.32	6.03	0.87	0.58

6.1.3.5　其他

所制 MgO-C 试样的物相组成、显微结构、显气孔率、体积密度、力学性能的表征和检测方法均与前述实验一致。

6.2　实验结果与分析

图 6-1 所示为不同含量添加剂 MgO-C 试样在 1100 ℃和 1400 ℃下热处理 3 h 后的 XRD 图谱。由图可见，除了 MgO 和 C 主晶相外，还有一些新物相被形成，并且在不同热处理温度下显示出不同的衍射峰强度。

对于在 1100 ℃热处理的 MgO-C 试样而言，由添加剂（La_2O_3 和 Al_2O_3）反应形成的 $2CaO \cdot 4La_2O_3 \cdot 6SiO_2$ 和 $MgAl_2O_4$ 是主要的二次相，而由抗氧化剂（Al 和 Si）反应形成的 Mg_2SiO_4、AlN（ICCD-PDF 编号为 00-008-0262）、Al_4C_3（ICCD-PDF 编号为 00-001-0953）和 β-SiC（ICCD-PDF 编号为 00-029-1129）的衍射峰强度相对较低、含量较少。其中，在添加剂含量较高的 40%试样的 XRD 图案中还检测到少量 $LaAlO_3$（ICCD-PDF 编号为 00-031-0022）和残留的 α-Al_2O_3（ICCD-PDF 编号为 00-005-0712）。为了分析不同 MgO-C 试样的物相变化，可将其看作 Mg-Al-Si-C-N-O 体系，相关化学反应式见表 6-3[253,272-273]。

通过表 6-3 中的反应式，可推断出试样中物相的反应过程。然而，由于碳埋气氛的特殊性（通常认为由 35%的 CO 和 65%的 N_2 组成），处于该气氛下试样的物相类型和含量会随着热处理温度的升高而发生变化。由图 6-1b 可知，在 1400 ℃热处理的试样，$MgAl_2O_4$、Mg_2SiO_4 和 $2CaO \cdot 4La_2O_3 \cdot 6SiO_2$ 的含量增加，而其他次级相含量减少（XRD 图谱已归一化处理，可通过衍射峰强度判断）。从热力学角度而言，Al_4C_3（反应式（6-4）、式（6-5）和式（6-7））、AlN（反应式（6-4）、式（6-6）和式（6-8））和 SiC（反应式（6-18））是最先形成的相，

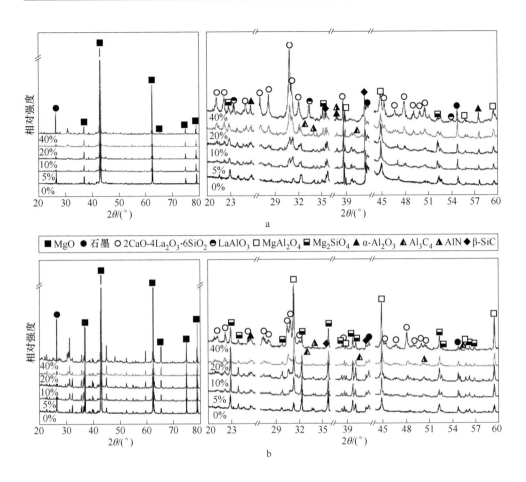

图 6-1 不同含量添加剂 MgO-C 试样热处理后的 XRD 图谱

a—1100 ℃；b—1400 ℃

表 6-3 Mg-Al-Si-C-N-O 体系的相关化学反应式

反 应 式	公式编号
$2C(s) + O_2(g) = 2CO(g)$	(6-2)
$MgO(s) + C(s) = Mg(g) + CO(g)$	(6-3)
$Al(l) = Al(g)$	(6-4)
$4Al(l,g) + 3C(s) = Al_4C_3(s)$	(6-5)
$2Al(l,g) + N_2(g) = 2AlN(s)$	(6-6)
$8Al(l,g) + 6CO(g) = 2Al_4C_3(s) + 3O_2(g)$	(6-7)

续表6-3

反 应 式	公式编号
$Al_4C_3(s) + 2N_2(g) = 4AlN(s) + 3C(s)$	(6-8)
$4Al(l) + 3O_2(s) = 2Al_2O_3(s)$	(6-9)
$2Al(l,g) + 3CO(g) = Al_2O_3(s) + 3C(s)$	(6-10)
$Al_4C_3(s) + 6CO(g) = 2Al_2O_3(s) + 9C(s)$	(6-11)
$2AlN(s) + 3CO(g) = Al_2O_3(s) + N_2(g) + 3C(s)$	(6-12)
$Al_2O_3(s) + MgO(s) = MgAl_2O_4(s)$	(6-13)
$4MgO(s) + 2Al(l) = MgAl_2O_4(s) + 3Mg(g)$	(6-14)
$MgO(s) + 2Al(g) + 3CO(g) = MgAl_2O_4(s) + 3C(s)$	(6-15)
$8MgO(s) + Al_4C_3(s) = 2MgAl_2O_4(s) + 3C(s) + 6Mg(g)$	(6-16)
$Mg(g) + 2Al(g) + 4CO(g) = MgAl_2O_4(s) + 4C(s)$	(6-17)
$Si(s,l) + C(s) = SiC(s)$	(6-18)
$SiC(s) + 2CO(g) = 3C(s) + SiO_2(s)$	(6-19)
$SiO(g) + CO(g) = C(s) + SiO_2(s)$	(6-20)
$2MgO(s) + SiO_2(s) = Mg_2SiO_4(s)$	(6-21)
$SiO(g) + 2MgO(s) + CO(g) = Mg_2SiO_4(s) + C(s)$	(6-22)
$SiO(g) + 2Mg(g) + 3CO(g) = Mg_2SiO_4(s) + 3C(s)$	(6-23)
$La_2O_3(s) + Al_2O_3(s) = 2LaAlO_3(s)$	(6-24)
$2CaO(s) + 4La_2O_3(s) + 6SiO_2(s) = 2CaO \cdot 4La_2O_3 \cdot 6SiO_2(s)$	(6-25)
$6(CaO \cdot MgO \cdot SiO_2)(s) + 4La_2O_3(s) = 2CaO \cdot 4La_2O_3 \cdot 6SiO_2(s) + 6MgO(s) + 4CaO(s)$	(6-26)
$3(3CaO \cdot MgO \cdot 2SiO_2)(s) + 4La_2O_3(s) = 2CaO \cdot 4La_2O_3 \cdot 6SiO_2(s) + 3MgO(s) + 7CaO(s)$	(6-27)

然后随着 CO（反应式（6-2）和式（6-3））和 N_2 的扩散，部分抗氧化剂被反应形成 $MgAl_2O_4$（反应式（6-9）~式（6-17））和 Mg_2SiO_4（反应式（6-19）~式（6-23））相。与此同时，由添加剂形成的 $LaAlO_3$（反应式（6-24））被进一步反应形成更稳定的 $2CaO \cdot 4La_2O_3 \cdot 6SiO_2$（反应式（6-25）~式（6-27））。此外，有文献报道[274-275]，在埋碳热处理后的 MgO-C 耐火材料中还检测到了 Al_2OC、Al_4O_4C、

Al_4SiC_4、Al_3OCN 和 Al_8SiC_7 相。但或许是这些物相的生成量太少，未达到 XRD 的检测阈值，因此和大多数文献一样，本实验也无法证实它们的存在。

图 6-2 所示为 MgO-C 试样在 1400 ℃热处理 3 h 后抛光表面的 SEM 图像。由图可见，随着 Al_2O_3 和 La_2O_3 添加剂的引入，试样的骨料颗粒与基质细粉间的结合更加紧密，气孔缺陷更少。但当添加剂含量过多时，试样表面的气孔缺陷反而增多了，如 40% 试样（见图 6-2e）甚至比空白试样（见图 6-2a）表面的平均气孔尺寸更大。对于耐火材料而言，通常需要一个致密的、结合良好的微观结构，因为该结构可以带来更出色的综合性能。由图 6-2b~d 可见，添加 5% 试样、10% 试样和 20% 试样表面的气孔数量更少，且气孔尺寸也更小。因此，通过对比可知，添加剂含量的理想区间是 5%~20%，在这个区间内制备的试样，骨料与细粉基质间的结合更加致密。

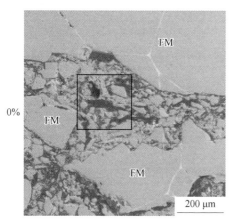

a

b

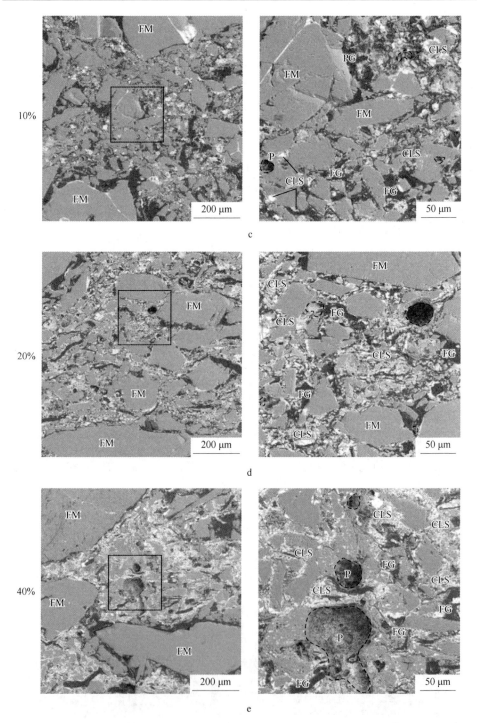

图 6-2　MgO-C 试样在 1400 ℃热处理 3 h 后抛光表面的 SEM 图像
（FM—电熔镁砂；FG—鳞片石墨；P—气孔；CLS—$2CaO \cdot 4La_2O_3 \cdot 6SiO_2$）

图 6-3 所示为 MgO-C 试样在 1400 ℃热处理 3 h 后新鲜断面的 SEM 图像。由图可见，所有试样都观察到了 Mg_2SiO_4（纤维状和粒状）、$MgAl_2O_4$（纤维状和粒状）、AlN/Al_4C_3 晶须、SiC 晶须和片状石墨。此外，对于含有 Al_2O_3 和 La_2O_3 添加剂的试样，在其镁砂颗粒间还观察到了棒状的 $2CaO \cdot 4La_2O_3 \cdot 6SiO_2$ 相，形成了良好的桥接结构。其中，Mg_2SiO_4 纤维（通过气-液-固生长机制形成）和 SiC 晶须（通过气-固生长机制形成）都是由抗氧化剂 Si 形成的，已经得到了广泛证明[270,276]；AlN 和 Al_4C_3 晶须均为抗氧化剂 Al 的反应产物，所以通常会出现在 Al 颗粒的周围[272,277]。

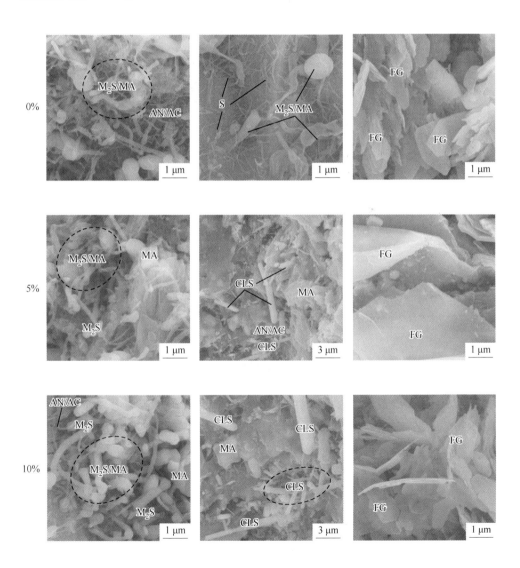

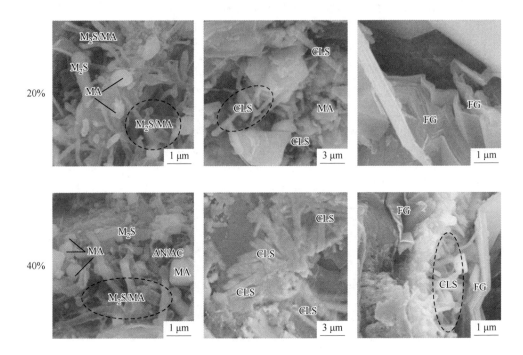

图 6-3　MgO-C 试样在 1400 ℃热处理 3 h 后新鲜断面的 SEM 图像
（MA—MgAl$_2$O$_4$；M$_2$S—Mg$_2$SiO$_4$；AN—AlN；AC—Al$_4$C$_3$；S—SiC）

　　此外，通过对比可见，随着添加剂含量的增多，试样的纤维数量增加，并呈现出实心和空心两种结构类型。分析发现，空心型纤维含有更多的 Al 元素，所以可以断定此类为 MgAl$_2$O$_4$ 纤维；实心型为 Mg$_2$SiO$_4$ 纤维；与相关文献报道的结果一致[278]。

　　图 6-4 所示为 MgO-C 试样在 220 ℃固化干燥和 1400 ℃热处理后的显气孔率和体积密度。由图 6-4a 和 c 可见，固化干燥和热处理试样的显气孔率变化趋势基本一致，即先降低后升高。具体而言，对于固化干燥的试样，除了 40% 试样（8.17%），其余试样的显气孔率均比空白试样更低，从 7.09% 下降至 5.75%；而对于热处理的试样，由于部分石墨发生氧化，它们的显气孔率整体大于前者，其中添加 10% 试样的显气孔率最小，为 10.17%。这种变化可通过 Andreasen 方程（紧密堆积理论）来解释[279]。具体公式如下：

$$CPFT = 100\% \times \left(\frac{d}{D}\right)^n \tag{6-28}$$

式中　CPFT——粒度小于 d 的颗粒的累计分数；

d——颗粒粒径，mm；

D——最大颗粒粒径，mm；

n——粒度分布系数，理想区间为 $0.33 \sim 0.55$，在该范围内耐火材料的堆积气孔率最小。

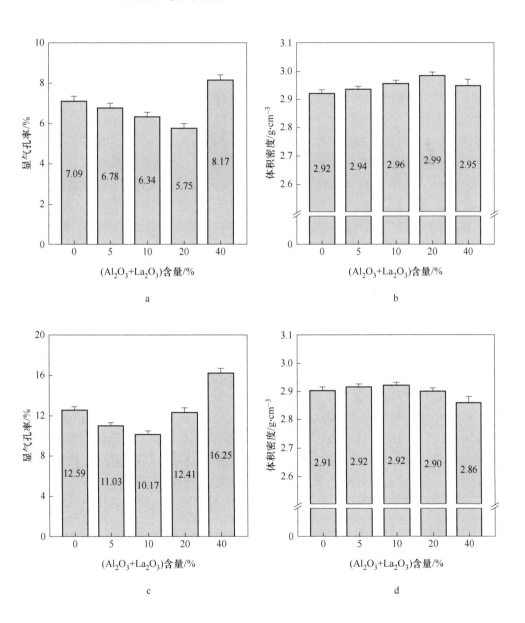

图6-4 不同含量添加剂的 MgO-C 试样的显气孔率和体积密度

a，b—220 ℃干燥；c，d—1400 ℃热处理

由式（6-28）可知，当 d 值减少或 D 值增大时，均可使 n 值降低。分析认为，添加剂 Al_2O_3 和 La_2O_3 粒径较小（微米级）且具有高分散性，因此它们可以弥散填充在镁砂骨料和细粉基质间（即 d 值减小，使 n 回落至理想区间），从而在成型过程中进一步减少堆积气孔缺陷。然而，当添加量过大时，在细粉基质处堆积的添加剂很容易导致局部偏析效应（即 d 值过小，导致 n 偏离出理想区间）[280]。这是高含量添加剂试样在固化干燥后气孔率增大的主要原因，如添加 40% 试样。对于热处理试样而言，它们的气孔率同时也会受到高温下化学反应和物相变化的影响。其中，一方面，酚醛树脂高温热解形成气孔，导致气孔率整体增加；另外，伴随着细粉基质与添加剂和抗氧化剂的化学反应而产生的体积膨胀效应同样导致了气孔率增加。例如，由式（6-13）形成 $MgAl_2O_4$ 的过程中体积膨胀约为 7%。同样地，这也解释了试样体积密度改变的根本原因。如图 6-4b 和 d 所示，添加 20% 试样在固化干燥后的气孔率最低，因此具有最高的体积密度 2.985 g/cm^3；而添加 10% 试样在热处理后由于具有最低气孔率，因此体积密度最高，为 2.923 g/cm^3。

图 6-5 所示为不同含量添加剂 MgO-C 试样的常温耐压强度，试样的常温耐压强度呈现出与显气孔率截然相反的趋势，即先增加后降低。其中，添加 20% 试样在固化干燥后取得最大值 115.85 MPa，较空白试样增加 15.95%；添加 10% 试样在热处理后达到最高值 70.46 MPa，较空白试样增加了 18.54%。分析认为，试样力学性能的提高可完全归功于添加剂，特别是那些由于添加剂 Al_2O_3 和 La_2O_3 的引入而发生致密度增加的试样。由于气孔率的降低，载荷面的有效横截面积增加，从而增强了含添加剂试样的抗断裂能力。对于热处理的试样而言，除了气孔率的影响，原位形成的陶瓷相也发挥了积极的作用，这也解释了它们比固化后试样具有更大的增强效率。

图 6-6 所示为不同含量添加剂的 MgO-C 试样的应力-位移曲线和抗热震性。由图 6-6a 所示的应力-位移曲线可见，随着添加剂的引入，试样在同等应力下可承载的位移量更大，意味着试样的断裂韧性得以增强。与此同时，随着添加量的增多，试样应力-位移曲线的弹性变形区的斜率逐渐减小，这在一定程度上反映了弹性模量的变化，而弹性模量的降低通常对耐火材料的抗热震性是有益的。

图 6-6b 所示为热处理试样在水中淬火（1100 ℃）一次后的常温耐压强度以及对应计算的残余强度保持率。由图可知，随着添加剂的引入，试样的抗热震性得到了改善。具体而言，残余强度保持率从空白试样的 80.16% 直线增加至添加 40% 试样的 97.22%。如前所述，含添加剂试样的弹性模量降低，从而提高了抗热应力断裂因子 R' 和 R''，最终表现为更高的残余强度保持率和更好的抗热震性。除此之外，正如在图 6-3 中观察到的原位陶瓷相，由于这些纤维（Mg_2SiO_4 和

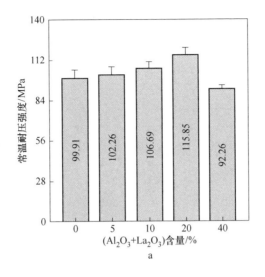

a

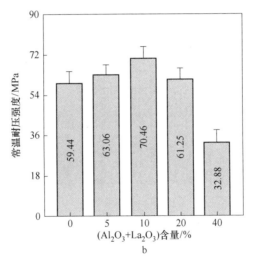

b

图 6-5　不同含量添加剂的 MgO-C 试样的常温耐压强度

a—220 ℃干燥数据；b—1400 ℃热处理数据

MgAl$_2$O$_4$）、晶须（AlN、Al$_4$C$_3$ 和 SiC）和棒状（2CaO · 4La$_2$O$_3$ · 6SiO$_2$）陶瓷相的存在，通过裂纹偏转和桥接效应延缓了热应力裂纹的扩展，从而提高了试样的抗热震性[280-281]。

为了评估所制 MgO-C 试样的抗氧化性，在预设温度下分别对固化干燥后的试样和热处理后的试样分别进行了氧化试验。图 6-7 所示为试样完成氧化实验后

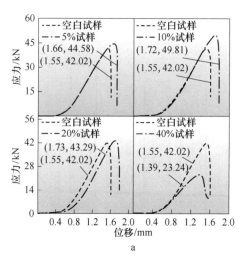

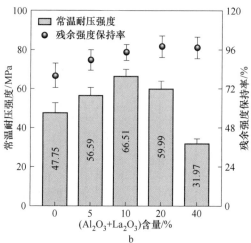

图 6-6 不同含量添加剂的 MgO-C 试样的常温耐压强度

a—220 ℃干燥数据；b—1400 ℃热处理数据

的光学照片。由图可见，无论是固化干燥后的试样还是热处理后的试样，所呈现的实验结果都是相似的，即随着添加量的增加，试样抗氧化性先增加后减少（虚线标记的黑色区域为未氧化部分）。

图 6-8 所示为不同含量添加剂的 MgO-C 试样氧化实验后的脱碳层厚度和氧化率。由图 6-8a 和 b 可见，对于在 1100 ℃氧化 3 h 的试样，脱碳层深度从空白试样的 6.55 mm 降至添加 10%试样的 5.52 mm；对应地，试样的氧化率从 54.77%降至 47.58%。对于在 1400 ℃氧化 1 h 的试样，由图 6-8c 和 d 可见，也是添加

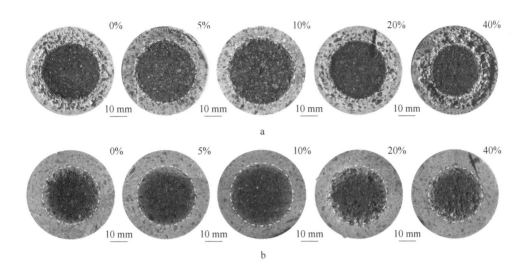

图 6-7 不同含量添加剂的 MgO-C 试样氧化实验后的光学照片

a—1100 ℃氧化 3 h；b—1400 ℃氧化 1 h

10%试样表现出最佳抗氧化性：脱碳层深度和氧化率分别为 6.02 mm 和 51.14%，分别较空白试样降低了 16.62% 和 13.57%。分析认为，因为所有试样的抗氧化剂（Al 和 Si）比例是相同的，所以试样抗氧化性提高的原因主要为添加剂对气孔率的影响。随着添加剂的引入，试样的气孔率降低，能够提供 O_2 进入试样内部的通道（开孔和贯通裂纹）减少，因此更致密的试样表现出更出色的抗氧化性。通过对比试样在不同氧化温度下的实验数据发现，虽然在 1400 ℃氧化试样的脱碳层深度和氧化率整体大于在 1100 ℃氧化试样的数值（高温加快了石墨的氧化速率），但在 1400 ℃下试样的抗氧化性改善效果更显著。例如，在 1400 ℃氧化 1 h 后，添加 10%试样的脱碳层深度较空白试样减少了 1.20 mm，改善效率为 16.62%；而在 1100 ℃氧化 3 h 后，添加 10%试样的脱碳层深度只比空白试样减少了 1.03 mm，改善效率为 15.72%。事实上，即使是抗氧化性表现比较差的添加 40%试样结果也是类似的。它在 1100 ℃氧化 3 h 后，比空白试样的氧化率增加了 17.38%，而在 1400 ℃氧化 1 h 后只增加了 6.84%。通常认为，在致密度相同的情况下，材料的平均孔径越小，抗氧化性越好，这是因为孔径越小越容易发生被动氧化（即填充气孔表面）。

对于含有添加剂的试样，如前所述，气孔率的降低是试样内部原位反应体积膨胀的宏观表现。同时，试样内部的气孔/裂纹也会被填充或分割为更小尺寸的气孔/裂纹。为了证实这一推论，以空白试样和添加 10%试样为例，采用工业 CT 检测了它们的孔径分布，测试结果如图 6-9 所示。其中，图中以不同颜色代表试

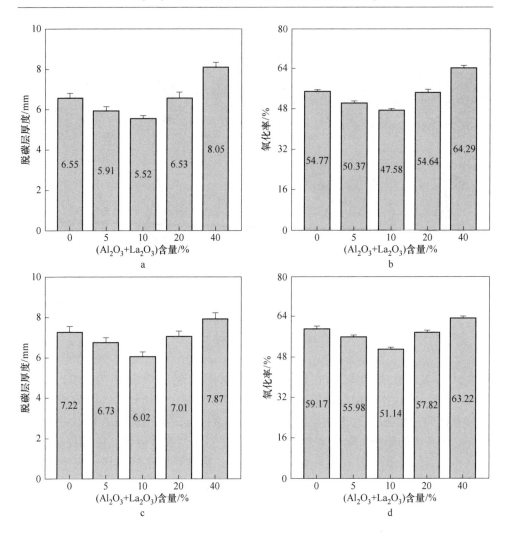

图 6-8   不同含量添加剂的 MgO-C 试样氧化实验后的脱碳层厚度和氧化率
a，b—1100 ℃氧化 3 h；c，d—1400 ℃氧化 1 h

样内部气孔的等效直径，尺寸越大气孔的颜色越接近粉红色。由图可见，添加 10% 试样气孔的孔径主要集中在 0.08 ~ 0.69 mm 范围内，而空白试样的孔径更大，分布在 0.80 ~ 1.88 mm 之间。因此，添加剂的引入可以有效减小试样的平均孔径，从而提高其抗氧化性。

图 6-10 所示为气孔尺寸影响抗氧化性的内在原因。由图可知，在试样的氧化过程中，小尺寸气孔更容易被附近抗氧化剂的氧化产物所填充（Al 发生氧化的体积膨胀率约为 27%，Si 发生氧化的体积膨胀率约为 126%），从而减少了氧气的进入，降低了氧化速率。

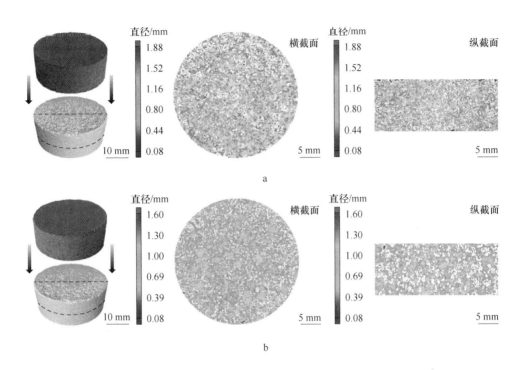

图 6-9　不同含量添加剂的 MgO-C 试样在 1400 ℃热处理 3 h 后的 CT 扫描照片

a—空白试样；b—添加 10% 试样

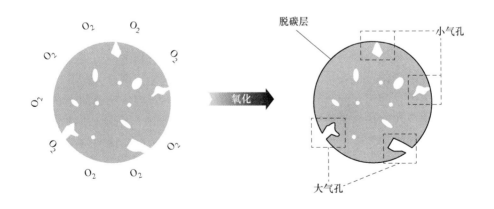

图 6-10　氧化增强机理示意图

由图 6-11 所示的 MgO-C 试样的光学照片可见，试样与熔渣界面处未观察到明显腐蚀迹象，所有试样均表现出出色的抗渣腐蚀性能。分析认为，这主要是因为原料使用了高纯度的电熔镁砂，杂质含量少。

图 6-11　不同含量添加剂的 MgO-C 试样在 1600 ℃渣侵 3 h 后的光学照片

a—空白试样；b—添加 5% 试样；c—添加 10% 试样；d—添加 20% 试样；e—添加 40% 试样

　　为了进一步研究不同试样的抗渣渗透性能，取试样界面处以观察熔渣的渗透行为，结果如图 6-12 所示。由于 Ca 和 Si 元素是炉渣的主要元素，而试样中它们含量很少，因此可以通过它们在试样中的分布情况来评估熔渣的渗透深度。由图可见，与空白试样相比（1035 μm，见图 6-12a），含添加剂试样的渗透深度均有一定程度的降低，显示出更好的抗渣渗透性。其中，添加 10% 试样的抗渣性能最佳，渗透深度为 589 μm，较空白试样降低了 43.09%（见图 6-12c）。此外，虽然随着添加量逐渐增多，如添加 40% 试样的改善效果有所降低，渗透深度增至 806 μm，但仍比空白试样降低了 22.13%（见图 6-12e）。通常认为，耐火材料熔入渣中和渣渗入耐火材料是导致耐火材料高温失效的两大原因。耐火材料向渣中的溶解与该相在渣中的饱和溶解度有关。因此，在渣组分固定的前提下，想要提高耐火材料的抗渣性，应重点关注熔渣对耐材的渗透。由式（3-9）～式（3-13）中毛细管模型公式可知：熔渣的黏度越高，它渗入耐火材料的能力就越差；耐火材料的气孔率越低、气孔尺寸越小，它抵抗熔渣的渗透能力则越强。其中，一方面，在不考虑其他因素的前提下，耐火材料的显气孔率对熔渣渗透的影响是显而易见的。高气孔率相当于增加了熔渣进入耐火材料的通道，因此抗渣性会大幅降低。结合试样的相关数据可知，添加 5% 试样和添加 10% 试样比空白试样的显气孔率更低（12.59% ＞11.03% ＞10.17%，见图 6-4c），因此具有更好的抗渣性。需要额外解释的是添加 40% 试样，它的显气孔率（16.25%）大于空白试样显气孔率，却表现出更好的抗渣性。由图 6-9 可知，含添加剂试样的孔径更小。因此，更小的气孔尺寸是添加 20% 试样和添加 40% 试样抗渣性提高的原因之一。

　　另外，添加剂与基质和炉渣反应形成的原位陶瓷相也发挥着积极影响。如图 6-13 所示（FM 为电熔镁砂，FG 为鳞片石墨），这些原位陶瓷相可通过桥接基质或填充气孔/裂缝等方式增加熔渣渗透的阻力。同时，原位陶瓷相发生剥落

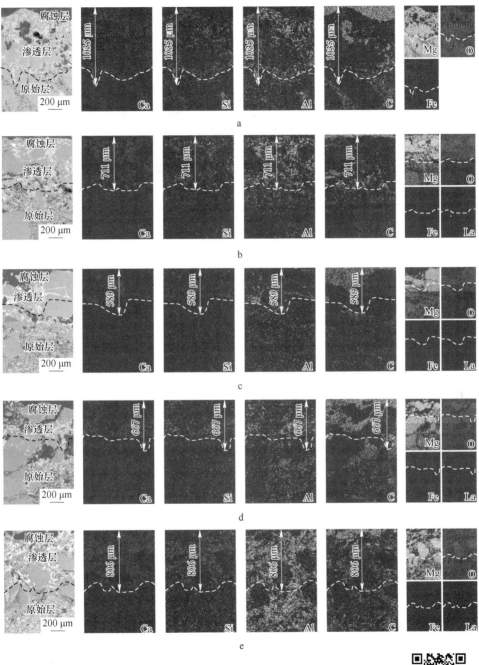

图 6-12 不同含量添加剂的 MgO-C 试样在 1600 ℃渣侵
3 h 后的腐蚀界面处的 SEM 图像和 EDS 分析结果
a—空白试样；b—添加 5% 试样；c—添加 10% 试样；
d—添加 20% 试样；e—添加 40% 试样

图 6-12 彩图

时，熔渣的黏度由于非溶性固相颗粒含量的增加而大幅降低[282-283]。因此，低气孔率、小孔径和原位陶瓷相这三个因素的综合作用，赋予了含添加剂试样更优良的抗渣性。

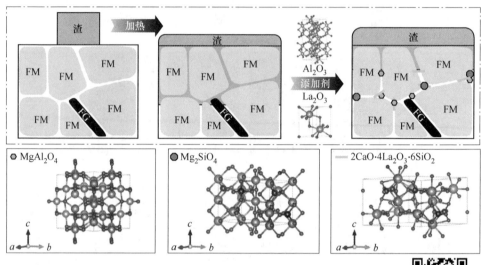

图 6-13　不同含量添加剂 MgO-C 试样的渣腐蚀/渗透示意图

图 6-13 彩图

综上所述，随着 Al_2O_3 和 La_2O_3 复合添加剂的引入，原位形成的 Mg_2SiO_4（纤维状和粒状）、$MgAl_2O_4$（纤维状和粒状）、$2CaO \cdot 4La_2O_3 \cdot 6SiO_2$（棒状）等陶瓷相及其结构效应是所制低碳 MgO-C 耐火材料性能提高的根本原因。其中，体积膨胀效应降低了显气孔率、减小了气孔尺寸，从而提高了所制低碳 MgO-C 耐火材料的力学性能和抗氧化性；晶间相增强效应延缓了热应力裂纹的扩展，增加了熔渣渗透的阻力，从而改善了低碳 MgO-C 耐火材料的抗热震性和抗渣性。

7 氧化铝-碳化硅复合添加剂的合成及表征

Al$_2$O$_3$-SiC 属于氧化物-非氧化物复合材料，因具有很高的强度、断裂韧性和高温稳定性，在冶金、航天航空、化工和电子行业被广泛应用。工业上 Al$_2$O$_3$ 与 SiC 的制备方法主要是拜耳法和碳热还原法，但是所用原料高铝土矿和高纯金刚砂价格均不便宜。黏土矿物和电瓷废料的主要成分为 Al$_2$O$_3$ 和 SiO$_2$，利用碳热还原法高温原位合成 Al$_2$O$_3$-SiC 材料是一种有效降低其制备成本的策略。

碳热还原反应是在高温惰性气氛下以 C 作为还原剂，还原金属氧化物（如 TiO$_2$、Nb$_2$O$_5$ 等）以及用于多种矿物的分离提纯。耐火黏土与电瓷废料制备 Al$_2$O$_3$-SiC 的关键就是使其中的 SiO$_2$ 发生碳热还原反应生成 SiC，而 Al$_2$O$_3$ 通过再结晶生成 α-Al$_2$O$_3$。碳热还原反应的关键在于惰性或还原性气氛的控制，以及保证足够的温度满足反应热力学和反应动力学的要求。埋碳法是进行碳热还原反应常用的方法。除此之外，感应炉是利用物料的感应电热效应而使物料加热或熔化的电炉，常用来快速加热或熔炼金属。目前使用感应炉合成陶瓷粉体的研究较少，其主要原因是陶瓷材料导电性较差。在本实验中，使用碳热还原法制备 Al$_2$O$_3$-SiC 复合粉体，可利用石墨坩埚和炭黑的导电性，用高频感应炉尝试合成 Al$_2$O$_3$-SiC 复合粉体，为氧化物-非氧化物复合粉体的合成探索新途径。

基于此，本章以耐火黏土或电瓷废料为原料，采用电磁感应法制备了 Al$_2$O$_3$-SiC 复合粉体，并研究了不同感应电流对所制复合粉体物相组成和颗粒形貌的影响；采用埋碳法制备了 Al$_2$O$_3$-SiC 粉体，并研究了不同加热温度、不同 La$_2$O$_3$ 粉体添加量对所制复合粉体物相组成和颗粒形貌的影响。

7.1 原料、流程及测试方法

7.1.1 实验原料

本实验制备 Al$_2$O$_3$-SiC 复合粉体所需原料有耐火黏土、电瓷废料、N990 炭黑、鳞片石墨（埋碳保护用）和氧化镧，所有原料皆为粉体。其中，耐火黏土和电瓷废料具体成分见表7-1，XRD图谱和粒度分布如图7-1和图7-2所示。

表7-1　耐火黏土和电瓷废料的化学组成　　　（质量分数，%）

原料	Al_2O_3	SiO_2	Fe_2O_3	TiO_2	K_2O	其他
耐火黏土	32.34	63.26	1.68	1.16	0.90	0.66
电瓷废料	19.10	74.39	1.02	0.33	2.59	2.57

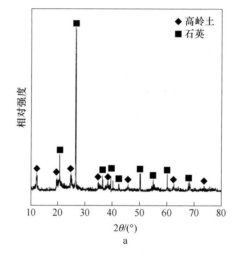

a

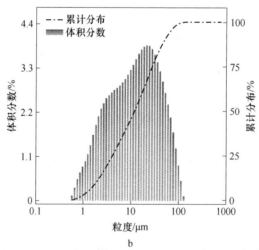

b

图7-1　耐火黏土的XRD图谱（a）和粒度分布（b）

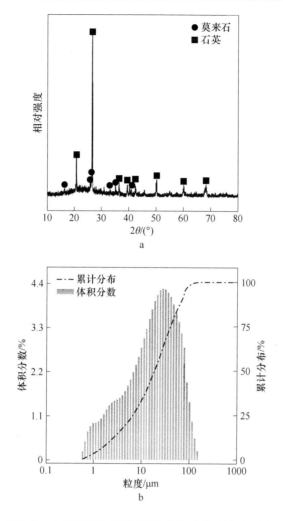

图 7-2 电瓷废料的 XRD 图谱（a）和粒度分布（b）

7.1.2 制备流程

本实验 Al_2O_3-SiC 复合粉体的制备过程主要包括：混料、压坯、加热、破碎细磨和消除残碳，工艺流程图如图 7-3 所示。

本实验选用 N990 炭黑作为还原剂，N990 炭黑具有粒度较小、活性高、分散性好等优点。耐火黏土或电瓷废料根据组分中 SiO_2 含量计算 N990 炭黑的掺和量，并保证 N990 炭黑稍微过量保证在动力学上提供足够的反应推动力，具体配比见表 7-2。为了提高合成效率，埋碳法所用生坯根据需要分别外加质量分数为 0.5% 和 1% 的 La_2O_3。将原料混合后用行星式球磨机混匀，然后以 50 MPa 压制

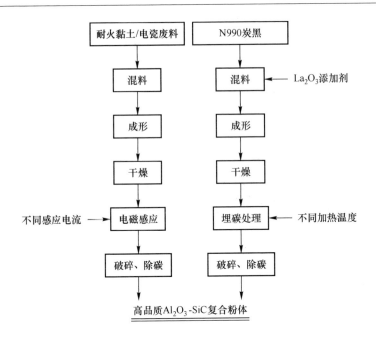

图 7-3 Al$_2$O$_3$-SiC 复合粉体的工艺流程图

成 ϕ15 mm 的圆柱生坯（N1、N2、N3 为耐火黏土生坯，分别添加 0% La$_2$O$_3$、0.5% La$_2$O$_3$、1% La$_2$O$_3$；D1、D2、D3 为电瓷废料生坯，分别添加 0% La$_2$O$_3$、0.5% La$_2$O$_3$、1% La$_2$O$_3$）。

表 7-2 不同试样配方

材 料	SiO$_2$ 含量/%	100 g 原料所需 C 量/g	实际用 C 量/g
耐火黏土	63.26	37.96	40
电瓷废料	74.39	44.64	50

电磁感应工艺：将压制好的生坯放于石墨坩埚中，然后把石墨坩埚置于感应线圈内部的支架上，在感应线圈与石墨坩埚之间用石英管隔绝。在石英管上下口用加垫耐火砖的胶塞密封，在上下胶塞中间打孔并连接导管。将保护气体 Ar 从下导管通入并从上导管导出，Ar 气流量为 0.3 L/min。感应炉感应电压固定为 380 V，调整感应电流至 400 A、500 A、600 A，保持 15 min。随后将样品取出使用玛瑙研钵破碎，最后将粉体放在炉中于 600 ℃保温 1 h 除去体系中残碳。

埋碳工艺：将生坯放于石墨坩埚中，再将石墨坩埚放入刚玉坩埚中，坩埚之间用鳞片石墨填充直至将石墨坩埚全部覆盖。在刚玉坩埚中加盖刚玉片，保证坩埚内部的还原体系。将刚玉坩埚放于马弗炉中，以 10 ℃/min 的升温速率升温至

1000 ℃，然后以 5 ℃/min 的升温速率分别升至 1500 ℃、1550 ℃、1600 ℃，保温
4 h。保温结束后以 5 ℃/min 的降温速率降至 1000 ℃，最后随炉冷却至室温。将制
备的样品取出使用玛瑙研钵破碎，并将粉体于空气下以 600 ℃ 加热 1 h 除去残碳。

7.1.3　测试及表征方法

本小节所制 Al_2O_3-SiC 复合粉体试样的所有表征和检测方法均与前述实验保
持一致。

7.2　实验结果与分析

7.2.1　感应加热法制备 Al_2O_3-SiC 复合粉体

图 7-4 所示为试样 N1 在感应电流为 400 A 下保温 15 min 所得产物的 XRD 图
谱。由图可见，在 400 A 下并无 SiC 生成，主要是 $Al_6Si_2O_{13}$ 和 SiO_2 相；说明 400
A 达不到 SiC 生成温度，原料中偏高岭石已经分解成 Al_2O_3 和 SiO_2，并合成莫来
石相。在 20°~30° 有非晶相馒头峰，说明体系中还有一些未结晶的玻璃相。

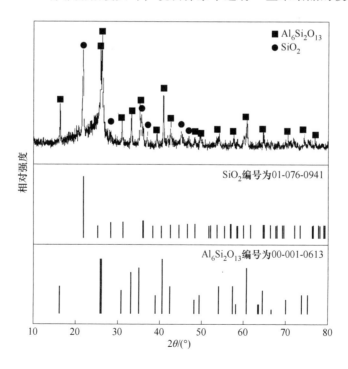

图 7-4　试样 N1 经 400 A 感应加热 15 min 合成产物的 XRD 图谱

图 7-5 所示为试样 N1 在感应电流为 500 A 时保温 15 min 时的 XRD 图谱。由图可见，当感应电流为 500 A 时已经有 SiC 生成，体系由 SiC 相和 $Al_6Si_2O_{13}$ 相构成，而 SiO_2 相已经消失。与此同时，20°~30°非晶玻璃相峰明显降低，说明此时耐火黏土中 SiO_2 已经转换成 SiC 或莫来石。此外，体系中还有形成了少量的 Fe_3Si 相。

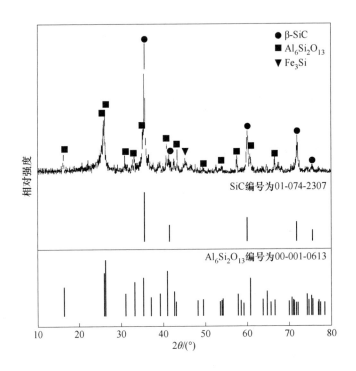

图 7-5　试样 N1 经 500 A 感应加热 15 min 合成产物的 XRD 图谱

图 7-6 所示为试样 N1 经 600 A 感应加热 15 min 后产物的 XRD 图谱。由图可见，莫来石的衍射峰已经消失，取而代之的是 α-Al_2O_3 的衍射峰。与此同时，杂质相衍射峰的强度相较于图 7-4 和图 7-5 有明显降低。物相体系主要为 β-SiC 相、α-Al_2O_3 相和少量 Fe_3Si 相，说明耐火黏土在此工艺条件下成功合成了 Al_2O_3-SiC 粉体。

图 7-7 所示为试样 N1 于感应电流 600 A 下感应加热 15 min 产物的 SEM 图像和 EDS 分析结果。通过对产物中的球状小颗粒和块状大颗粒进行 EDS 分析可知，小颗粒为 SiC 球状颗粒，大颗粒为 Al_2O_3。SiC 小颗粒堆积在 Al_2O_3 周围，说明小颗粒 SiC 的来源除了体系中的 SiO_2 反应，还可能来源于莫来石还原所得的 SiO_2，还原后的 SiO_2 转化为 SiC，而 Al_2O_3 保持原有形貌，所以有 SiC 颗粒堆叠覆盖在 Al_2O_3 颗粒上的现象。

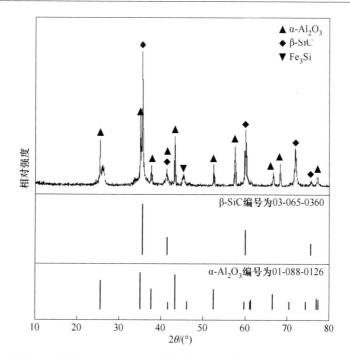

图 7-6 试样 N1 经 600 A 感应加热 15 min 合成产物的 XRD 图谱

为了探究当感应电流强度为 600 A 时是否为铝硅系矿物合成 Al_2O_3-SiC 复合粉体的通用温度，选用杂质较多、SiO_2 含量更高的电瓷废料为原料在 600 A 感应加热 15 min，其产物 XRD 分析结果如图 7-8 所示。由图可见，以电瓷废料为原料也成功合成了 Al_2O_3-SiC 复合粉体。在衍射角 20°~30°仍有较为明显的"馒头峰"，分析认为是由电瓷废料中杂质相形成的低熔点非晶相。与耐火黏土相比，由电瓷废料合成复合粉体的 SiC 衍射峰强度更高是因为电瓷废料中的 SiO_2 含量更高。

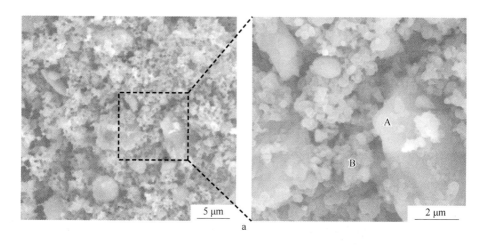

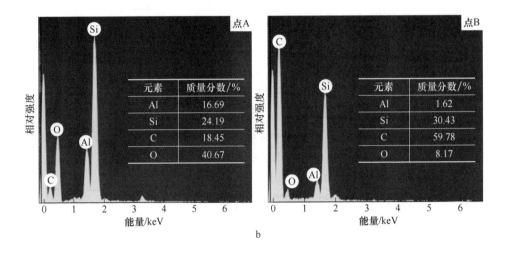

图 7-7　试样 N1 经 600 A 感应加热 15 min 合成产物的 SEM 图像（a）
和不同颗粒的 EDS 分析结果（b）

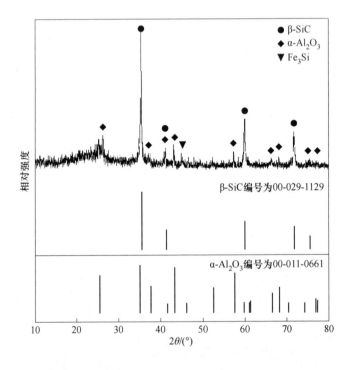

图 7-8　试样 D1 经 600 A 感应加热 15 min 合成产物的 XRD 图谱

图 7-9a 为试样 D1 于感应电流 600 A 感应加热 15 min 后产物 SEM 图像。

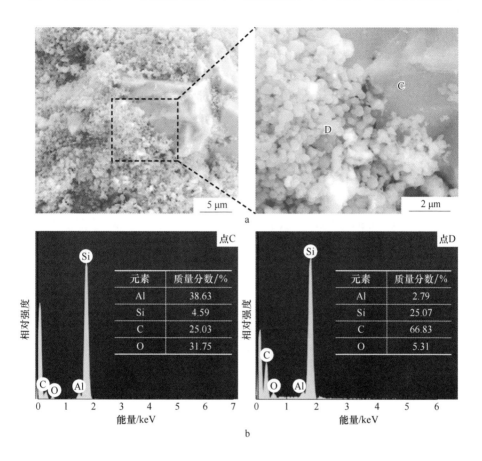

图 7-9　试样 D1 经 600 A 感应加热 15 min 合成产物的 SEM 图像（a）
和不同颗粒的 EDS 分析结果（b）

由图 7-9a 可见，产物的形貌结构与用耐火黏土制备的 Al_2O_3-SiC 复合粉体基本类似，SiC 以纳米及球状颗粒分布在块状 Al_2O_3 周围。通过对粉体进行 EDS 分析可知，Al、Si 元素分离效果较好（见图 7-9b）。因此，电瓷废料经电磁感应加热后 Al_2O_3-SiC 复合粉体的合成效果依然十分良好。

7.2.2　埋碳法制备 Al_2O_3-SiC 复合粉体

图 7-10 所示为试样 N1 分别于 1500 ℃、1550 ℃、1600 ℃埋碳处理 4 h 后产物的 XRD 图谱。由图可知，经 1500 ℃加热后的粉体主要由莫来石、SiC 以及少量的 Fe_3Si 组成；经 1550 ℃加热后产物 XRD 图谱中的莫来石衍射峰强度已明显

减弱，但还有部分残留；经 1600 ℃加热后产物 XRD 图谱中莫来石衍射峰基本消失，随之 Al_2O_3 衍射峰出现。与此同时，随着加热温度的升高，SiC 衍射峰强度逐渐增高，说明温度升高有助于 SiC 的生成和结晶。莫来石完全反应还原温度在 1550～1600 ℃之间，这与热力学计算结果相符[284]。

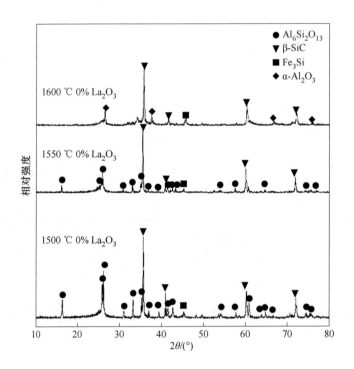

图 7-10　试样 N1 于 1500 ℃、1550 ℃、1600 ℃埋碳处理 4 h 产物的 XRD 图谱

　　实验中在 1500 ℃就有 SiC 生成。这部分 SiC 中的 Si 可能来自体系中多余的 SiO_2，这部分 SiO_2 没有参与莫来石的合成，而是直接与 C 反应或者与体系中的金属氧化物杂质以未知的反应路径进行了 SiC 的合成，或者是一部分 SiO_2 与杂质形成某些固熔体，这些固熔体更易与 C 反应生成 SiC。

　　图 7-11 所示为试样 D1 于 1500 ℃、1550 ℃、1600 ℃埋碳处理 4 h 后产物的 XRD 图谱。由图可见，试样 D1 在 1500 ℃和 1550 ℃的反应效果不理想，在 20°～30°之间存在大量的非晶玻璃相，莫来石衍射峰并不明显。当加热温度为 1600 ℃时，体系中非晶玻璃相大幅减弱，但是 Al_2O_3 衍射峰强依旧很低，在衍射角 10°～30°处还有非晶相。但与耐火黏土类似，在 1500℃、1550 ℃、1600 ℃均有 SiC 相生成。分析认为，在 1500 ℃加热时，同样可能是 SiO_2 直接反应或与杂质生成固熔体与 C 发生反应生成 SiC。加热温度高于 1550 ℃后 SiC 衍射峰强明显

增强，说明加热温度的升高对 SiO_2 与 C 反应有促进作用。因为电瓷废料还有更多的 SiO_2 和杂质，并且 SiO_2 并不是以游离 SiO_2 方式存在，所以粉体合成的难度比耐火黏土更高，需要在1600 ℃以上温度进行合成才可能改善体系中大量非晶现象。莫来石衍射峰不明显的原因很可能是在反应过程中团聚及 SiC 包裹，具体原因在微观分析中说明。

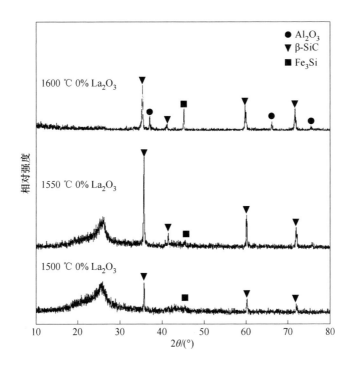

图7-11 试样 D1 于1500 ℃、1550 ℃、1600 ℃埋碳处理4 h 产物的 XRD 图谱

图7-12所示为试样 N1、N2、N3 于1500 ℃埋碳处理4 h 产物的 XRD 图谱。由图可见，随着 La_2O_3 添加量的提高，体系中的莫来石相和 SiC 相的峰强逐渐升高，说明 La_2O_3 对 SiC 结晶促进效果更为明显。其中，添加1% La_2O_3 时的促进效果最为明显。分析可知，添加 La_2O_3 可以促进合成反应进行，促进莫来石和 SiC 的生成和结晶。

图7-13所示为试样 N1、N2、N3 于1550 ℃埋碳处理4 h 产物 XRD 图谱。由图可见，随着 La_2O_3 添加量的升高，莫来石相逐渐消失，α-Al_2O_3 相逐渐生成。当 La_2O_3 添加量为1%时，莫来石相基本消失，α-Al_2O_3 衍射峰强度达到最高，说明 La_2O_3 的添加能促进莫来石还原。结合图7-12可知，La_2O_3 的引入可促进整个体系中莫来石相生成和还原的反应进程，同时降低还原反应所需温度。

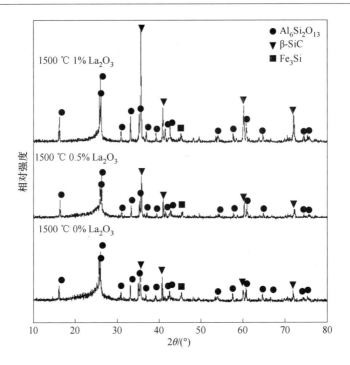

图 7-12　试样 N1、N2、N3 于 1500 ℃埋碳处理 4 h 产物的 XRD 图谱

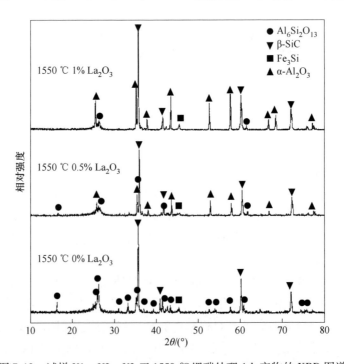

图 7-13　试样 N1、N2、N3 于 1550 ℃埋碳处理 4 h 产物的 XRD 图谱

图 7-14 所示为试样 N1、N2、N3 于 1600 ℃埋碳处理 4 h 产物的 XRD 图谱。由图可见，添加 La$_2$O$_3$ 对整个体系物相组成的影响已经不大，所有试样的物相均由 β-SiC、α-Al$_2$O$_3$ 和 Fe$_3$Si 组成。这说明加热温度为 1600 ℃时碳热还原反应已经趋近完全，添加 La$_2$O$_3$ 对整体组成基本无影响。

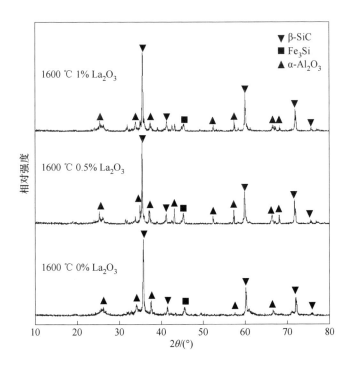

图 7-14　试样 N1、N2、N3 于 1600 ℃埋碳处理 4 h 产物的 XRD 图谱

图 7-15 所示为试样 D1、D2、D3 于 1500 ℃埋碳处理 4 h 产物 XRD 图谱。由图可见，添加 0.5% La$_2$O$_3$ 时对最终产物的物相几乎没有影响。添加量为 1% La$_2$O$_3$ 时，XRD 图谱中可以看到有莫来石特征峰，而且体系中玻璃相大大减少，同时 SiC 衍射峰强度大幅提升。因此，此时温度为反应速率的关键，添加 La$_2$O$_3$ 可以促进莫来石和 SiC 的结晶。

图 7-16 所示为试样 D1、D2、D3 于 1550 ℃埋碳处理 4 h 产物的 XRD 图谱。与在 1500 ℃加热的情况类似，当 La$_2$O$_3$ 添加量为 1% 时，XRD 图谱中可以观察到莫来石的衍射峰，非晶相明显减少。随着 La$_2$O$_3$ 添加量的增大，SiC 衍射峰强度提高。分析认为，影响体系物相的主要因素还是处理温度，La$_2$O$_3$ 的添加只能促进整体反应的进行和提高反应程度。

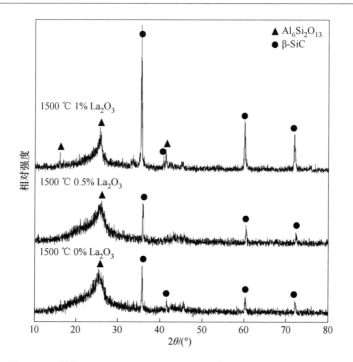

图 7-15　试样 D1、D2、D3 于 1500 ℃埋碳处理 4 h 产物 XRD 图谱

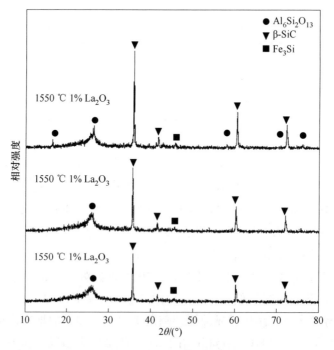

图 7-16　试样 D1、D2、D3 于 1550 ℃埋碳处理 4 h 产物 XRD 图谱

图 7-17 所示为试样 D1、D2、D3 于 1600 ℃埋碳处理 4 h 产物的 XRD 图谱。由图可见，随着 La$_2$O$_3$ 添加量的升高，Al$_2$O$_3$ 相逐渐生成。在添加 1% La$_2$O$_3$ 的体系中 Al$_2$O$_3$ 特征峰较为明显，SiC 衍射峰强度也为最强。与此同时，Al$_2$O$_3$ 特征峰强度与图 7-16 中添加 1% La$_2$O$_3$ 莫来石峰强相对应，进一步说明添加 La$_2$O$_3$ 可以促进体系中莫来石相的形成和还原。

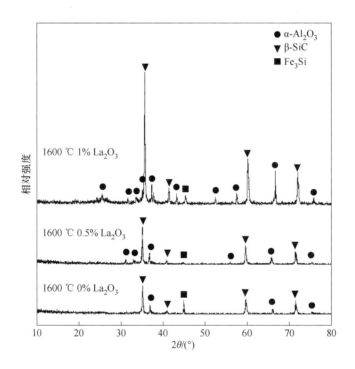

图 7-17 试样 D1、D2、D3 于 1600 ℃埋碳处理 4 h 产物的 XRD 图谱

图 7-18 所示为 N1、D1 试样分别在 1550 ℃、1600 ℃埋碳处理 4 h 后产物的 SEM 图像。由图可见，整体形貌与电磁感应法合成的粉体微观形貌相似，SiC 均为球状颗粒堆积在大颗粒表面。随着温度的升高，Al$_2$O$_3$ 颗粒结晶程度提高，由 1550 ℃中无规则形状转化为有层次棱角的块状晶，说明温度的升高对体系结晶程度和形貌结构有较大影响。

图 7-19 所示为添加 0.5%、1% La$_2$O$_3$ 的试样 N2、N3 于 1550 ℃埋碳处理 4 h 产物的 SEM 图像。由图可见，两者微观形貌相差不大，均由不规则形大颗粒和球形小颗粒两种晶粒组成。为了确定不同颗粒的物相成分，对不同形貌颗粒进行 EDS 分析，图 7-19 中 A 点～D 点的分析结果见表 7-3。由表中数据可见，试样

N2 和 N3 的不同颗粒成分基本类似：球形颗粒为 SiC，不规则形大颗粒为 Al_2O_3。结果说明 La_2O_3 添加剂的引入不会对本实验的物相产生影响，仅对莫来石的还原过程和新物相的结晶过程有促进作用。

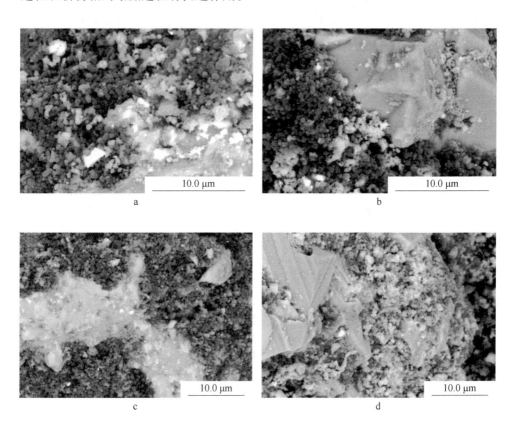

图 7-18　试样埋碳处理 4 h 产物的 SEM 图像
a—试样 N1，1550 ℃；b—试样 N1，1600 ℃；c—试样 D1，1550 ℃；d—试样 D1，1600 ℃

a

b

图 7-19　试样在 1550 ℃埋碳处理 4 h 产物的 SEM 图像

a—试样 N2；b—试样 N3

表 7-3　试样 N2、N3 的 EDS 分析结果　　　　（质量分数,%）

位置	C	Si	Al	O	Na	Ca	Fe	其他
点 A	—	26.28	19.11	48.99	2.92	0.64	—	1.8
点 B	41.56	45.30	5.11	6.87	—	—	—	1.15
点 C	46.12	29.49	6.75	14.29	0.63	1.85	—	1.82
点 D	—	27.72	11.72	47.41	2.57	2.93	4.21	3.46

图 7-20 所示为添加 0.5%、1% La_2O_3 的试样 D2、D3 在 1550 ℃埋碳处理 4 h 产物的 SEM 图像,复合粉体中大颗粒的断面呈现出两种明显不同的微观组织。由表 7-4 的 EDS 分析结果可知,试样 D2 大颗粒断面结构由 SiC 外层和莫来石-SiO_2 内层构成(见图 7-20a)。由此说明在采用埋碳法制备 Al_2O_3-SiC 复合粉体时,碳热还原反应是由外向内进行的,内层成分的组成是由于电瓷废料中的 SiO_2 过量造成的,当铝化合物形成莫来石再被还原为氧化铝后,剩余的 SiO_2 继续与 C 反应生成 SiC；随着反应的进行,由氧化硅还原生成的 SiC 颗粒逐渐堆积在外层,颗粒内部相应转变为莫来石 + SiO_2 的结构。由图 7-20b 可见,试样 D3 与 D2 微观结构相似。由表 7-4 可见,试样 D3 与 D2 微区成分基本相似,因此它们不同组织的形成机理也完全相同。

表 7-4　试样 D2、D3 的 EDS 分析结果　　　　（质量分数,%）

位置	C	Si	Al	O	Na	Ca	Fe	其他	总计
点 A	—	26.28	19.11	48.99	2.92	0.64	—	1.8	100
点 B	41.56	45.30	5.11	6.87	—	—	—	1.15	100
点 C	46.12	29.49	6.75	14.29	0.63	1.85	—	1.82	100
点 D	—	27.72	11.72	47.41	2.57	2.93	4.21	3.46	100

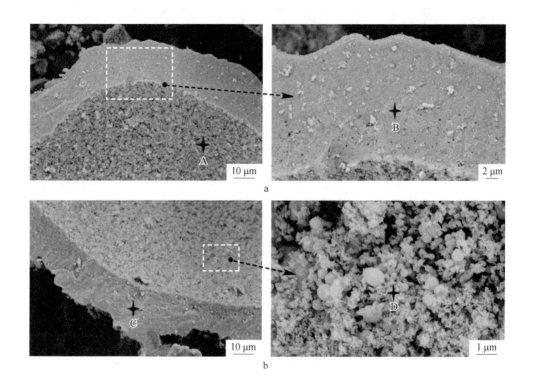

图 7-20 试样在 1550 ℃埋碳处理 4 h 产物的 SEM 图像

a—试样 D2；b—试样 D3

另外，试样 D1、D2、D3 经不同温度加热的 XRD 图谱中莫来石或 Al_2O_3 衍射峰不明显，分析认为可能是由于 SiC 外层包裹内部莫来石或 Al_2O_3 导致的。因为电瓷废料与耐火黏土的形成机制不同，其内部莫来石的形成主要依靠 SiO_2 的消耗和结晶，以使 Al_2O_3 和 SiO_2 的配比更接近莫来石。但 SiO_2 反应生成 SiC 所需的温度较高，因此导致莫来石的形成困难。引入的 La_2O_3 能加快中间产物 SiO 的扩散，从而推动 SiC 反应的进行，最终促进体系中莫来石的生成。因此，在添加 1% La_2O_3 时 XRD 图谱中出现了微弱的莫来石衍射峰。耐火黏土中主要成分是偏高岭石，偏高岭石在加热过程中会发生偏高岭石分解，再形成莫来石。具体反应如下：

$$Al_2O_3 \cdot 2SiO_2 = Al_2O_3(无定形) + 2SiO_2(无定形) \qquad (7-1)$$

$$Al_2O_3(无定形) = \gamma\text{-}Al_2O_3 \qquad (7-2)$$

$$3\gamma\text{-}Al_2O_3 + 6SiO_2 = 3Al_2O_3 \cdot 2SiO_2 + 4SiO_2(方石英) \qquad (7-3)$$

因此，在 N1、N2、N3 中莫来石生成时间很早，更容易被 XRD 探测到。

7.3　碳热还原反应机理分析

电瓷废料中的主要成分为 SiO_2 和 Al-Si-O 固熔体。本实验制备 Al_2O_3-SiC 复合粉体的反应机理为：原料中的 SiO_2 与 C 反应生成 SiO，进而再与 C 反应生成 SiC；高温下 Al-Si-O 固熔体因体系中 SiO_2 减少而转变为莫来石，同时其中一部分 SiO_2 生成 SiC；最后莫来石与 C 反应还原生成 Al_2O_3 和 SiC。由热力学手册可知，SiO、CO、SiC、SiO_2、Al_2O_3、Al_4C_3、$Al_6Si_2O_{13}$ 标准吉布斯自由能见表 7-5[76]。

表 7-5　各物质的标准生成吉布斯自由能

反应方程式	标准吉布斯自由能/J·mol^{-1}
$Si(l) + 1/2O_2(g) = SiO(g)$	$\Delta_f G^{\ominus}_{SiO} = -155230 - 47.28T$
$Si(l) + O_2(g) = SiO_2(s)$	$\Delta_f G^{\ominus}_{SiO_2} = -946350 + 197.64T$
$C(s) + 1/2O_2(g) = CO(g)$	$\Delta_f G^{\ominus}_{CO} = -114400 - 85.77T$
$C(s) + Si(l) = SiC(s)$	$\Delta_f G^{\ominus}_{SiC} = -114400 + 37.20T$
$2Al(l) + 3/2O_2(g) = Al_2O_3(s)$	$\Delta_f G^{\ominus}_{Al_2O_3} = -1682900 + 323.24T$
$4Al(l) + 3C(s) = Al_4C_3(s)$	$\Delta_f G^{\ominus}_{Al_4C_3} = -266520 + 96.23T$
$3Al_2O_3(s) + 2SiO_2(s) = 3Al_2O_3 \cdot 2SiO_2(s)$	$\Delta_f G^{\ominus}_{Al_6Si_2O_{13}} = 8600 - 17.41T$

耐火黏土与电瓷废料虽然元素成分相似，但反应机理并不相同。耐火黏土中的 Al 以偏高岭石的形式存在，具体反应机理为：在加热到 1300 ℃ 以上时，偏高岭石转变为莫来石和方石英相；然后 SiO_2 与 C 反应生成 SiC，莫来石与 C 反应还原生成 Al_2O_3 和 SiC。

根据表 7-5 的反应方程式通过盖斯定律可以得到本实验相关反应的标准吉布斯自由能，具体公式如下：

$$SiO_2(s) + 3C(s) = SiC(s) + 2CO(g) \tag{7-4}$$

$$\Delta_f G^{\ominus}_{7-4} = 603150 - 331.98T$$

$$SiO_2(s) + C(s) = SiO(g) + CO(g) \tag{7-5}$$

$$\Delta_f G^{\ominus}_{7-5} = 676720 - 330.69T$$

$$SiO(g) + 2C(s) = SiC(s) + CO(g) \tag{7-6}$$

$$\Delta_f G^{\ominus}_{7-6} = -73570 - 1.29T$$

$$3Al_2O_3 \cdot 2SiO_2(s) \Longrightarrow 3Al_2O_3(s) + 2SiO_2(s) \tag{7-7}$$

$$\Delta_f G^{\ominus}_{7-7} = -8600 + 17.41T$$

若用埋碳法常压下制备 Al_2O_3-SiC 复合粉体，则有 $\ln J \approx \ln K$。当处理温度高于 1000 ℃ 且为还原气氛下，空气中 O_2 均被氧化为 CO，此时体系中 CO 的分压为 $\dfrac{p_{CO}}{p_{CO} + p_{N_2}} = \dfrac{p_{CO}}{p^{\ominus}} = 0.35$。因此，对于反应式（7-4）和式（7-5）有：

$$\Delta_f G_{7-4} = \Delta_f G^{\ominus}_{7-4} + RT\ln K = \Delta_f G^{\ominus}_{7-4} + RT\ln\left(\frac{p_{CO}}{p^{\ominus}}\right)^2 \tag{7-8}$$

$$\Delta_f G_{7-5} = \Delta_f G^{\ominus}_{7-5} + RT\ln K = \Delta_f G^{\ominus}_{7-5} + RT\ln\frac{p_{CO} \cdot p_{SiO}}{(p^{\ominus})^2} \tag{7-9}$$

若要反应式（7-4）和式（7-5）能自发进行，则需要 $\Delta_f G_{7-4} < 0$ 和 $\Delta_f G_{7-5} < 0$。将 $R = 8.314$ 代入式（7-4）计算可得 $T > 1726$ K。令 $\Delta_f G_{7-5} < 0$，可得反应发生 SiO 极限分压：

$$\frac{p_{SiO}}{p^{\ominus}} < 1.836 \times 10^{-3} \tag{7-10}$$

说明 SiO 分压小于 1.836×10^{-3} 时，反应式（7-5）可自发进行。类似地，对于反应式（7-6），想要自发进行同样需要 $\Delta_f G_{7-6} < 0$。

$$\Delta_f G_{7-6} = \Delta_f G^{\ominus}_{7-6} + RT\ln K = \Delta_f G^{\ominus}_{7-6} + RT\ln\frac{p_{CO}}{p^{\ominus}} \tag{7-11}$$

式（7-11）为负数相加恒小于 0，说明无论 SiO 在何温度，都能自发与 C 反应生成 CO 和 SiC。因此，埋碳体系中 SiO 无论生成多少都会迅速消耗，使 SiO 的分压始终保持在一个很低的范围，从而保证了反应式（7-5）的持续进行，并且实验温度高于 1726 K，加快了反应的进行。

电磁感应加热计算方法同理。通入流量为 0.3 L/min、纯度为 99.99% 的 Ar 气保护环境可近似为 $\dfrac{p_{CO}}{p^{\ominus}} = 1 \times 10^{-4}$，代入反应式（7-4）计算可知 $\Delta_f G_{7-4} < 0$。自发进行的临界温度为 $T > 1243$ K，低于碳热环境下反应的自发进行的临界温度，反应更容易发生。

如前所述，电瓷废料中的 Al 初始以不稳定铝硅固溶体形式存在，在加热过程逐渐结晶形成 $Al_6Si_2O_{13}$ 稳定相；而耐火黏土中的 Al 来源于高岭石分解成无定型 Al_2O_3，然后与无定型 SiO_2 反应生成 $Al_6Si_2O_{13}$ 稳定相。根据反应式（7-7）可知，莫来石作为稳定相在本实验温度下不可能自发进行（$\Delta_f G_{7-7} > 0$），只有当温度足够高使莫来石中 SiO_2 转化为液相时才能分解（莫来石常规分解温度为 1810 ℃左右）。因此，本实验中莫来石相是通过反应式（7-12）分解生成 Al_2O_3 和 SiC。

$$Al_6Si_2O_{13}(s) + 6C(s) == 3Al_2O_3(s) + 2SiC(s) + 4CO(g) \quad (7-12)$$

$$\Delta_f G_7^\ominus - 12 = 119770 - 646.82T$$

体系中还有少量的 Fe_3Si 相，可能是电瓷废料中 Fe_2O_3 发生了如下反应[285]：

$$2Fe_2O_3(s) + 3C(s) == 4Fe(s) + 3CO_2(g) \quad (7-13)$$

$$Fe_2O_3 + 3C == 2Fe(s) + 3CO(g) \quad (7-14)$$

$$3Fe(s) + C(s) == Fe_3C(s) \quad (7-15)$$

$$Fe_3C(s) + SiO_2(s) + C(s) == Fe_3Si + 2CO \quad (7-16)$$

La_2O_3 加入可以生成低熔点液相，加快反应扩散速率，促进莫来石、SiC 结晶过程。同时，La_2O_3 还可以提高传氧速率，从动力学上加快反应进行[286]。

$$La_2O_3(s) + SiO_2(s) == La_2O_3 \cdot O + SiO(g) \quad (7-17)$$

$$La_2O_3 \cdot O + C(s) == La_2O_3(s) + C[O] \quad (7-18)$$

$$C[O] == CO(g) \quad (7-19)$$

综上所述，加热温度的升高可以推动反应进行和物相结晶，是影响反应程度的主要因素。耐火黏土中莫来石相随着温度升高逐渐转化成 $\alpha\text{-}Al_2O_3$ 相，电瓷废料中非晶陶瓷相堆积问题也随着温度升高而得到改善。电瓷废料还原产物中莫来石相和氧化铝相不明显，可能是因为颗粒表面生成 SiC 外层包裹内层组织。添加剂 La_2O_3，一方面可以促进莫来石和 SiC 的结晶，另一方面可以促进莫来石相的还原。

8 合成复合添加剂对低碳镁碳
耐火材料性能的影响

随着低碳钢、超低碳钢等高品质洁净钢生产技术的发展，必须最大限度减少耐火材料对钢水的增碳，从而对 MgO-C 耐火材料的低碳化提出了新的要求和挑战。但是，随着耐火材料中碳含量的降低，原本高碳含量带来的 MgO-C 耐火材料的优良性能会受到影响。例如：低碳镁碳耐火材料制品的热导率下降，弹性模量升高，其抗渣侵蚀性、抗热震性和抗剥落性能也会显著降低，进而降低了低碳 MgO-C 耐火材料的使用寿命。寿命短、使用次数少，仍然是低碳 MgO-C 耐火材料面临的实际问题。

Al_2O_3 和 SiC 均可作为低碳镁碳耐火材料的添加剂。Al_2O_3 在高温下与 MgO 形成镁铝尖晶石所产生的体积膨胀效应能改善材料微观结构，降低气孔率，提高抗侵蚀性。SiC 常作为抗氧化剂来提高含碳耐火材料的抗氧化性，虽然 SiC 氧化顺序在 C 之后，但 SiC 氧化会产生较大的体积膨胀，堵塞气孔的同时在表面形成一层 SiO_2 层隔绝 O_2 的进入。

基于此，将前述以耐火黏土或电瓷废料为原料合成的 Al_2O_3-SiC 复合粉体引入低碳镁碳耐火材料中，研究其对低碳镁碳耐火材料显气孔率、体积密度、常温耐压强度、抗热震性、抗氧化性及抗渣侵蚀性的影响。

8.1 原料、流程及测试方法

8.1.1 实验原料

本实验制备低碳镁碳耐火材料所需原料有电熔镁砂（MgO 含量≥98.0%）、鳞片石墨（C 含量≥99.0%）、工业 Al 粉（Al 含量≥99.0%）、液态酚醛树脂。

8.1.2 制备流程

本实验低碳镁碳耐火材料的配方见表 8-1。其中，镁砂颗粒为 5~3 mm、3~1 mm 和 1~0 mm 三种粒度，镁砂细粉为 200 目（75 μm），Al_2O_3-SiC 复合粉体分别选用 N1（以耐火黏土为原料，不加 La_2O_3 的生坯）、D3（以电瓷废料为原料，添加 1% La_2O_3 的生坯）于 1600 ℃保温 4 h 所得产物。具体制备工艺为：按

表8-1将5～3 mm镁砂大颗粒和3～1 mm镁砂中颗粒混匀，加入液态酚醛树脂后混料5 min，使大颗粒和中颗粒均被酚醛树脂包裹；然后加入石墨混料3 min，使石墨均匀附着在颗粒表面；最后加入小颗粒、200目（75 μm）细粉、Al粉、Al_2O_3-SiC复合粉体混料10 min。将混合好的原料在200 MPa下压制成ϕ50 mm × 36 mm的圆柱试样；压制成形后，将试样置于200 ℃干燥箱中保温12 h，然后以埋碳法于1400 ℃热处理3 h。

表8-1 不同试样配方 （质量分数，%）

试 样	S0	S1	S2	S3	S4	S5	S6
电熔镁砂颗粒	77.0	77.0	77.0	77.0	77.0	77.0	77.0
电熔镁砂细粉	17.0	14.5	12.0	9.5	14.5	12.0	9.5
金属铝粉	2.0	2.0	2.0	2.0	2.0	2.0	2.0
鳞片石墨	4.0	4.0	4.0	4.0	4.0	4.0	4.0
D3合成Al_2O_3-SiC粉体	0	0	0	0	2.5	5.0	7.5
N1合成Al_2O_3-SiC粉体	0	2.5	5	7.5	0	0	0
液态酚醛树脂	+4.0	+4.0	+4.0	+4.0	+4.0	+4.0	+4.0

8.1.3 测试及表征方法

（1）抗渣性。采用静态坩埚法测定所制MgO-C试样的抗渣性能，具体测试细节可参照前述章节。所用熔渣为钢厂电炉钢渣，其成分分析见表8-2。

表8-2 电炉钢渣的化学组成 （质量分数，%）

CaO	Al_2O_3	SiO_2	MgO	Fe_2O_3	其他
54.91	26.51	7.77	4.22	4.05	2.54

（2）其他。本小节所制低碳镁碳试样的所有表征和检测方法均与前述实验保持一致。

8.2 实验结果与分析

8.2.1 耐火黏土所制复合粉体

图8-1所示为不同含量复合粉体低碳镁碳耐火试样经1400 ℃热处理3 h后的显气孔率和体积密度。经过高温热处理，试样内部的酚醛树脂裂解形成气体排

出，并形成碳网结构。由图 8-1 可见，随着 Al_2O_3-SiC 复合粉体添加量的增大，试样的显气孔率先显著减小然后逐渐增大，体积密度变化趋势与之相反。埋碳环境可视为弱还原气氛，体系中的 SiC 在还原气氛下不参与反应，因此主要可归因于 Al_2O_3 的作用。分析认为，经 1400 ℃热处理后，粉体中的 Al_2O_3 能与 MgO 基质形成镁铝尖晶石，反应过程伴随的体积膨胀堵塞气孔，从而降低了显气孔率。但当体积膨胀过多时会导致内部结构遭受破坏产生裂纹，使显气孔率反而增加。如图 8-1a 所示，添加 2.5%复合粉体试样的显气孔率数值最小，由空白试样的 9.05%降低为 5.68%。而添加 5%和 7.5%复合粉体试样的显气孔率略微增大，

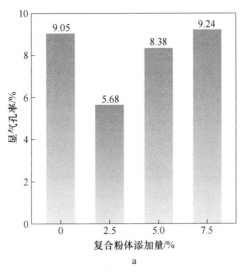

a

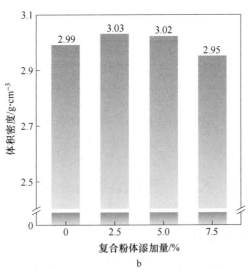

b

图 8-1　不同含量复合粉体低碳镁碳耐火试样的显气孔率（a）和体积密度（b）

这可能是因为体积膨胀效应过大而形成了微裂纹。

图8-2所示为不同含量复合粉体低碳镁碳耐火试样经1400℃热处理3 h后用的常温耐压强度。

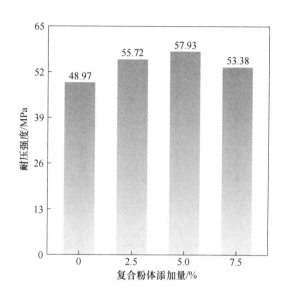

图 8-2 不同含量复合粉体低碳镁碳耐火试样的常温耐压强度

常温耐压强度与材料致密度有一定关系，通常越致密的试样常温耐压强度越高。由图8-2可见，添加2.5%、5%复合粉体试样的常温耐压强度明显提升，最高耐压强度是添加5%复合粉体的试样，为57.93 MPa。这与前述显气孔率和体积密度分析相符。另外，原位反应的体积膨胀效应导致添加复合粉体的试样内部形成微裂纹，大量微裂纹分散了应力，避免了大裂纹处的受力失衡。与此同时，不参与反应的 SiC 粒径较小（0.2～0.4 μm），在裂纹处可发挥"钉扎"作用，从而延缓裂纹的扩展。这也是为何添加7.5%复合粉体试样虽然显气孔率和体积密度与未添加复合粉体试样相似，但常温耐压强度更高的原因。

图8-3所示为不同含量复合粉体低碳镁碳耐火试样热震实验前后的常温耐压强度。本实验中将低碳镁碳试样放入预热至1200℃的热震实验炉，保温15 min，然后取出在室温下冷却10 min。重复3次后测试其常温耐压强度，将实验前后的常温耐压强度对比并计算强度保持率。由图8-3可知，随着复合粉体添加量的增大，试样的残余强度（热震实验后常温耐压强度）先增大后减小，且在复合粉体添加量为5%时达到最大值，为45.21 MPa。

图8-4所示为不同含量复合粉体低碳镁碳耐火试样的残余强度保持率。由图可见，试样的残余强度保持率先增加后降低，在添加5%试样取得最佳值，为

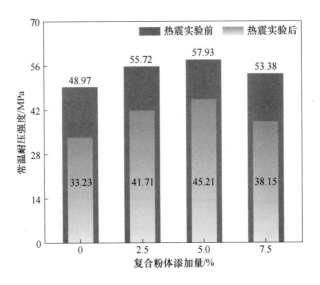

图 8-3　不同含量复合粉体低碳镁碳耐火试样热震
实验前后的常温耐压强度

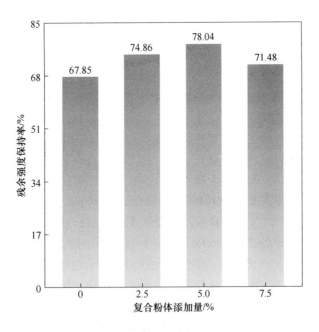

图 8-4　不同含量复合粉体低碳镁碳耐火试样的
残余强度保持率

78.04%，说明复合粉体的添加增强了低碳镁碳耐火材料的抗热震性。分析认为，一方面是因为原位形成的 $MgAl_2O_4$ 相发生体积膨胀效应使试样产生了微裂纹，微裂纹能及时释放热应力，使裂纹不会严重扩展；另一方面是因为 SiC 的本征热膨胀系数较 MgO 低，复合粉体的加入对试样热膨胀性有所改善。

图 8-5 所示为不同含量复合粉体低碳镁碳耐火试样在 1400 ℃氧化 2 h 后沿纵截面切开后的光学照片。具体氧化过程为：以 10 ℃/min 的速率升温至 1000 ℃，然后以 5 ℃/min 的速率升温至 1400 ℃保温 2 h，接着以 5 ℃/min 降温至 1000 ℃，最后随炉冷却至室温。

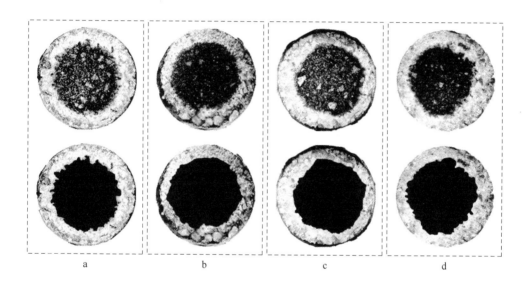

图 8-5 不同含量复合粉体低碳镁碳耐火试样氧化后的光学照片
a—空白试样；b—添加 2.5% 复合添加剂试样；c—添加 5% 复合添加剂试样；
d—添加 7.5% 复合添加剂试样

图 8-6a 所示为不同含量复合粉体低碳镁碳耐火试样的氧化率（氧化率 =（氧化面积/截面总面积）×100%）。随着复合粉体添加量的增大，试样的氧化率先减小后增大，说明低碳镁碳耐火材料的抗氧化性先提高后降低。添加 7.5% 复合粉体时材料的抗氧化性变差，根据之前实验结果判断是因为生成 $MgAl_2O_4$ 发生体积膨胀破坏了组织结构，使 O_2 更容易进入到材料内部。SiC 本身就是一种抗氧化剂，虽然不能先与 C 反应，但是能在氧化的过程中生成一层 SiO_2 层减缓氧气的渗透。同时生成的 SiO_2 还能与 MgO 生成镁橄榄石（Mg_2SiO_4）强化结构，提高强度，这一点可以从低碳镁碳耐火材料氧化层 XRD 分析知晓，分析结果如图 8-6b 所示，可以明显看出体系中生成了镁橄榄石和镁铝尖晶石相。

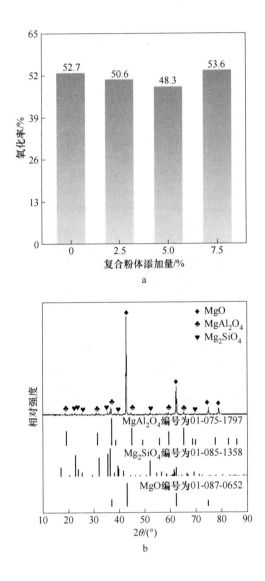

图 8-6　不同含量复合粉体低碳镁碳耐火试样的氧化率（a）
和试样 S2 氧化层的 XRD 图谱（b）

图 8-7 所示为不同含量复合粉体低碳镁碳耐火试样于 1600 ℃进行抗渣侵蚀实验 2 h 后的光学照片，试样 S0、S1 和 S2 侵蚀后界面处无明显裂纹且均有余渣。其中，试样 S2 熔渣的润湿角相较于 S0、S1 明显变小，说明熔渣与 S2 试样的润湿性变好，熔渣更易吸附在外壁上（即马兰戈尼效应）。试样 S3 在测试后出现损坏，无法继续分析。

图 8-7　不同含量复合粉体低碳镁碳耐火试样经 1600 ℃ 侵蚀 2 h 后的光学照片

a—试样 S0；b—试样 S1；c—试样 S2；d—试样 S3

图 8-8 所示为试样 S0 侵蚀界面处的 EDS 分析结果。由图可知，渣层中高亮的区域为 Fe 元素；MgO 基质层与渣层界面处清晰平整，说明熔渣对基质侵蚀并不严重。这是因为基质原料为高纯度电熔镁砂，本身对熔渣的抵抗力较强，且实验中的渣侵蚀为静态侵蚀，没有动态震荡、冲刷、剥落等因素，因此能表现出较高的抗渣性能。

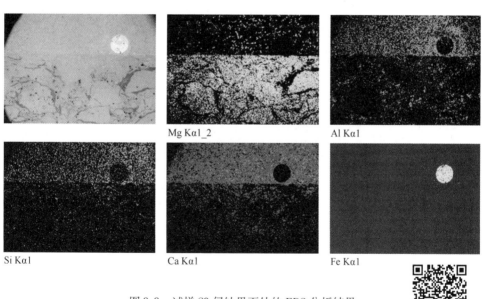

图 8-8　试样 S0 侵蚀界面处的 EDS 分析结果

图 8-8 彩图

图 8-9 所示为不同含量复合粉体低碳镁碳耐火试样侵蚀界面处的 SEM 图像。由图可见，试样 S0 和 S1 侵蚀界面平整，而试样 S2 的侵蚀面发生了明显的损毁变形，镁砂颗粒也因熔渣侵蚀而开裂损毁，说明熔渣对试样 S2 的侵蚀较为严重。

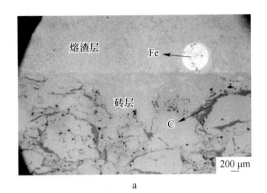

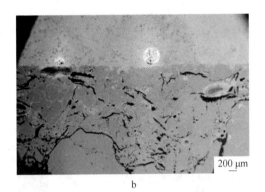

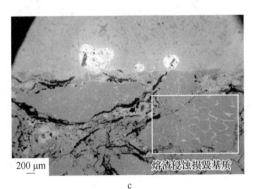

图 8-9 低碳镁碳耐火试样侵蚀界面处的 SEM 图像

a—试样 S0；b—试样 S1；c—试样 S2

　　为了进一步探究熔渣对试样的侵蚀程度，对试样侵蚀界面处进行 EDS 元素分析，结果如图 8-10 所示，渣中特有 Ca 元素的分布最能代表熔渣侵蚀情况。由图可见，试样 S0 中渗透的 Ca 元素在砖层中均匀分布；试样 S1 中的 Ca 元素则是渗透到一定深度后明显减弱；试样 S2 因结构损毁 Ca 元素渗透更为严重，原砖层中有熔渣堆积，MgO 基质发生明显损毁。分析认为，试样 S2 抗渣侵蚀性变差的原因可能是在熔渣侵蚀下微裂纹发生扩展形成裂纹，从而导致结构破坏；而试样 S1 因加入的复合粉体含量较少，并未出现裂纹扩展现象，因此对低碳镁碳耐火材料的抗渣侵蚀能力有一定的提升。

a

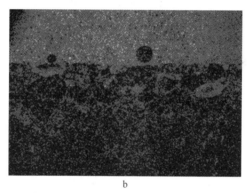

b

c

图 8-10　低碳镁碳耐火试样侵蚀界面处的 EDS 分析
a—试样 S0；b—试样 S1；c—试样 S2

8.2.2 电瓷废料所制复合粉体

图 8-11 所示为不同含量复合粉体低碳镁碳耐火试样经 1400 ℃热处理 3 h 后的显气孔率和体积密度。由图可见，当复合粉体添加量为 2.5% 时，试样的体积密度和显气孔率变化不大；当复合粉体添加量为 5% 时，试样显气孔率达到最小为 7.7%；随着复合粉体继续增加至 7.5%，试样显气孔率增加为 10.42%。值得

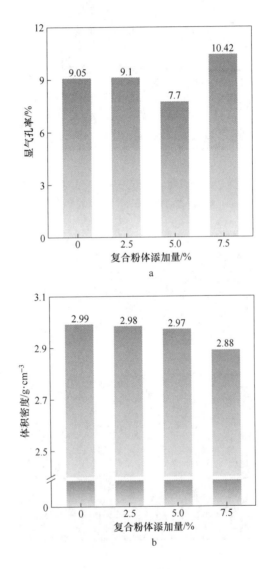

图 8-11　不同含量复合粉体低碳镁碳耐火试样的显气孔率（a）
和体积密度（b）

注意的是，电瓷废料中 Al_2O_3 含量更少，实现相同体积膨胀的添加量理应比 N1 制备的复合粉体更多，这也是添加 2.5% 复合粉体对试样基本无影响的原因。另外，添加 7.5% 复合粉体造成气孔率增加有可能是电瓷废料中的杂质相，在热高温下低熔点相融化，破坏了材料结构导致材料结构损毁。由图 8-11b 可见，试样的体积密度随着复合粉体的添加略微下降，当复合粉体添加量为 7.5% 时急剧下降。通常材料的显气孔率和体积密度成反比，出现显气孔率下降而体积密度略微下降可能是材料内部有闭孔生成。

图 8-12 所示为不同含量复合粉体低碳镁碳耐火试样经 1400 ℃ 热处理 3 h 后的常温耐压强度。

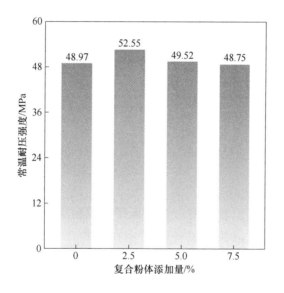

图 8-12　不同含量复合粉体低碳镁碳耐火试样的常温耐压强度

由图 8-12 可见，与添加耐火黏土所制复合粉体试样不同，当电瓷废料所制复合粉体添加量为 2.5% 时，试样的常温耐压强度取得最高值，为 52.55 MPa。分析认为，这与电瓷废料中的杂质相有关，复合粉体添加量越大，相应引入试样的杂质量就越多。如前所述，在热处理后，由于杂质相的融化，材料内部可能产生大量封闭气孔，因此对试样的耐压强度造成了影响。

图 8-13 所示为不同含量复合粉体低碳镁碳耐火试样热震实验前后的常温耐压强度。由图可见，当 Al_2O_3-SiC 粉体添加量为 2.5% 时，试样的常温耐压强度略微提高，然后随着粉体添加量的增大而降低。与空白试样相比，添加 2.5% 复合粉体的试样具有最高的残余耐压强度，为 41.79 MPa，较空白试样增加了

25.76%；但随着粉体添加量继续增大，增幅降低。添加7.5%复合粉体试样的残余耐压强度仅为31.89 MPa，甚至略低于空白试样。

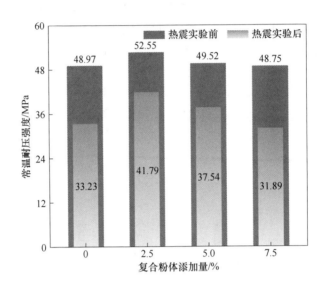

图 8-13　不同含量复合粉体低碳镁碳耐火试样
热震实验前后的常温耐压强度

图 8-14 所示为不同含量复合粉体低碳镁碳耐火试样的残余强度保持率。由图可见，试样的残余强度保持率同样在添加 2.5% 试样取得最佳值，为79.52%。如前所述，添加复合粉体试样强度提高是因为添加剂中的 Al_2O_3 与MgO 原位反应形成了 $MgAl_2O_4$ 相，以及不参与反应的高硬度、高强度 SiC 的增强作用。与耐火黏土不同，电瓷废料本身具有较多的杂质。这些杂质相易结合成低熔点相在材料内部形成气孔和裂纹，破坏材料结构。随着温度急剧变化，材料中低熔点相不断熔化、凝固、膨胀、收缩，进而加速了材料的损毁。因此，当添加 5% 和 7.5% 复合粉体时，试样的常温耐压强度与抗热震性均发生了一定程度的下降。

图 8-15a 所示为不同含量复合粉体低碳镁碳耐火试样在 1400 ℃氧化 2 h 后沿纵截面切开后的光学照片。镁碳试样的黄色部分为脱碳层，黑色为原始层。由图可见，随着 Al_2O_3-SiC 复合粉体的引入，试样脱碳层厚度逐渐减小。图 8-15b 所示的统计结果表明，添加 7.5% 复合粉体试样的氧化率降低至 37.83%，远低于空白试样的 49.09%。通常，含碳耐火材料的抗氧化性主要由两个因素决定：一是添加剂与氧的亲和力（是否高于碳）；二是添加剂对耐火材料结构（特别是显

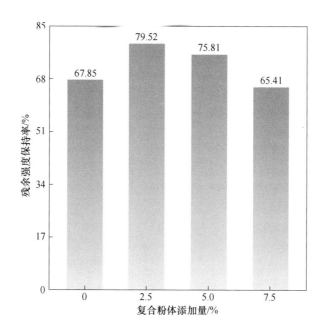

图 8-14　不同含量复合粉体低碳镁碳耐火试样的残余强度保持率

气孔率）的影响。对于 Al_2O_3-SiC 复合粉体，其中的 SiC 能优先于碳与氧反应，从而延缓试样中石墨的氧化速度；其中的 Al_2O_3 能与 MgO 基质细粉反应形成尖晶石相，反应伴随的体积膨胀效应可一定程度上降低试样的气孔率，从而提高材料的密度。图 8-15c 所示的添加 5% 复合粉体试样脱碳层的 XRD 图谱证实了这一推论，添加 5% 复合粉体试样氧化层除了 MgO 相，还检测到了 $MgAl_2O_4$ 相和 Mg_2SiO_4 相，这些原位形成的新相可通过填充裂纹和堵塞气孔的方式阻止氧气的进入。因此，SiC 和 Al_2O_3 的共同作用是提高添加复合粉体试样抗氧化性能的根本原因。

　　图 8-16a ~ d 所示为不同含量添加剂复合粉体的耐火试样在 1600 ℃ 静态腐蚀 2 h 后的横截面光学照片。黄线标记的部分为试样被腐蚀的区域，其定量结果如图 8-16e 所示。由图可见，与空白试样相比（见图 8-16a），添加 2.5% 和 5% 复合添加剂的试样表现出了明显的优势。与此同时，显著降低的腐蚀指数表明 Al_2O_3-SiC 复合粉体的引入有利于提高耐火材料的抗渣性能。值得注意的是，添加 7.5% 复合粉体试样的侵蚀指数（8.83%）略高于空白试样数值（8.32%）。为了进一步研究产生该结果的原因，对不同试样的腐蚀界面处进行了分析 EDS 分析，如图 8-16f ~ i 所示。通常情况下，试样的渣-耐火材料界面可定义为从渣侧到耐火材料侧的腐蚀层、渗透层和原始层；由图可见，添加 2.5% 复合粉体试

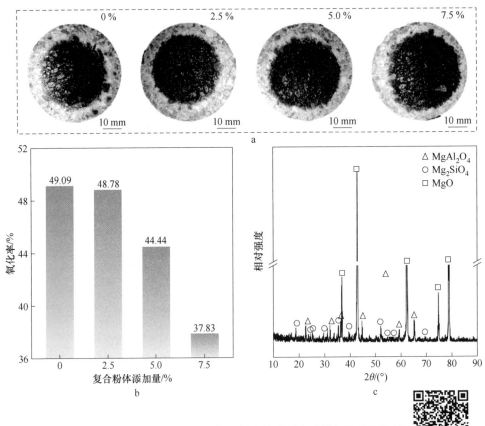

图 8-15　不同含量复合添加剂低碳镁碳耐火试样氧化后的断面
光学照片（a）、计算的氧化率（b）和添加 5% 复合粉体试样
氧化层的 XRD 图谱（c）

图 8-15 彩图

样的腐蚀层和渗透层最窄，其次是添加 5% 复合粉体试样，空白试样和添加
7.5% 复合粉体试样表现最差。

　　对于含碳耐火材料而言，碳的高温行为主要有两种：一是被氧化，形成疏松
的脱碳层；二是 MgO 先被还原生成 Mg 蒸气，然后氧化生成二次方镁石。通常可
采用后一种理论来解释 MgO 致密层（二次方镁石）对镁碳耐火材料抗渣性的影
响[109]。此外，研究表明引入一些添加剂可以通过在界面处形成高黏度的液相隔
离层，有效阻止炉渣向耐火材料中的渗透[15]。该理论与本实验的腐蚀试验结果
一致，首先，由于显气孔率较高（分别为 9.05% 和 8.92%），空白试样和添加
7.5% 复合粉体试样表现出更大的腐蚀深度；其次，含添加剂试样由于形成了高
黏度隔离层（复合粉末提供 Si 的作用），均表现出较小的穿透深度；最后，复合
粉体中的 Al_2O_3 与 MgO 基质形成的原位尖晶石相也有助于提高试样的抗渣性。

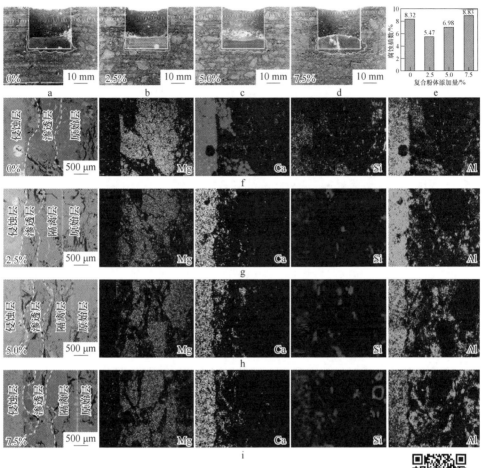

图 8-16 不同含量添加剂镁碳耐火试样经 1600 ℃ 侵蚀 2 h 后的光学照片
（a～d）、腐蚀指数（e）和试样腐蚀界面的 EDS 分析结果（f～i）

图 8-16 彩图

8.3 复合粉体增强机理分析

本实验 Al$_2$O$_3$-SiC 复合粉体提高低碳镁碳耐火材料性能的机理为：一是 Al$_2$O$_3$
与 MgO 原位反应形成镁铝尖晶石，产生的体积膨胀效应提高了材料的致密性；
二是 SiC 与 O$_2$ 或熔渣反应形成隔离层提高了低碳镁碳耐火材料的抗氧化性和抗
侵蚀性；三是 Al$_2$O$_3$ 和 SiC 均具有较高的强度和高温性能，且两者热膨胀系数均
低于 MgO，用来替代 MgO 细粉可以降低材料整体热膨胀系数，有利于改善低碳

耐火材料的抗热震性。

复合粉体中 Al_2O_3 对低碳镁碳耐火材料作用机理示意图如图 8-17 所示，形成的 $MgAl_2O_4$ 可以减小材料孔隙率，减少熔渣的渗透。但是，当 Al_2O_3 添加过量反而会破坏 MgO 基质，损坏材料整体结构。

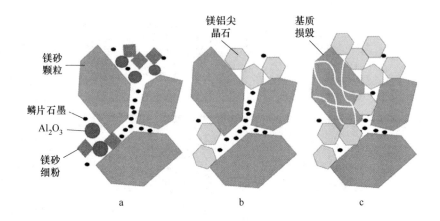

图 8-17　Al_2O_3 对低碳镁碳耐火材料作用机理示意图
a—无 Al_2O_3 添加；b—适量 Al_2O_3 添加；c—过量 Al_2O_3 添加

复合粉体中 SiC 对低碳镁碳耐火材料作用机理示意图如图 8-18 所示，SiC 虽然不能先于 C 与 O_2 反应，但是可以通过生成 SiO_2 致密层来隔绝 O_2 的进入。与此同时，形成的 SiO_2 还能与 MgO 反应形成 Mg_2SiO_4 提高强度。

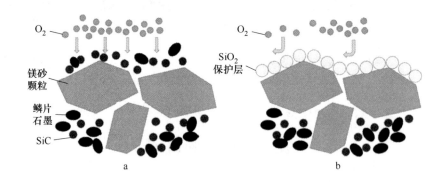

图 8-18　SiC 对低碳镁碳耐火材料作用机理示意图
a—提高抗氧化性；b—提高力学性能

综上所述，添加 Al_2O_3-SiC 复合粉体可以整体提高低碳镁碳耐火材料的体积密度、常温耐压强度、抗热震性、抗氧化性和抗渣性。其中，抗热震性和抗氧化性能提升最为显著。与耐火黏土相比，电瓷废料由于杂质相的存在，所制复合粉体的可最佳引入量更低。凭借成本的优势，可以认为本实验的结果对低碳镁碳耐火材料添加剂的研究可提供一定的有益参考。

参 考 文 献

[1] 钟香崇. 中国耐火材料工业的崛起 [J]. 耐火材料, 2013, 47 (1): 1-5, 13.

[2] 李红霞. 双碳背景下耐火材料科技创新的思考 [J]. 耐火材料, 2021, 55 (5): 381-384.

[3] 陈肇友, 李红霞. 镁资源的综合利用及镁质耐火材料的发展 [J]. 耐火材料, 2005, 39 (1): 6-15.

[4] 钟香崇. 我国镁质耐火材料发展的战略思考 [J]. 硅酸盐通报, 2006, 25 (3): 91-95.

[5] 郁国城. 碱性耐火材料理论基础 [M]. 上海: 上海科学技术出版社, 1982.

[6] 孙宇飞, 王雪梅, 王诚训, 等. 镁质和镁基复相耐火材料 [M]. 北京: 冶金工业出版社, 2010.

[7] 罗旭东, 张国栋, 栾舰, 等. 镁质复相耐火材料原料、制品与性能 [M]. 北京: 冶金工业出版社, 2017.

[8] 王恩会, 陈俊红, 侯新梅. 钢包工作衬用耐火材料的研究现状及最新进展 [J]. 工程科学学报, 2019, 41 (6): 695-708.

[9] 钱凡, 段雪珂, 杨文刚, 等. 镁铬耐火材料及高温装备绿色化应用研究进展 [J]. 材料导报, 2019, 33 (12): 3882-3891.

[10] KUSIOROWSKI R. MgO-ZrO$_2$ refractory ceramics based on recycled magnesia-carbon bricks [J]. Construction and Building Materials, 2020, 231: 117084.

[11] CHENG X, LIU L, XIAO L H, et al. Excellent hydration and thermal shock resistance in MgAlON-MgO ceramics synthesized from spent MgO-C brick: Microstructural characteristics, hydration mechanism and thermal shock behaviour [J]. Materials Characterization, 2022, 190: 112015.

[12] SHEN Y N, XING Y, JIANG P, et al. Corrosion resistance evaluation of highly dispersed MgO-MgAl$_2$O$_4$-ZrO$_2$ composite and analysis of its corrosion mechanism: A chromium-free refractory for RH refining kilns [J]. International Journal of Minerals, Metallurgy, and Materials, 2019, 26 (8): 1038-1046.

[13] BAHTLI T, AKSEL C, KAVAS T. Corrosion behavior of MgO-MgAl$_2$O$_4$-FeAl$_2$O$_4$ composite refractory materials [J]. Journal of the Australian Ceramic Society, 2017, 53 (1): 33-40.

[14] MENG W, MA C L, GE T Z, et al. Effect of zircon addition on the physical properties and coatability adherence of MgO-2CaO · SiO$_2$-3CaO · SiO$_2$ refractory materials [J]. Ceramics International, 2016, 42 (7): 9032-9037.

[15] LI T Q, CHEN J F, XIAO J L, et al. Formation of liquid-phase isolation layer on the corroded interface of MgO/Al$_2$O$_3$-SiC-C refractory and molten steel: Role of SiC [J]. Journal of the American Ceramic Society, 2021, 104 (5): 2366-2377.

[16] EMMEL M, ANEZIRIS C G, SPONZA F, et al. In situ spinel formation in Al$_2$O$_3$-MgO-C filter materials for steel melt filtration [J]. Ceramics International, 2014, 40 (8): 13507-13513.

[17] 张国栋, 袁政禾, 游杰刚. 辽宁省菱镁矿及镁质耐火材料产业的发展战略 [J]. 耐火材料, 2008, 42 (3): 219-222.

[18] 田晓利，李志勋，冯润棠，等．西藏卡玛多微晶菱镁矿热分解行为研究［J］．无机盐工业，2023，55（3）：60-65.

[19] 毕秋艳，党力，曹海莲，等．青海盐湖镁资源开发与利用研究进展［J］．盐湖研究，2022，30（1）：101-109.

[20] 林彬荫，胡龙．耐火材料原料［M］．北京：冶金工业出版社，2015.

[21] 刘小楠，罗旭东，彭子钧，等．烧结氧化镁的研究进展［J］．耐火材料，2020，54（4）：365-368.

[22] 李楠，顾华志，赵惠忠．耐火材料学［M］．北京：冶金工业出版社，2010.

[23] YANG J, LU S W, WANG L Y. Fused magnesia manufacturing process: a survey［J］. Journal of Intelligent Manufacturing, 2020, 31 (2): 327-350.

[24] LI J H, ZHANG Y, SHAO S, et al. Application of cleaner production in a Chinese magnesia refractory material plant［J］. Journal of Cleaner Production, 2016, 113: 1015-1023.

[25] 祁欣，罗旭东，李振，等．高硅菱镁矿的选矿提纯与应用研究进展［J］．硅酸盐通报，2021，40（2）：485-492.

[26] 李楠，陈荣荣．菱镁矿煅烧过程中氧化镁烧结与晶粒生长动力学的研究［J］．硅酸盐学报，1989，17（1）：64-69.

[27] 徐兴无，饶东生．菱镁矿母盐假相对 MgO 烧结致密化的影响［J］．硅酸盐学报，1988，16（3）：244-251.

[28] 郁国城，冯嘉荣，刘坤复，等．颗粒配合、成型压力与镁砖致密度的关系［J］．钢铁，1958（9）：31-38.

[29] 郁国城．MgO 烧结的滑移机理［J］．硅酸盐学报，1981，9（1）：105-112.

[30] 郁国城．MgO 的双空位 I．（MgO，Fe_2O_3）固溶体［J］．硅酸盐学报，1978，6（3）：141-148.

[31] 郁国城．MgO 的双空位 II．（MgO，H_2O）固溶体［J］．硅酸盐学报，1978，6（4）：251-255.

[32] 饶东生，朱秀英，林彬荫．掖县浮选菱镁矿烧结过程中有关杂质铁物相变化及作用的探讨［J］．硅酸盐学报，1985，13（4）：488-495.

[33] 饶东生，朱秀英．山东掖县浮选镁精矿易烧性能的研究［J］．硅酸盐学报，1983，11（4）：443-450，517-519.

[34] 饶东生，林彬荫．菱镁矿轻烧、研磨、煅烧后颗粒形貌观察［J］．武汉钢铁学院学报，1985，22（1）：15-21.

[35] 饶东生，林彬荫，朱伯铨．降低高纯氧化镁烧结温度的研究［J］．硅酸盐学报，1989，17（1）：75-81.

[36] 徐兴无，饶东生．氯化镁添加剂对菱镁矿轻烧粉末性质的影响［J］．硅酸盐学报，1989，17（1）：70-74.

[37] 李楠，嵇宏坤．活性氧化镁表面的吸附态与其晶粒成长速度的某些联系［J］．硅酸盐通报，1983（5）：24-29.

[38] LI N. Formation, compressibility and sintering of aggregated MgO powder［J］. Journal of Materials Science, 1989, 24: 485-492.

［39］李向民，李楠. 氧化镁烧结过程中晶粒长大动力学研究［J］. 武汉钢铁学院学报，1988（3）：53-62.

［40］李楠. 团聚氧化镁粉料压块的烧结机理与动力学模型［J］. 硅酸盐学报，1994，22（1）：77-84.

［41］苏莉，李环，于景坤. 氧化镁活性与其微观结构的关系［J］. 材料与冶金学院，2006，5（4）：308-311.

［42］李环，苏莉，于景坤. 利用菱镁矿制备高活性氧化镁［J］. 耐火材料，2006，40（4）：294-296.

［43］JIN E D, WEN T P, TIAN C, et al. The effect of the MgO aggregate size on the densification of sintered MgO［J］. Ceramics-Silikaty, 2020, 64（1）：84-91.

［44］JIN E D, YU J K, WEN T P, et al. Effects of the molding method and blank size of green body on the sintering densification of magnesia［J］. Materials, 2019, 12（4）：647.

［45］马鹏程，刘涛，袁磊，等. Y_2O_3 对烧结镁砂致密性的影响［J］. 材料与冶金学报，2013，12（3）：173-177.

［46］JIN E D, YU J K, WEN T P, et al. Effect of cerium oxide on preparation of high-density sintered magnesia from crystal magnesite［J］. Journal of Materials Research and Technology, 2020, 9（5）：9824-9830.

［47］JIN E D, YUAN L, YU J K. Effect of La_2O_3 addition on sintering properties of magnesia［J］. China's Refractories, 2020, 29（2）：25-30.

［48］JIN E D, YU J K, WEN T P, et al. Fabrication of high-density magnesia using vacuum compaction molding［J］. Ceramics International, 2018, 44（6）：6390-6394.

［49］李环，于景坤，匡世波. 菱镁矿轻烧水化对 MgO 烧结的影响［J］. 耐火材料，2008，42（2）：92-96.

［50］李环，于景坤，匡世波. 菱镁石轻烧水化法制备高密度烧结镁砂［J］. 耐火材料，2007，41（2）：122-125, 129.

［51］李环，苏莉，于景坤. 高密度烧结镁砂的研究［J］. 东北大学学报，2007，28（3）：381-384.

［52］GREEN J. Calcination of precipitated $Mg(OH)_2$ to active MgO in the production of refractory and chemical grade MgO［J］. Journal of Materials Science, 1983, 18：637-651.

［53］DEMIR F, LAÇIN O, DÖNMEZ B. Leaching kinetics of calcined magnesite in citric acid solutions［J］. Industrial and Engineering Chemistry Research, 2006, 45（4）：1307-1311.

［54］RANJITHAM A M, KHANGAONKAR P R. Leaching behaviour of calcined magnesite with ammonium chloride solutions［J］. Hydrometallurgy, 1990, 23（2）：177-189.

［55］章柯宁，张一敏，王昌安，等. 碳化法从菱镁矿中提取高纯氧化镁的研究［J］. 武汉科技大学学报，2004，27（4）：352-354.

［56］ATLAS L M. Effect of some lithium compounds on sintering of MgO［J］. Journal of the American Ceramic Society, 1957, 40（6）：196-199.

［57］HART P E, ATKIN R B, PASK J A. Densification mechanisms in hot-pressing of magnesia with a fugitive liquid［J］. Journal of the American Ceramic Society, 1970, 53（2）：83-86.

[58] NELSON J W, CUTLER I B. Effect of oxide additions on sintering of magnesia [J]. Journal of the American Ceramic Society, 1958, 41 (10): 406-409

[59] MARTINAC V, LABOR M, PETRIC N. Effect of TiO_2, SiO_2 and Al_2O_3 on properties of sintered magnesium oxide from sea water [J]. Materials Chemistry and Physics, 1996, 46 (1): 23-30.

[60] GÓMEZ-RODRÍGUEZ C, DAS Roy T K, SHAJI S, et al. Effect of addition of Al_2O_3 and Fe_2O_3 nanoparticles on the microstructural and physico-chemical evolution of dense magnesia composite [J]. Ceramics International, 2015, 41 (6): 7751-7758.

[61] ZARGAR H R, OPREA C, OPREA G, et al. The effect of nano-Cr_2O_3 on solid-solution assisted sintering of MgO refractories [J]. Ceramics International, 2012, 38 (8): 6235-6241.

[62] BEHERA S, SARKAR R. Sintering of magnesia: Effect of additives [J]. Bulletin of Materials Science, 2015, 38 (6): 1499-1505.

[63] LAYDEN G K, MCQUARRIE M C. Effect of minor additions on sintering of MgO [J]. Journal of the American Ceramic Society, 1959, 42 (2): 89-92.

[64] PENG C, LI N, HAN B. Effect of zircon on sintering, composition and microstructure of magnesia powders [J]. Science of Sintering, 2009, 41 (1): 11-17.

[65] 陈树江, 田凤仁, 李国华, 等. 相图分析及应用 [M]. 北京: 冶金工业出版社, 2007.

[66] PAGONA E, KALAITZIDOU K, ZASPALIS V, et al. Effects of MgO and Fe_2O_3 addition for upgrading the refractory characteristics of magnesite ore mining waste/by-products [J]. Clean Technologies, 2022, 4 (4): 1103-1126.

[67] NGUYEN M, SOKOLÁŘ R. Corrosion resistance of novel fly ash-based forsterite-spinel refractory ceramics [J]. Materials, 2022, 15 (4): 1363.

[68] PENG Z W, TANG H M, AUGUSTINE R, et al. From ferronickel slag to value-added refractory materials: A microwave sintering strategy [J]. Resources, Conservation and Recycling, 2019, 149: 521-531.

[69] WANG W B, SHI Z M, WANG X G, et al. The synthesis and properties of high-quality forsterite ceramics using desert drift sands to replace traditional raw materials [J]. Journal of the Ceramic Society of Japan, 2017, 125 (3): 88-94.

[70] HOSSAIN S K S, MATHUR L, SINGH P, et al. Preparation of forsterite refractory using highly abundant amorphous rice husk silica for thermal insulation [J]. Journal of Asian Ceramic Societies, 2018, 5 (2): 82-87.

[71] TAMIN S H, ADNAN S B R S, JAAFAR M H, et al. Effects of sintering temperature on the structure and electrochemical performance of Mg_2SiO_4 cathode materials [J]. Ionics, 2017, 24 (9): 2665-2671.

[72] ZAMPIVA R Y S, ACAUAN L H, DOS Santos L M, et al. Nanoscale synthesis of single-phase forsterite by reverse strike co-precipitation and its high optical and mechanical properties [J]. Ceramics International, 2017, 43 (18): 16225-16231.

[73] ZHU T L, ZHU M, ZHU Y F. Fabrication of forsterite scaffolds with photothermal-induced

antibacterial activity by 3D printing and polymer-derived ceramics strategy [J]. Ceramics International, 2020, 46 (9): 13607-13614.

[74] TAVANGARIAN F, FAHAMI A, LI G Q, et al. Structural characterization and strengthening mechanism of forsterite nanostructured scaffolds synthesized by multistep sintering method [J]. Journal of Materials Science and Technology, 2018, 34 (12): 2263-2270.

[75] NEMAT S, RAMEZANI A, EMAMI S M. Recycling of waste serpentine for the production of forsterite refractories: The effects of various parameters on the sintering behavior [J]. Journal of the Australian Ceramic Society, 2018, 55 (2): 425-431.

[76] 陈肇友. 化学热力学与耐火材料 [M]. 北京: 冶金工业出版社, 2005.

[77] 孟庆新, 周宁生, 郭鹏伟, 等. 镁橄榄石质轻质球形骨料的制备 [J]. 耐火材料, 2019, 53 (1): 46-49.

[78] 孟庆新, 于冰坡, 高磊, 等. 基于正交设计优化镁橄榄石轻质球形骨料的制备工艺 [J]. 耐火材料, 2022, 56 (3): 226-230.

[79] ZHAO F, ZHANG L X, REN Z, et al. A novel and green preparation of porous forsterite ceramics with excellent thermal isolation properties [J]. Ceramics International, 2019, 45 (3): 2953-2961.

[80] LIU H, JIE C, MA Y, et al. Synthesis and processing effects on microstructure and mechanical properties of forsterite ceramics [J]. Transactions of the Indian Ceramic Society, 2020, 79 (2): 83-87.

[81] YU J K, CHEN Y, YAN G H. Research of TiO_2 additive effect on dense forsterite synthesis [J]. Materials Research Innovations, 2014, 18 (2): 932-935.

[82] GANESH I. A review on magnesium aluminate ($MgAl_2O_4$) spinel: synthesis, processing and applications [J]. International Materials Reviews, 2013, 58 (2): 63-112.

[83] WAGNER C. The mechanism of formation of ionic compounds of higher order (Double salts, spinel, silicates) [J]. Zeitschrift fur Physikalische Chemie, 1936, 34: 309-316.

[84] NAKAGAWA Z. Expansion behavior of powder compacts during spinel formation [J]. Mass and Charge Transport in Ceramics, 1996, 71: 283-294.

[85] MA Y L, LIU X. Kinetics and thermodynamics of Mg-Al disorder in $MgAl_2O_4$-spinel: A review [J]. Molecules, 2019, 24 (9): 1704.

[86] SARKAR R, CHATTERJEE S, MUKHERJEE B, et al. Effect of alumina reactivity on the densification of reaction sintered nonstoichiometric spinels [J]. Ceramics International, 2003, 29 (2): 195-198.

[87] SARKAR R, SAHOO S. Effect of raw materials on formation and densification of magnesium aluminate spinel [J]. Ceramics International, 2014, 40 (10): 16719-16725.

[88] ZHANG Z H, LI N. Effect of polymorphism of Al_2O_3 on the synthesis of magnesium aluminate spinel [J]. Ceramics International, 2005, 31 (4): 583-589.

[89] BARUAH B, BHATTACHARYYA S, SARKAR R. Synthesis of magnesium aluminate spinel—An overview [J]. International Journal of Applied Ceramic Technology, 2023, 20 (3): 1331-1349.

［90］ BHATTACHARYA G, ZHANG S, SMITH M E, et al. Mineralizing magnesium aluminate spinel formation with B_2O_3 ［J］. Journal of the American Ceramic Society, 2006, 89 (10): 3034-3042.

［91］ GANESH I, BHATTACHARJEE S, SAHA B P, et al. A new sintering aid for magnesium aluminate spinel ［J］. Ceramics International, 2001, 27 (7): 773-779.

［92］ BARUAH B, SARKAR R. Rare-earth oxide-doped magnesium aluminate spinel——an overview ［J］. Interceram, 2020, 69: 40-45.

［93］ 姚华柏, 姚苏哲, 骆昶, 等. 镁碳砖的研究现状与发展趋势 ［J］. 工程科学学报, 2018, 40 (3): 253-268.

［94］ LUZ A P, SALOMÃO R, BITENCOURT C S, et al. Thermosetting resins for carbon-containing refractories: Theoretical basis and novel insights ［J］. Open Ceramics, 2020, 3: 100025.

［95］ YAMAGUCHI A. Self-repairing function in the carbon-containing ［J］. International Journal of Applied Ceramic Technology, 2007, 4 (6): 490-495.

［96］ SHINICHI T, TSUNEMI O, SHIGEYUKI T. Nano-tech. refractories-1: The development of the nano structural matrix ［C］. Proceedings of UNITECR' 2003 Congress, 2003.

［97］ YASUMITSU H, HIRASHIMA M, MATSUURA O, et al. Nano-tech. refractories-9: The basic study on the formation of the nano structured matrix in MgO-C bricks ［C］. Proceedings of UNITECR' 11 Congress, 2011.

［98］ BAG M, ADAK S, SARKAR R. Study on low carbon containing MgO-C refractory: Use of nano carbon ［J］. Ceramics International, 2012, 38 (3): 2339-2346.

［99］ ZHU T B, LI Y W, SANG S B, et al. Effect of nanocarbon sources on microstructure and mechanical properties of MgO-C refractories ［J］. Ceramics International, 2014, 40 (3): 4333-4340.

［100］ YE J K, ZHANG S W, LEE W E. Molten salt synthesis and characterization of SiC coated carbon black particles for refractory castable applications ［J］. Journal of the European Ceramic Society, 2013, 33 (10): 2023-2029.

［101］ YE J K, THACKRAY R P, LEE W E, et al. Microstructure and rheological properties of titanium carbide-coated carbon black particles synthesised from molten salt ［J］. Journal of Materials Science, 2013, 48 (18): 6269-6275.

［102］ LI W, WANG X, DENG C J, et al. Molten salt synthesis of Cr_3C_2-coated flake graphite and its effect on the physical properties of low-carbon MgO-C refractories ［J］. Advanced Powder Technology, 2021, 32 (7): 2566-2576.

［103］ LIU X G, ZHANG S W, LI Y, et al. Preparation of TiC-Ti_3AlC composite coated graphite flakes and their improved oxidation resistance ［J］. Ceramics International, 2018, 44 (18): 22567-22573.

［104］ RASTEGAR H, BAVAND-VANDCHALI M, NEMATI A, et al. Catalytic graphitization behavior of phenolic resins by addition of in situ formed nano-Fe particles ［J］. Physica E: Low-dimensional Systems and Nanostructures, 2018, 101: 50-61.

［105］ GU Q, MA T, ZHAO F, et al. Enhancement of the thermal shock resistance of MgO-C slide plate materials with the addition of nano-ZrO_2 modified magnesia aggregates [J]. Journal of Alloys and Compounds, 2020, 847: 156339.

[106] GÓMEZ-RODRÍGUEZ C, CASTILLO-RODRIGUEZ G A, Rodriguez-Castellanos E A, et al. Development of an ultra-low carbon MgO refractory doped with alpha-Al_2O_3 nanoparticles for the steelmaking industry: A microstructural and thermo-mechanical study [J]. Materials, 2020, 13 (3): 715.

[107] CHEN J F, LI N, HUBÁLKOVÁ J, et al. Elucidating the role of Ti_3AlC_2 in low carbon MgO-C refractories: Antioxidant or alternative carbon source?[J]. Journal of the European Ceramic Society, 2018, 38 (9): 3387-3394.

[108] YANG P, XIAO G Q, DING D H, et al. Antioxidant properties of low-carbon magnesia-carbon refractories containing AlB_2-Al-Al_2O_3 composites [J]. Ceramics International, 2022, 48 (1): 1375-1381.

[109] CHEN Q L, ZHU T B, LI Y W, et al. Enhanced performance of low-carbon MgO-C refractories with nano-sized ZrO_2-Al_2O_3 composite powder [J]. Ceramics International, 2021, 47 (14): 20178-20186.

[110] WEI G P, ZHU B Q, LI X C, et al. Microstructure and mechanical properties of low-carbon MgO-C refractories bonded by an Fe nanosheet-modified phenol resin [J]. Ceramics International, 2015, 41 (1): 1553-1566.

[111] ANEZIRIS C G, HUBÁLKOVÁ J, BARABÁS R. Microstructure evaluation of MgO-C refractories with TiO_2-and Al-additions [J]. Journal of the European Ceramic Society, 2007, 27 (1): 73-78.

[112] 刘波, 刘永锋, 刘开琪, 等. 低碳 MgO-C 材料的抗热震性研究 [J]. 耐火材料, 2010, 44 (2): 123-125.

[113] 彭从华, 李楠, 韩兵强. 微孔富镁尖晶石对低碳 MgO-C 材料性能的影响 [J]. 耐火材料, 2009, 43 (5): 335-338.

[114] 何见林. 添加镁锆砂及环保沥青对低碳镁碳砖性能影响的研究 [D]. 武汉: 武汉科技大学, 2008.

[115] 葛胜涛, 程峰, 毕玉保, 等. ZrB_2-SiC 复合粉体添加量对低碳镁碳耐火材料性能的影响 [J]. 机械工程材料, 2018, 42 (10): 67-71.

[116] 程智, 马卫兵, 柳军, 等. 炭素原料对低碳镁碳耐火材料抗热震性的影响 [J]. 武汉科技大学学报, 2008, 31: 3-7.

[117] 唐光盛, 李林, 刘波, 等. 纳米炭黑对低碳镁碳耐火材料抗热震性的影响 [J]. 中国冶金, 2008, 18 (8): 10-12.

[118] ZHU T B, LI Y W, SANG S B. Heightening mechanical properties and thermal shock resistance of low-carbon magnesia-graphite refractories through the catalytic formation of nanocarbons and ceramic bonding phases [J]. Journal of Alloys and Compounds, 2019, 783: 990-1000.

[119] 高华, 罗明. 引入碳纤维对低碳镁碳砖性能的影响 [J]. 耐火材料, 2018, 52 (4): 296-299.

[120] 李歆琰. MgO-SiC-C 复合粉体对低碳镁碳砖性能的影响 [D]. 武汉：武汉科技大学，2015.

[121] 彭小艳，李林，贺智勇. 低碳镁碳质耐火材料的抗氧化性研究 [J]. 耐火材料，2005，29（5）：337-340.

[122] 李亮，王世峰，陈士冰. Al₄SiC₄ 的制备及其对镁碳砖抗氧化性能的影响 [J]. 硅酸盐通报，2010，29（6）：1412-1416.

[123] 夏忠锋，王周福，王玺堂，等. 复合添加 Al 和 TiO₂ 对低碳镁碳砖基质物相组成及性能的影响 [J]. 武汉科技大学学报，2013，36（1）：45-48.

[124] GOKCE A S, GURCAN C, OZGEN S, et al. The effect of antioxidants on the oxidation behaviour of magnesia-carbon refractory bricks [J]. Ceramics International, 2008, 34 (2): 323-330.

[125] 连进，肖国庆，吕李华，等. 添加 MgB₂ 对镁碳耐火材料抗氧化性能的影响 [J]. 硅酸盐通报，2011，30（4）：869-874.

[126] 贺智勇，彭小艳，李林，等. ZrB₂ 对低碳镁碳耐火材料抗氧化性能的影响 [J]. 耐火材料，2006，40（4）：280-282.

[127] REN X M, MA B Y, LI S M, et al. Comparison study of slag corrosion resistance of MgO-MgAl₂O₄, MgO-CaO and MgO-C refractories under electromagnetic field [J]. Journal of Iron and Steel Research International, 2021, 28: 38-45.

[128] 李林，洪彦若，孙加林，等. 低碳 MgO-C 质耐火材料的抗熔渣侵蚀行为 [J]. 耐火材料，2004，38（5）：297-301.

[129] LI T Q, LI N, YAN W, et al. Degradation of low-carbon MgO-C refractory by high-alumina stainless steel slags in VOD ladle slagline [J]. International Journal of Applied Ceramic Technology, 2017, 14 (4): 731-737.

[130] 石永午，贾新军，魏鹏程. 低碳镁碳砖的研制和应用 [J]. 宝钢科技，2012，38（1）：17-19.

[131] 徐娜，李志坚，吴锋，等. TiN 提高镁碳砖抗渣侵蚀机理的研究 [J]. 硅酸盐通报，2008，27（5）：1044-1047.

[132] 杨红，孙加林，谭莹. 钢包用低碳 MgO-C 砖开发与应用 [J]. 冶金能源，2009，28（3）：47-50.

[133] 姚华柏，薛文东，罗旭东. Al₂O₃ 对低碳镁碳材料抗渣侵性能的影响 [J]. 非金属矿，2019，42（2）：80-83.

[134] YANG Y, YU J, ZHAO H Z, et al. Cr₇C₃: A potential antioxidant for low carbon MgO-C refractories [J]. Ceramics International, 2020, 46: 19743-19751.

[135] ZHONG H T, HAN B Q, WEI J W, et al. Post-mortem analysis of MgO-Al₂O₃-C bricks containing bauxite used in steel ladle walls [J]. Ceramics International, 2022, 49 (2): 2026-2033.

[136] AN J, XUE X X. Life-cycle carbon footprint analysis of magnesia products [J]. Resources, Conservation and Recycling, 2017, 119: 4-11.

[137] 王维洲，吴志伟，柴天佑. 电熔镁砂熔炼过程带输出补偿的 PID 控制 [J]. 自动化学

报，2018，44（7）：1282-1292.

[138] 仝永娟，李鹏，王连勇，等．电熔镁砂生产余热分段分级回收与梯级综合利用研究 [J]．轻金属，2017（2）：42-45.

[139] 李广平，张治平，黄辉煌．菱镁矿活化烧结研究 [J]．硅酸盐学报，1983，11（2）：193-200.

[140] 黄继武，李周．多晶材料 X 射线衍射——实验原理、方法与应用 [M]．北京：冶金工业出版社，2016.

[141] MA B Y, SU C, REN X M, et al. Preparation and properties of porous mullite ceramics with high-closed porosity and high strength from fly ash via reaction synthesis process [J]. Journal of Alloys and Compounds, 2019, 803: 981-991.

[142] SHI J L. Thermodynamics and densification kinetics in solid-state sintering of ceramics [J]. Journal of Materials Research, 1999, 14 (4): 1398-1408.

[143] LIU B, THOMAS P S, RAY A S, et al. ATG analysis of the effect of calcination conditions on the properties of reactive magnesia [J]. Journal of Thermal Analysis and Calorimetry, 2007, 88 (1): 145-149.

[144] COBLE R L. Sintering crystalline solids. Ⅰ. Intermediate and final state diffusion models [J]. Journal of Applied Physics, 1961, 32 (5): 787-792.

[145] COBLE R L. Sintering crystalline solids. Ⅱ. Experimental test of diffusion models in powder compacts [J]. Journal of Applied Physics, 1961, 32 (5): 793-799.

[146] GERMAN R M. A sintering parameter for submicron powders [J]. Science of Sintering, 1978, 10 (1): 11-25.

[147] GUPTA T K. Sintering of MgO: Densification and grain growth [J]. Journal of Materials Science, 1971, 6: 25-32.

[148] GUO Z Q, MA Y, RIGAUD M. Sinterability of macrocrystalline and cryptocrystalline magnesite to refractory magnesia [J]. International Journal of Ceramic Engineering and Science, 2020, 2 (6): 303-309.

[149] ZHENG J M, JOHNSON P F, REED J S. Improved equation of the continuous particle size distribution for dense packing [J]. Journal of the American Ceramic Society, 1990, 73 (5): 1392-1398.

[150] KURTZ S K, CARPAY F M A. Microstructure and normal grain growth in metals and ceramics. Part I. Theory [J]. Journal of Applied Physics, 1980, 51 (11): 5725-5744.

[151] HILLERT M. On the theory of normal and abnormal grain growth [J]. Acta Materialia, 1965, 13 (3): 227-238.

[152] GUO Z Q, BI D L, MA Y, et al. Approaches to high-grade sintered magnesia from natural magnesite [J]. China's Refractories, 2020, 29 (3): 7-12.

[153] KUMAR P, NATH M, ROY U, et al. Improvement in thermomechanical properties of off-grade natural magnesite by addition of Y_2O_3 [J]. International Journal of Applied Ceramic Technology, 2017, 14 (6): 1197-1205.

[154] ZOU Y S, GU H Z, HUANG A, et al. Formation mechanism of in situ intergranular $CaZrO_3$

phases in sintered magnesia refractories [J]. Metallurgical and Materials Transactions A, 2020, 51. 5328 5338.

[155] LIU X, QU D L, LUO X D, et al. Modification of matrix for magnesia material by in situ nitridation [J]. Ceramics International, 2019, 45 (14): 17955-17961.

[156] PALMERO P. Structural ceramic nanocomposites: A review of properties and powders' synthesis methods [J]. Nanomaterials, 2015, 5 (2): 656-696.

[157] 王杰曾, 金宗哲. 耐火材料显微结构对性能影响 [J]. 硅酸盐通报, 2001 (6): 3-8.

[158] YAN W, LI N, HAN B Q. Influence of microsilica content on the slag resistance of castables containing porous corundum-spinel aggregates [J]. International Journal of Applied Ceramic Technology, 2008, 5 (6): 633-640.

[159] 李红霞. 耐火材料发展概述 [J]. 无机材料学报, 2018, 33 (2): 198-205.

[160] ZOU Y S, GU H Z, HUANG A, et al. Fabrication and analysis of lightweight magnesia based aggregates containing nano-sized intracrystalline pores [J]. Materials and Design, 2020, 186: 108326.

[161] FU L P, ZOU Y S, HUANG A, et al. Corrosion mechanism of lightweight microporous alumina-based refractory by molten steel [J]. Journal of the American Ceramic Society, 2018, 102 (6): 3705-3714.

[162] LI X K, MAO X J, FENG M H, et al. Fabrication of transparent La-doped Y_2O_3 ceramics using different La_2O_3 precursors [J]. Journal of the European Ceramic Society, 2016, 36 (10): 2549-2553.

[163] NEČINA V, PABST W. Comparison of the effect of different alkali halides on the preparation of transparent $MgAl_2O_4$ spinel ceramics via spark plasma sintering (SPS) [J]. Journal of the European Ceramic Society, 2020, 40 (15): 6043-6052.

[164] BORDIA R K, KANG S J L, OLEVSKY E A. Current understanding and future research directions at the onset of the next century of sintering science and technology [J]. Journal of the American Ceramic Society, 2017, 100 (6): 2314-2352.

[165] REN X M, MA B Y, ZHANG G L, et al. Preparation and properties of $MgAl_2O_4$ spinel ceramics by double-doped Sm_2O_3- (Y_2O_3, Nb_2O_5 and La_2O_3) [J]. Materials Chemistry and Physics, 2020, 252: 123309.

[166] SHI J L. Solid state sintering of ceramics: pore microstructure models, densification equations and applications [J]. Journal of Materials Science, 1999, 34: 3801-3812.

[167] ZHAO J H, HARMER M P. Effect of pore distribution on microstructure development: Ⅱ, first- and second-generation pores [J]. Journal of the American Ceramic Society, 1988, 71 (7): 530-539.

[168] OMORI T, KUSAMA T, KAWATA S, et al. Abnormal grain growth induced by cyclic heat treatment [J]. Science, 2013, 341 (6153): 1500-1502.

[169] SCHILLER K K. Strength of porous materials [J]. Cement and Concrete Research, 1971, 1 (4): 419-422.

[170] HASSELMAN D P H. Griffith flaws and the effect of porosity on tensile strength of brittle

ceramics [J]. Journal of the American Ceramic Society, 1969, 52 (8): 457.

[171] RYSHKEWITCH E. Compression strength of porous sintered alumina and zirconia [J]. Journal of the American Ceramic Society, 1953, 36 (2): 65-68.

[172] BALSHIN M Y. Relation of mechanical properties of powder metals and their porosity and the ultimate properties of porous metal-ceramic materials [J]. Doklady Akademii Nauk SSSR, 1949, 67 (5): 831-834.

[173] FENG D, REN Q X, RU H Q, et al. Mechanical properties and microstructure evolution of SiC ceramics prepared from the purified powders [J]. Materials Science and Engineering: A, 2021, 802: 140443.

[174] CARLTON C E, FERREIRA P J. What is behind the inverse Hall-Petch effect in nanocrystalline materials? [J]. Acta Materialia, 2007, 55 (11): 3749-3756.

[175] WANG Z J, ALANIZ J E, JANG W Y, et al. Thermal conductivity of nanocrystalline silicon: Importance of grain size and frequency-dependent mean free paths [J]. Nano Letters, 2011, 11 (6): 2206-2213.

[176] CARNEIRO P M C, MACEIRAS A, NUNES-PEREIRA J, et al. Property characterization and numerical modelling of the thermal conductivity of $CaZrO_3$-MgO ceramic composites [J]. Journal of the European Ceramic Society, 2021, 41 (14): 7241-7252.

[177] YE J K, BU C H, HAN Z, et al. Flame-spraying synthesis and infrared emission property of Ca^{2+}/Cr^{3+} doped $LaAlO_3$ microspheres [J]. Journal of the European Ceramic Society, 2015, 35 (11): 3111-3118.

[178] MUKAI K, TAO Z N, GOTO K, et al. In-situ observation of slag penetration into MgO refractory [J]. Scandinavian Journal of Metallurgy, 2002, 31 (1): 68-78.

[179] LIU C J, QIU J Y. Phase equilibrium relations in the specific region of CaO-SiO_2-La_2O_3 system [J]. Journal of the European Ceramic Society, 2018, 38 (4): 2090-2097.

[180] HOU X, DING D H, XIAO G Q, et al. Effects of La_2O_3 on the viscosity of copper smelting slag and corrosion resistance of magnesia refractory bricks [J]. Ceramics International, 2022, 48 (17): 25103-25110.

[181] NICHOLS F A. Theory of grain growth in porous compacts [J]. Journal of Applied Physics, 1966, 37 (13): 4599-4602.

[182] TING C J, LU H Y. Defect reactions and the controlling mechanism in the sintering of magnesium aluminate spinel [J]. Journal of the American Ceramic Society, 1999, 82 (4): 841-848.

[183] GERMAN R M. Coarsening in sintering: Grain shape distribution, grain size distribution, and grain growth kinetics in solid-pore systems [J]. Critical Reviews in Solid State and Materials Sciences, 2010, 35 (4): 263-305.

[184] SALOMÃO R, OLIVEIRA K, FERNANDES L, et al. Porous refractory ceramics for high-temperature thermal insulation—Part 2: The technology behind energy saving [J]. Interceram, 2022, 71 (1): 38-50.

[185] SALOMÃO R, FERNANDES L, PRADO U S, et al. Porous refractory ceramics for high-

temperature thermal insulation—Part 3: Innovation in energy saving [J]. Interceram, 2022, 71 (3): 30-37.

[186] SALOMÃO R, OLIVEIRA K S, FERNANDES L, et al. Porous refractory ceramics for high-temperature thermal insulation—Part 1: The science behind energy saving [J]. Interceram, 2021, 70 (3): 38-45.

[187] SALOMÃO R, ARRUDA C C, PANDOLFELLI V C, et al. Designing high-temperature thermal insulators based on densification-resistant in situ porous spinel [J]. Journal of the European Ceramic Society, 2021, 41 (4): 2923-2937.

[188] HUANG Q Z, LU G M, SUN Z, et al. Effect of TiO_2 on sintering and grain growth kinetics of MgO from $MgCl_2 \cdot 6H_2O$ [J]. Metallurgical and Materials Transactions B, 2013, 44 (2): 344-353.

[189] LI J W, LIN Y H, WANG F M, et al. Progress in recovery and recycling of kerf loss silicon waste in photovoltaic industry [J]. Separation and Purification Technology, 2021, 254: 117581.

[190] YUAN L, ZHANG X D, ZHU Q, et al. Preparation and characterisation of closed-pore Al_2O_3-$MgAl_2O_4$ refractory aggregate utilising superplasticity [J]. Advances in Applied Ceramics, 2017, 117 (3): 182-188.

[191] EL HADRI M, AHAMDANE H, EL IDRISSI Raghni M A. Sol gel synthesis of forsterite, M-doped forsterite (M = Ni, Co) solid solutions and their use as ceramic pigments [J]. Journal of the European Ceramic Society, 2015, 35 (2): 765-777.

[192] LAI Y M, TANG X L, HUANG X, et al. Phase composition, crystal structure and microwave dielectric properties of $Mg_{2-x}Cu_xSiO_4$ ceramics [J]. Journal of the European Ceramic Society, 2018, 38 (4): 1508-1516.

[193] GERMAN R M, SURI P, PARK S J. Review: liquid phase sintering [J]. Journal of Materials Science, 2009, 44 (1): 1-39.

[194] LI K K, ZHAO F, LIU X, et al. Fabrication of porous forsterite-spinel-periclase ceramics by transient liquid phase diffusion process for high-temperature thermal isolation [J]. Ceramics International, 2022, 48 (2): 2330-2336.

[195] KUMAR R, BHATTACHARJEE B. Porosity, pore size distribution and in situ strength of concrete [J]. Cement and Concrete Research, 2003, 33 (1): 155-164.

[196] 郭景坤. 复相陶瓷 [J]. 硅酸盐学报, 1991, 19 (3): 258-268.

[197] LIU H, LIU J Y, HONG Z, et al. Preparation of hollow fiber membranes from mullite particles with aid of sintering additives [J]. Journal of Advanced Ceramics, 2020, 10 (1): 78-87.

[198] QI Z, LIAO L, WANG R Y, et al. Roughness-dependent wetting and surface tension of molten lead on alumina [J]. Transactions of Nonferrous Metals Society of China, 2021, 31 (8): 2511-2521.

[199] MILLS K C, KEENE B J. Physical properties of BOS slags [J]. International Materials Reviews, 1987, 32 (1): 1-120.

[200] HANAO M, TANAKA T, KAWAMOTO M, et al. Evaluation of surface tension of molten slag in multi-component systems [J]. ISIJ International, 2007, 47 (7): 935-939.

[201] WANG N, CHEN M, LI Y Y, et al. Preparation of MgO whisker from magnesite tailings and its application [J]. Transactions of Nonferrous Metals Society of China, 2011, 21 (9): 2061-2065.

[202] ISMAILOV A, MERILAITA N, SOLISMAA S, et al. Utilizing mixed-mineralogy ferroan magnesite tailings as the source of magnesium oxide in magnesium potassium phosphate cement [J]. Construction and Building Materials, 2020, 231: 117098.

[203] PETRONIJEVIĆ N, STANKOVIĆ S, RADOVANOVIĆ D, et al. Application of the flotation tailings as an alternative material for an acid mine drainage remediation: A case study of the extremely acidic lake robule (Serbia) [J]. Metals, 2019, 10 (1): 16.

[204] MASINDI V, GITARI M W, TUTU H, et al. Fate of inorganic contaminants post treatment of acid mine drainage by cryptocrystalline magnesite: Complimenting experimental results with a geochemical model [J]. Journal of Environmental Chemical Engineering, 2016, 4 (4): 4846-4856.

[205] EROL S, ÖZDEMIR M. Removal of nickel from aqueous solution using magnesite tailing [J]. Desalination and Water Treatment, 2015, 57 (13): 5810-5820.

[206] MASINDI V, GITARI W M. Removal of arsenic from wastewaters by cryptocrystalline magnesite: complimenting experimental results with modelling [J]. Journal of Cleaner Production, 2016, 113: 318-324.

[207] 陈勇. 镁橄榄石合成及应用研究 [D]. 沈阳: 东北大学, 2014.

[208] BRINDLEY G W, HAYAMI R. Kinetics and mechanism of formation of forsterite (Mg_2SiO_4) by solid state reaction of MgO and SiO_2 [J]. Philosophical Magazine, 1965, 12 (117): 505-514.

[209] CHATTERJEE S, SENGUPTA S, SAHA-DASGUPTA T, et al. Site preference of Fe atoms in $FeMgSiO_4$ and $FeMg(SiO_3)_2$ studied by density functional calculations [J]. Physical Review B, 2009, 79 (11): 115103.

[210] VAKIFAHMETOGLU C, SEMERCI T, SORARU G D. Closed porosity ceramics and glasses [J]. Journal of the American Ceramic Society, 2020, 103 (5): 2941-9269.

[211] KINGERY W D. Factors affecting thermal stress resistance of ceramic materials [J]. Journal of the American Ceramic Society, 1955, 38 (1): 3-15.

[212] HASSELMAN D P H. Griffith criterion and thermal shock resistance of single-phase versus multiphase brittle ceramics [J]. Journal of the American Ceramic Society, 1969, 52 (5): 288-289.

[213] HASSELMAN D P H. Elastic energy at fracture and surface energy as design criteria for thermal shock [J]. Journal of the American Ceramic Society, 1963, 46 (11): 535-540.

[214] 李红霞. 耐火材料手册 [M]. 北京: 冶金工业出版社, 2007.

[215] DING D F, ZHAO Z H, HUANG D W, et al. Effect of the calcined andalusite aggregates on the micro-crack formation and thermal shock resistance of mullite castables [J]. Ceramics

International, 2022, 48 (15): 21556-21560.

[216] GARDÉS E, WUNDER B, WIRTH R, et al. Growth of multilayered polycrystalline reaction rims in the MgO-SiO$_2$ system, part I: experiments [J]. Contributions to Mineralogy and Petrology, 2010, 161 (1): 1-12.

[217] GALE W F, BUTTS D A. Transient liquid phase bonding [J]. Science and Technology of Welding and Joining, 2013, 9 (4): 283-300.

[218] TAN C Y, SINGH R, TEH Y C, et al. Sinterability of forsterite prepared via solid-state reaction [J]. International Journal of Applied Ceramic Technology, 2015, 12 (2): 437-442.

[219] HASSANZADEH-TABRIZI S A. Spark plasma sintering of forsterite nanopowder and mechanical properties of sintered materials [J]. Ceramics International, 2017, 43 (17): 15714-15718.

[220] KULLATHAM S, THIANSEM S. Synthesis, characterization and properties of forsterite refractory produced from thai talc and magnesite [J]. Materials Science Forum, 2018, 940: 46-50.

[221] KUCUK I, BOYRAZ T, GÖKÇE H, et al. Thermomechanical properties of aluminium titanate (Al$_2$TiO$_5$)-reinforced forsterite (Mg$_2$SiO$_4$) ceramic composites [J]. Ceramics International, 2018, 44 (7): 8277-8282.

[222] TAN Y M, TAN C Y, RAMESH S, et al. Study on the effects of milling time and sintering temperature on the sinterability of forsterite (Mg$_2$SiO$_4$) [J]. Journal of the Ceramic Society of Japan, 2015, 123 (1443): 1032-1037.

[223] SARA-LEE K Y, CHRISTOPHER CHIN K M, RAMESH S, et al. Characterization of forsterite ceramics [J]. Journal of Ceramic Processing Research, 2013, 14 (1): 131-133.

[224] HOJAMBERDIEV M, ARIFOV P, TADJIEV K, et al. Processing of refractory materials using various magnesium sources derived from Zinelbulak talc-magnesite [J]. International Journal of Minerals, Metallurgy, and Materials, 2011, 18 (1): 105-114.

[225] WAHSH M M S, KHATTAB R M, KHALIL N M, et al. Fabrication and technological properties of nanoporous spinel/forsterite/zirconia ceramic composites [J]. Materials and Design, 2014, 53: 561-567.

[226] ZHU L, LI S J, LI Y B, et al. Preparation of castable foam with regular micro-spherical pore structure as a substitute for diatomite brick [J]. Ceramics International, 2022, 48 (15): 21630-21640.

[227] MOHANTA K, KUMAR A, PARKASH O, et al. Processing and properties of low cost macroporous alumina ceramics with tailored porosity and pore size fabricated using rice husk and sucrose [J]. Journal of the European Ceramic Society, 2014, 34 (10): 2401-2412.

[228] WANG Z, FENG P Z, GENG P, et al. Porous mullite thermal insulators from coal gangue fabricated by a starch-based foam gel-casting method [J]. Journal of the Australian Ceramic Society, 2017, 53 (2): 287-291.

[229] SALOMÃO R, BÔAS M O C V, PANDOLFELLI V C. Porous alumina-spinel ceramics for high

temperature applications [J]. Ceramics International, 2011, 37 (4): 1393-1399.

[230] YAN W, CHEN J F, LI N, et al. Preparation and characterization of porous MgO-Al$_2$O$_3$ refractory aggregates using an *in-situ* decomposition pore-forming technique [J]. Ceramics International, 2015, 41 (1): 515-520.

[231] HOU Q D, LUO X D, XIE Z P, et al. Preparation and characterization of microporous magnesia based refractory [J]. International Journal of Applied Ceramic Technology, 2020, 17 (6): 2629-2637.

[232] GU Q, ZHAO F, LIU X H, et al. Preparation and thermal shock behavior of nanoscale MgAl$_2$O$_4$ spinel-toughened MgO-based refractory aggregates [J]. Ceramics International, 2019, 45 (9): 12093-12100.

[233] AKSEL C, RAND B, RILEY F L, et al. Mechanical properties of magnesia-spinel composites [J]. Journal of the European Ceramic Society, 2002, 22 (5): 745-754.

[234] QIN Y M, LIU X G, ZHANG Q, et al. Oxidation kinetics of bauxite-based β-SiAlON with different particle sizes [J]. Corrosion Science, 2020, 166: 108446.

[235] ZUO F, CARRY C, SAUNIER S, et al. Comparison of the microwave and conventional sintering of alumina: Effect of MgO doping and particle size [J]. Journal of the American Ceramic Society, 2013, 96 (6): 1732-1737.

[236] FRUHSTORFER J, HUBÁLKOVÁ J, ANEZIRIS C G. Particle packings minimizing density gradients of coarse-grained compacts [J]. Journal of the European Ceramic Society, 2019, 39 (10): 3264-3276.

[237] SAKO E Y, BRAULIO M A L, ZINNGREBE E, et al. Fundamentals and applications on in situ spinel formation mechanisms in Al$_2$O$_3$-MgO refractory castables [J]. Ceramics International, 2012, 38 (3): 2243-2251.

[238] 张国军. 反应合成非氧化物陶瓷材料 [J]. 现代技术陶瓷, 2022, 43 (5/6): 310-324.

[239] LEE Y B, PARK H C, OH K D, et al. Sintering and microstructure development in the system MgO-TiO$_2$ [J]. Journal of Materials Science, 1998, 33 (17): 4321-4325.

[240] 汪长安, 郎莹, 胡良发, 等. 轻质、高强、隔热多孔陶瓷材料的研究进展 [J]. 陶瓷学报, 2017, 38 (3): 287-296.

[241] ZHANG S J, DU S M, ZHANG J, et al. Influence of stabilizing ions and sintering process on the thermal conductivity of α-SiAlON ceramics [J]. Journal of the American Ceramic Society, 2023, 106 (1): 17-23.

[242] LEI Y, LI K, DOU M, et al. Towards optimized pore structure to balance the thermal-mechanical performance of foamed ceramic [J]. Case Studies in Construction Materials, 2022, 16: e01072.

[243] HASSELMAN D P H. Unified theory of thermal shock fracture initiation and crack propagation in brittle ceramics [J]. Journal of the American Ceramic Society, 1969, 52 (11): 600-604.

[244] TROMANS D, MEECH J A. Fracture toughness and surface energies of minerals: theoretical

　　　estimates for oxides，sulphides，silicates and halides［J］. Minerals Engineering，2002，15
　　　（12）：1027-1041.

［245］叶大伦，胡建华. 无机物热力学数据手册［M］. 北京：冶金工业出版社，2002.

［246］RICE R W，FREIMAN S W，BECHER P F. Grain-size dependence of fracture energy in
　　　ceramics：Ⅰ，experiment［J］. Journal of the American Ceramic Society，1981，64（6）：
　　　345-350.

［247］LUZ A P，GOMES D T，PANDOLFELLI V C. Maximum working temperature of refractory
　　　castables：Do we really know how to evaluate it？［J］. Ceramics International，2017，43
　　　（12）：9077-9083.

［248］徐磊. Al_2O_3-MgO-CaO 系耐火材料烧结行为及其性能的研究［D］. 沈阳：东北大学，
　　　2016.

［249］DAVIDGE R W，GREEN T J. The strength of two-phase ceramic/glass materials［J］.
　　　Journal of Materials Science，1968，3（6）：629-634.

［250］张国军，金宗哲. 颗粒增韧陶瓷的增韧机理［J］. 硅酸盐学报，1994，22（3）：259-
　　　269.

［251］WEI G C，BECHER P F. Improvements in mechanical properties in SiC by the addition of TiC
　　　particles［J］. Journal of the American Ceramic Society，1984，67（8）：571-574.

［252］EVANS A G，FABER K T. Toughening of ceramics by circumferential microcracking［J］.
　　　Journal of the American Ceramic Society，1981，64（7）：394-398.

［253］CUI Y，QU D L，LUO X D，et al. Effect of La_2O_3 addition on the microstructural evolution
　　　and thermomechanical property of sintered low-grade magnesite［J］. Ceramics International，
　　　2021，47（3）：3136-3141.

［254］FLEMING P，FARRELL R A，HOLMES J D，et al. The rapid formation of La（OH）$_3$ from
　　　La_2O_3 powders on exposure to water vapor［J］. Journal of the American Ceramic Society，
　　　2010，93（4）：1187-1194.

［255］江东亮. 结构功能一体化的高性能陶瓷材料的研究与开发［J］. 中国工程科学，2003，
　　　5（2）：35-39.

［256］AN J C，GE T Z，XU E X，et al. Preparation and properties of mullite-SiC-O'-SiAlON
　　　composites for application in cement kiln［J］. Ceramics International，2020，46（10）：
　　　15456-15463.

［257］SKTANI Z D I，REJAB N A，AHMAD Z A. Tougher and harder zirconia toughened alumina
　　　（ZTA）composites through *in situ* microstructural formation of $LaMgAl_{11}O_{19}$［J］.
　　　International Journal of Refractory Metals and Hard Materials，2019，79：60-68.

［258］HILLERT M. Inhibition of grain growth by second-phase particles［J］. Acta Metallurgica，
　　　1988，36（12）：3177-3181.

［259］MONTAGNE A，AUDURIER V，TROMAS C. Influence of pre-existing dislocations on the
　　　pop-in phenomenon during nanoindentation in MgO［J］. Acta Materialia，2013，61（13）：
　　　4778-4786.

［260］张兆甫. 微纳尺度增韧 ZrB_2-SiC 基超高温复合材料制备及强韧机理研究［D］. 大连：

大连理工大学, 2019.

[261] 任博. 水泥回转窑过渡带用高铝碳化硅耐火材料制备及性能研究 [D]. 武汉: 武汉科技大学, 2017.

[262] 侯谨, 张义先, 王诚训, 等. 新型耐火材料 [M]. 北京: 冶金工业出版社, 2007.

[263] YIN X W, CHENG L F, ZHANG L T, et al. Fibre-reinforced multifunctional SiC matrix composite materials [J]. International Materials Reviews, 2017, 62 (3): 117-172.

[264] 郎莹. 纤维增强多孔 YSZ 陶瓷材料的制备和性能研究 [D]. 北京: 清华大学, 2014.

[265] GUO Z Q, ZAMBONI S, GAN F F, et al. Multifunctional refractory-lined vessel: Ladle aggregate [J]. China's Refractories, 2021, 30 (1): 1-6.

[266] BEHERA S, SARKAR R. Low-carbon magnesia-carbon refractory: Use of N220 nanocarbon black [J]. International Journal of Applied Ceramic Technology, 2014, 11 (6): 968-976.

[267] CHO G H, KIM E H, LI J, et al. Improvement of oxidation resistance in graphite for MgO-C refractory through surface modification [J]. Transactions of Nonferrous Metals Society of China, 2014, 24: 119-124.

[268] SARATH Chandra K, SARKAR D. Structural properties of Al_2O_3-MgO-C refractory composites improved with YAG nanoparticle hybridized expandable graphite [J]. Materials Science and Engineering: A, 2021, 803: 140502.

[269] PAL S, BANDYOPADHYAY A K, PAL P G. Treatment of graphite for oxidation resistant mag-carbon refractories [J]. Transactions of the Indian Ceramic Society, 2015, 67 (4): 203-210.

[270] CHEN Y, DENG C J, WANG X, et al. Evolution of c-ZrN nanopowders in low-carbon MgO-C refractories and their properties [J]. Journal of the European Ceramic Society, 2021, 41: 963-977.

[271] MA B Y, ZHU Q, SUN Y, et al. Synthesis of Al_2O_3-SiC composite and its effect on the properties of low-carbon MgO-C refractories [J]. Journal of Materials Science and Technology, 2010, 26 (8): 715-720.

[272] ZHANG S W, MARRIOTT N J, LEE W E. Thermochemistry and microstructures of MgO-C refractories containing various antioxidants [J]. Journal of the European Ceramic Society, 2001, 21 (8): 1037-1047.

[273] BAUDÍN C, ALVAREZ C, MOORE R E. Influence of chemical reactions in magnesia-graphite refractories: I, effects on texture and high-temperature mechanical properties [J]. Journal of the American Ceramic Society, 1999, 82 (12): 3529-3538.

[274] BITENCOURT C S, LUZ A P, PAGLIOSA C, et al. Phase and microstructural evolution based on Al, Si and TiO_2 reactions with a MgO-C resin-bonded refractory [J]. Ceramics International, 2016, 42 (15): 16480-16490.

[275] ATZENHOFER C, HARMUTH H. Phase formation in MgO-C refractories with different antioxidants [J]. Journal of the European Ceramic Society, 2021, 41 (14): 7330-7338.

[276] LIU H T, MENG F R, LI Q, et al. Phase behavior analysis of MgO-C refractory at high temperature: Influence of Si powder additives [J]. Ceramics International, 2015, 41 (3):

5186-5190.

[277] YU J K, YAMAGUCHI A. Behavior of Al on microstructure and properties of MgO-C-Al refractories [J]. Journal of the Ceramic Society of Japan, 1993, 101 (1172): 475-479.

[278] ZHU T B, LI Y W, SANG S B, et al. Formation of hollow MgO-rich spinel whiskers in low carbon MgO-C refractories with Al additives [J]. Journal of the European Ceramic Society, 2014, 34 (16): 4425-4432.

[279] 祝洪喜, 邓承继, 白晨, 等. 耐火材料连续颗粒分布的紧密堆积模型 [J]. 武汉科技大学学报, 2008, 31 (2): 159-163.

[280] PILLI V, SARKAR R. Study on the nanocarbon containing Al_2O_3-C continuous casting refractories with reduced fixed carbon content [J]. Journal of Alloys and Compounds, 2019, 781: 149-158.

[281] WU H D, LIU W, LIN L F, et al. The rising crack resistance curve behavior and mechanism of La_2O_3 doped zirconia toughened alumina composites prepared via vat photopolymerization based 3D printing [J]. Materials Chemistry and Physics, 2022, 285: 126090.

[282] WANG H J, GLASER B, SICHEN D. Improvement of resistance of MgO-based refractory to slag penetration by in situ spinel formation [J]. Metallurgical and Materials Transactions B, 2015, 46 (2): 749-757.

[283] WRIGHT S, ZHANG L, SUN S Y, et al. Viscosities of calcium ferrite slags and calcium alumino-silicate slags containing spinel particles [J]. Journal of Non-Crystalline Solids, 2001, 282 (1): 15-23.

[284] MA B Y, REN X M, YIN Y, et al. Effects of processing parameters and rare earths additions on preparation of Al_2O_3-SiC composite powders from coal ash [J]. Ceramics International, 2017, 43 (15): 11830-11837.

[285] REN X M, MA B Y, SU C, et al. In-situ synthesis of Fe_xSi_y phases and their effects on the properties of SiC porous ceramics [J]. Journal of Alloys and Compounds, 2019, 784: 1113-1122.

[286] MA B Y, YU J K. Phase composition of SiC-ZrO_2 composite materials synthesized from zircon doped with La_2O_3 [J]. Journal of Rare Earths, 2009, 27 (5): 806-810.